高等学校教材

初等数论

第四版

闵嗣鹤　严士健　编

高等教育出版社·北京

内容提要

本书主要内容包括整除,不定方程,同余,同余式,平方剩余,原根与指标,连分数,代数数与超越数,数论函数与素数分布。

本次修订主要包括:在第一章中关于整数的可除性增加了一些笔墨,即从整数的除与加、减、乘法的不同,自然地引出带余除法,由此导出辗转相除法,从而启迪思维,带领读者进入数论的世界;将"质数"改为现在通用的"素数","单数""双数"改为"奇数""偶数"等,以适应现在的教学需要。此外,适当补充了数字资源(以图标 ▦ 示意),供读者学习时参考。

本书可作为师范院校和综合大学数学院系的教材或教学参考书,还可作为中学数学教师的参考用书。

图书在版编目(CIP)数据

初等数论/闵嗣鹤,严士健编. —4 版. —北京:高等教育出版社,2020.5(2024.12重印)
ISBN 978-7-04-053446-7

Ⅰ.①初… Ⅱ.①闵… ②严… Ⅲ.①初等数论 Ⅳ.①0156.1

中国版本图书馆 CIP 数据核字(2020)第 022678 号

项目策划	李艳馥 李 蕊 兰莹莹			
策划编辑	李 蕊	责任编辑 高 旭	封面设计 王凌波	版式设计 杜微言
插图绘制	于 博	责任校对 吕红颖	责任印制 赵 佳	

出版发行	高等教育出版社	网 址	http://www.hep.edu.cn
社 址	北京市西城区德外大街 4 号		http://www.hep.com.cn
邮政编码	100120	网上订购	http://www.hepmall.com.cn
印 刷	人卫印务(北京)有限公司		http://www.hepmall.com
开 本	787mm×1092mm 1/16		http://www.hepmall.cn
印 张	10.25	版 次	1957 年 11 月第 1 版
字 数	240 千字		2020 年 5 月第 4 版
购书热线	010-58581118	印 次	2024 年 12 月第 7 次印刷
咨询电话	400-810-0598	定 价	24.50 元

本书如有缺页、倒页、脱页等质量问题,请到所购图书销售部门联系调换

版权所有 侵权必究

物料号 53446-00

初等数论

第四版

闵嗣鹤　严士健　编

1. 计算机访问http://abook.hep.com.cn/1245751，或手机扫描二维码、下载并安装Abook应用。
2. 注册并登录，进入“我的课程”。
3. 输入封底数字课程账号（20位密码，刮开涂层可见），或通过Abook应用扫描封底数字课程账号二维码，完成课程绑定。
4. 单击“进入课程”按钮，开始本数字课程的学习。

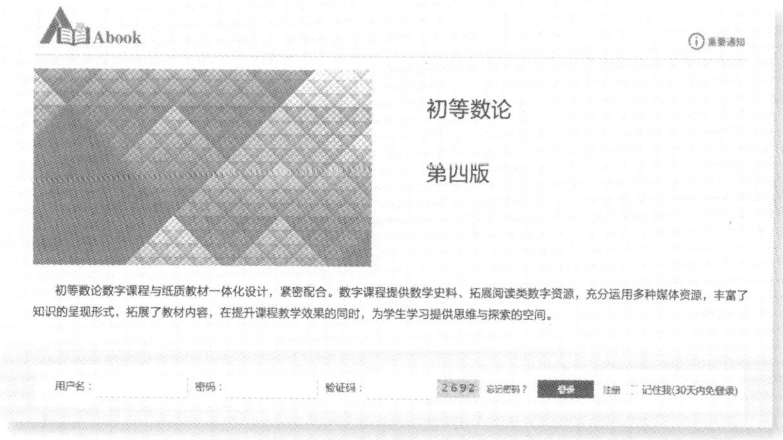

课程绑定后一年为数字课程使用有效期。受硬件限制，部分内容无法在手机端显示，请按提示通过计算机访问学习。

如有使用问题，请发邮件至abook@hep.com.cn。

扫描二维码
下载Abook应用

数论简史（上）

数论简史（下）

http://abook.hep.com.cn/1245751

第四版前言

本书已发行六十年,十分畅销,没有出现本质的意见和问题,本次修订不宜过多增删,只就认识所及,适当修改,希望能起到补拙作用。

稍大的修改在第一章。考虑到本书是一本初等数论,因此更希望读者能深入理解中、小学所学的数的运算知识与其理论之间的联系。具体来说,就是从整数的除与加、减、乘法的不同(即有时不能整除),很自然地出现带余除法,由此得出公因数的"传递"性质及辗转相除法;进而建立公因数、公倍数的理论,提供了分数运算的理论基础及整数的理论等。这些虽然看似简单,但堪称理解数学思维的一个范例。因此在本版中加了一些笔墨,希望读者在今后可能担任的教学中既能传授青少年具体数学知识,而且能启迪他们的思维。

这一版的另一修改是将"质数"改为现在通用的"素数","单数""双数"改为"奇数""偶数"。例如质数改称素数、互质改称互素、单整数改称奇整数等。作这一改动的理由是:新中国以前的中学教材中,多采用"质数""单数""双数",在编写本书初版时,考虑到以往习惯,觉得宜于沿用原来的称呼,而兼顾当时已经相当流行的称呼。经过这几十年,现在已经有了数学名词审定委员会的审定,而且已经通用多年,当然应该改过来。

有一个问题是,从本书第三版发行以来,数论科学又有一些重要进展。本应在有关章节通报,由于作者已多年脱离教学第一线和科研工作,唯恐了解不确切,因此只在序言中简单报告。据我了解,关于如何确定一个正整数是否为素数的问题,已经有一个解决方法,而且最早是以算法的形式陈述的。还有就是与孪生素数猜想有关的问题(即不仅是相差为 2 的素数对),澳籍华裔数学家(现在美国)陶哲轩和华人数学家张益唐获得了突破性成果。

本书自 1957 年初版问世以来已经六十余年,从 1982 年第二版以来,累计印数近八十万册。作为一本大学本科教材和参考书,在教育战线上能被采用时间如此之长、范围如此之广,堪称盛事!作者亲历也倍感幸福!这当然得益于广大学校、教师的热心采用、读者的关爱和高等教育出版社的支持。我——同时也代表本书的主要编者和我的老师闵嗣鹤先生——在此表示衷心感谢!我也借此机会,向数学系的老主任、我的老师傅种孙先生对我的栽培之恩表示感谢!是他在我大学毕业一年之际,宣布"闵先生一旦不在师大兼授数论,就由你来接替。"正是傅先生的这个部署,才让我有担任数论课并编写此书的机会。我现在也已进入耄耋之年,不可能再担负再版的整理工作。如果此书有需要再版,我愿意在此申明:放弃版权,由高等教育出版社物色合适的人选,对此书进行自主的再版,使之更加完善,以裨益于来者。

严士健
2018年4月于北京师范大学
数学科学学院

第三版前言

从本书第二版发行以来,经历了21年。在此期间,印行了27次,印数累计达到27万余册。作为一本数论教科书,能够得到如此广泛的使用,作为作者之一,深深感谢广大老师和读者对本书的关爱和支持;同时也深深意识到作为本书作者的责任——如何让它能更好地为社会服务。

20世纪是数学的黄金时代,在数论中最值得向广大读者介绍的是世纪后期的两件大事:费马大定理获得证明和公开密钥体制的建立。

可能费马也未必能想到,它在书边写下的一个结论和他关于这个结论的附注"我对此命题有一个十分美妙的证明,这里的空白太小,写不下"竟成了一个困扰了人类智者358年的谜团——费马大定理,真正是"引无数英雄竞折腰"的难题。三百多年以来,人们百折不回,此路不通又另辟蹊径。终于在世纪末的1994年才由安德鲁·怀尔斯最后完成证明。费马大定理的证明,既是数学界的盛事,更是人类智慧的象征,是一件具有伟大意义的事件。它的证明过程提供了很多的重要启示。说明一个好的数学难题应该能够对数学——甚至是科学——的发展起推动作用。就像为研究欧几里得第五公设的独立性而发现非欧几何,进而为建立广义相对论提供了数学工具,为研究超过四次的代数方程的根式解而产生伽罗瓦理论、建立群论一样,费马大定理的证明的前期是发现理想子环——抽象代数的支柱之一的原动力;在20世纪末有力地促进了数论与代数几何结合而形成算术代数几何,证明了谷山-志村-韦伊猜想(TSW猜想)而提供了朗兰兹纲领(Langlands programme)成立的一个重要例证。说明数学是统一的,既要搞清楚各个分支以至各个具体问题的结构,同时要搞清楚各个分支之间的本质联系。说明数学甚至科学的重大成就常常是一种艰巨的接力运动,后人的伟大是"站在巨人的肩膀上"。说明人类的智慧是无限的,产生于艰苦的努力之中。这是我想在这本书中和读者交流、讨论的认识之一,为此在这一版中增加了费马大定理证明过程的介绍。

数论,作为课程内容常常被认为是介绍一些基础知识,作为研究内容是一大批纯数学的难题,经常被认为与实际应用没有多大关系的学科。有些学者就是由于这个原因而在某个时期转而从事其他分支的教学与研究。但是出乎人们的预料,在20世纪后期,随着计算机技术和信息科学的发展,人类进入了信息时代,科学和技术进入了新的时代,提出了信息安全这样的重大问题。在这种背景下,数论在实际应用的前沿做出了重大的贡献,为解决信息安全问题提供了一种核心技术——公开密钥。这一事实再一次(因为这种情况不止一次地出现)告诉人们,对于基础科学的作用应该有一个正确的认识,它不但在基础方面对科学、技术乃至思维方面起着奠基的作用,而且在技术的发展方面有时能做出突破性贡献。同时也启示我们，学习一门学科虽然不能都要求全面掌握，但是应该对它有全面的了解，做到胸有成竹、能够抓住时机。这一事件对于从事数论学习、研究的人们也是一个巨大的鼓舞。为此我在这一版中介绍了公开密钥的原理、基本方法和资料。

另外，本书的目的是向读者介绍数论本身的基础知识，并增加了一些大纲以外的材料，这些外加材料都独立成节或在习题中出现，特别用星号 * 加以标志。但是读者如果能进一步理解它与数学的其他分支的联系，不但能更好地掌握和运用数论的基础知识，而且对于理解其他分支乃至数学都是有益的。以往我们在这方面做过一些努力，如介绍数论函数、三角和的基本概念，这次趁再版的机会，在有关章节建议读者与抽象代数联系并加以考察。

我希望对本书的补充和修改能够保持原书的意图，因为那是闵嗣鹤老师和我共同的意愿。

再一次感谢所有关心、支持此书的教师和读者，感谢高等教育出版社积极推动此书的再版。由于时间和水平所限，不妥和疏漏之处在所难免，希望老师们和读者继续关心和支持，随时指正，不胜感激。

严士健

2003 年春节于北京师范大学

本次重印，承新疆师范大学数学系王迪吉老师提出一些修改意见，特此致谢。

严士健

2004 年 7 月 21 日

第二版前言

作为《初等数论》的作者之一，能看到这本书由于社会需要而再版，非常高兴，但是本书的主要构造者，我尊敬的老师闵嗣鹤先生却没有机会看到这次再版，不能对本书亲自作一次中肯的修改，这对我及读者都不能不说是一件憾事。

由于本书是闵先生和我合作的结果，而且对当前教学还基本合用，所以这次修订再版，我只改正了书中的一些错误。原来书中提到的一些有关的数论研究课题的发展情况，目的是扩大青年同学的眼界，也介绍一些(远不全面)我国学者的成就。本书出版后，我国学者继续在一些数论问题上取得进展，有关原始文献容易得到。因此我也只在有关地方改动一下提法以尽量减少变动。

根据我自己以及一些老师的教学实践，数学系(特别是师范院校)的本科生在可能情况下学习数论的一些基础内容是有益的。一方面通过这些内容加深对数的性质的了解，更深入地理解某些其他邻近学科；另一方面，也许更重要的是可以加强他们的数学训练，这些训练在很多方面都是有益的。但本书作为每周四学时一学期的课程的教材，内容可能稍多一点。如果真是这样，我认为根据上述要求，第五、七章的后几节及第六章可以全部不讲或者只介绍一些基本概念。

历史上遗留下来没有解决的大多数数论难题有一个共同的特点：问题本身很容易弄懂，容易引起人们的兴趣，要想推进却非常之难。从数论的迄今发展历史来看，数论难题的解决或实质性进展，都用到一些深刻的数学概念、方法和技巧。所以凡是有志于这些问题的青年都应该扎扎实实地学习近代数论的一些方法和技巧，并且要十分注意推证和估计能力的训练。这样才有可能在这些难题上做些贡献，否则会劳而无功。另外有意义的数学研究课题(包括现代数学发展中提出的一些数论问题)还是很多的，祖国“四化”事业需要各方面的人才，有志于数学研究的青年不一定都去攻这些经典的数论难题。当然无论进行哪个方向的研究，坚实的理论基础和良好的解决问题的能力都是绝对需要的。

本书出版以来，很多同志热心地指出其中一些错误并提出一些宝贵意见。这次再版之前，承蒙闵先生的夫人朱敬一先生及其长子闵乐泉同志仔细阅读全书，提出很多宝贵意见。潘承彪同志详细地审阅了全书，提出了很多中肯的修改意见。这一切都对提高书的质量有极大的帮助。借此机会致以深深的谢意，并热诚欢迎大家给本书提出批评指正。

严士健

1982年1月于北京师范大学

第一版前言

在师范大学与师范学院的数学系都有整数论这一门课，它的试行教学大纲也由教育部在1955年制订并颁布执行了。但是由于没有一本适当的教本或参考书，担任这一课程的教师在选择教材与指定参考书方面都一直感到一定的困难。我和严士健同志先后在师范大学讲授整数论这一门课。最初，大纲还未制订，我只好采用 И. М. Виноградов 著（裘光明译）的《数论基础》为主要参考书，同时根据苏联的教学大纲，作了必要的补充。由于没有适当的教本，我曾计划编写讲义，但受时间的限制，那时只写了一些补充材料，而大部还是依照《数论基础》这本书来讲授。严士健同志在接着教授这门课程的期间加以整理写成一本完整的讲义。最后经过教育部的督促由我们依照师范学院"整数论教学大纲（试行）"，再加以修改补充合写成这本书。

作为一个好的教本，我以为要具有三个条件。第一是教材要选择得恰当，安排得自然。第二是说理要严格而清楚，深入而浅出，也就是逻辑性与直观性都要强。第三是要引人入胜，使人有"欲穷千里目，更上一层楼"之感，换句话说，问题的来源与发展都要交代清楚，使读者能从少许见多许，增加他们目前学习与今后钻研的兴趣。如果执此以绳眼前的这本书，我想会发现很多缺点的。不过，严士健同志和我自己，结合几年来的教学经验，在写作中还是朝着这个方向而努力的。虽然我们做得很不够，也希望采用这本书的教师能结合自己的经验与特长，随时弥补。

这本书虽然主要是依照师范学院的"整数论教学大纲"而写成的，但同时也照顾到综合大学数论这一课程的需要，增加了一些大纲以外的材料。这些外加的材料都独立成节，特别用星号 * 加以标志。在写作中，我们还参考了华罗庚先生的《数论导引》，特在此致谢。本书对于我国古代与当今数学家在数论方面的成就以及苏联和其他国家的数学家的贡献也尽可能作了一定程度的介绍，不够全面之处，还希望读者原谅。

最后，希望读者，尤其是全国各师范学院采用这本书的老师们能对本书多提意见，以便将来能够根据这些意见把它修改成更合乎理想，更合乎教学需要的一本书。

闵嗣鹤

1956年10月于北京大学

目录

第一章　整数的可除性 …… 1

§1　整除的概念·带余除法 …… 1

§2　最大公因数与辗转相除法 …… 3

§3　整除的进一步性质及最小公倍数 …… 7

§4　素数·算术基本定理 …… 10

§5　函数$[x]$，$\{x\}$及其在数论中的一个应用 …… 14

第二章　不定方程 …… 18

§1　二元一次不定方程 …… 18

§2　多元一次不定方程 …… 23

§3　勾股数 …… 25

*§4　费马问题的介绍 …… 27

第三章　同余 …… 34

§1　同余的概念及其基本性质 …… 34

§2　剩余类及完全剩余系 …… 38

§3　既约剩余系与欧拉函数 …… 40

§4　欧拉定理·费马定理及其对循环小数的应用 …… 42

§5　公开密钥——RSA体制 …… 45

*§6　三角和的概念 …… 48

第四章　同余式 …… 52

§1　基本概念及一次同余式 …… 52

§2　孙子定理 …… 53

§3　高次同余式的解数及解法 …… 56

§4　素数模的同余式 …… 59

第五章　二次同余式与平方剩余 …… 62

§1　一般二次同余式 …… 62

§2　奇素数的平方剩余与平方非剩余 …… 64

§3　勒让德符号 …… 65

§4　前节定理的证明 …… 68

§5　雅可比符号 …… 70

§6　合数模的情形 …… 74

*§7　把奇素数表成二数平方和 …… 76

*§8 把正整数表成平方和 …… 80
第六章 原根与指标 …… 85
§1 指数及其基本性质 …… 85
§2 原根存在的条件 …… 87
§3 指标及 n 次剩余 …… 91
§4 模 2^{α} 及合数模的指标组 …… 97
§5 特征函数 …… 99
第七章 连分数 …… 104
§1 连分数的基本性质 …… 104
§2 把实数表成连分数 …… 107
§3 循环连分数 …… 111
*§4 二次不定方程 …… 113
第八章 代数数与超越数 …… 117
§1 二次代数数 …… 117
§2 二次代数整数的分解 …… 121
§3 n 次代数数与超越数 …… 125
§4 e 的超越性 …… 127
*§5 π 的超越性 …… 130
第九章 数论函数与素数分布 …… 134
§1 可乘函数 …… 134
§2 $\pi(x)$ 的估值 …… 138
*§3 除数问题与圆内格点问题的介绍 …… 141
§4 有关素数的其他问题 …… 145
附录 …… 148

第一章 整数的可除性

整除是数论中的基本概念,本章从这个概念出发,引进带余除法及辗转相除法,然后利用这两个工具,建立最大公因数与最小公倍数的理论及相关算法,进一步证明极具重要性的算术基本定理.这一切都是整个课程中最基本的部分,以后时常要用到.同时,它们也是整个数学的基础知识,大部分都是读者在小学甚至在幼儿园时就开始学习的.由于当时考虑到儿童的理解力,着重点是具体数字的计算和运用.因此对绝大多数读者来说,可能计算技能是熟练的,对计算方法和概念未必能从一般的角度来掌握,从而对它们的本质未必理解.因此在大学甚至高中阶段,重新学习和体会是大有裨益的.此外,本章还要介绍$[x]$,$\{x\}$这两个极有用的记号,并利用$[x]$来说明如何把 $n!$ 表示成素数幂的乘积.

§1 整除的概念·带余除法

我们知道两个整数的和、差、积以至任意有限个整数的加、减、乘的混合运算结果仍然是整数,今后将不再申明地承认它们的正确性并加以运用.但是用一不等于零的整数去除另一个整数所得的商却不一定是整数,因此我们引进整除的概念,并进一步展开讨论.

定义 1 设 a,b 是任意两个整数,其中 $b\neq 0$,如果存在一个整数 q,使得等式

$$a=bq \tag{1}$$

成立,我们就说 b **整除** a 或 a **被** b **整除**,记作 $b\mid a$,此时我们把 b 叫做 a 的**因数**,把 a 叫做 b 的**倍数**.

如果(1)里的整数 q 不存在,我们就说 b **不能整除** a 或 a **不被** b **整除**,记作 $b\nmid a$.

整除这个概念虽然简单,但却是数论中的基本概念,我们很容易从定义出发,证明下面那些关于可除性的基本定理.

定理 1(传递性) 若 a 是 b 的倍数,b 是 c 的倍数,则 a 是 c 的倍数,也就是①

$$b\mid a,c\mid b\Rightarrow c\mid a.$$

证 由定义 1,$b\mid a$,$c\mid b$ 就是说存在两个整数 a_1,b_1,使得

$$a=a_1b,\quad b=b_1c$$

---

① 我们用 $A\Rightarrow B$ 表示由命题 A 可以推出命题 B.

成立，因此

$$a=(a_1b_1)c,$$

但 a_1b_1 是一个整数，故 $c\mid a$. **证完**

定理 2　若 a,b 都是 m 的倍数，则 $a\pm b$ 也是 m 的倍数.

证　a,b 是 m 的倍数的意义就是存在两个整数 a_1,b_1，使得

$$a=a_1m,\quad b=b_1m.$$

因此

$$a\pm b=(a_1\pm b_1)m,$$

但 $a_1\pm b_1$ 是整数，故 $a\pm b$ 是 m 的倍数. **证完**

用同样的方法，可以证明

定理 3　若 $a_1,a_2,\cdots,a_n$ 都是 m 的倍数，$q_1,q_2,\cdots,q_n$ 是任意 n 个整数，则 $q_1a_1+q_2a_2+\cdots+q_na_n$ 是 m 的倍数.（证明留给读者.）

上面我们仅就能够整除的情形进行了初步的讨论，至于在一般（即未必能整除的）情形下，我们有下面基本且重要的定理.

定理 4（带余除法）　若 a,b 是任意两个整数，其中 $b>0$，则存在两个整数 q 及 r，使得

$$a=bq+r,\quad 0\leqslant r<b \tag{2}$$

成立，而且 q 及 r 是唯一的.

证　作整数序列

$$\cdots,-3b,-2b,-b,0,b,2b,3b,\cdots$$

则 a 必在上述序列的某两项之间，即存在一个整数 q，使得

$$qb\leqslant a<(q+1)b$$

成立. 令 $a-qb=r$，则 $a=bq+r$，而 $0\leqslant r<b$，即存在整数 q 及 r，使得(2)成立.

下面我们证明 q,r 的惟一性：设 q_1,r_1 是满足(2)的两个整数，则

$$a=bq_1+r_1,\quad 0\leqslant r_1<b,$$

因而

$$bq_1+r_1=bq+r,$$

于是

$$b(q-q_1)=r_1-r,$$

故

$$b\,|q-q_1|=|r_1-r|.$$

由于 r 及 r_1 都是小于 b 的正数，所以上式右边是小于 b 的. 如果 $q\neq q_1$ 则上式左边 $\geqslant b$. 这是不可能的. 因此 $q=q_1$ 且 $r=r_1$. **证完**

整数的很多基本性质，都可以从定理 4 引导出来. 我们可以说这一章最主要的部分是建立在定理 4 的基础上的.

定义 2　(2)中的 q 叫做 a 被 b 除所得到的**不完全商**，r 叫做 a 被 b 除所得到的**余数**.

为了更好地了解这个定义，我们举例说明如下：

例 设 $b=15$,则当 $a=255$ 时,

$$a=17b+0,r=0<15,\text{而 } q=17;$$

当 $a=417$ 时,

$$a=27b+12,0<r=12<15,\text{而 } q=27;$$

当 $a=-81$ 时,

$$a=-6b+9,0<r=9<15,\text{而 } q=-6.$$

习 题

1. 证明定理 3.
2. 证明 $3\mid n(n+1)(2n+1)$,其中 n 是任意整数.
3. 若 ax_0+by_0 是形如 $ax+by$(x,y 是任意整数,a,b 是两个不全为零的整数)的数中的最小正数,则

$$(ax_0+by_0)\mid(ax+by).$$

4. 若 a,b 是任意两个整数,且 $b\neq 0$,证明:存在两个整数 s,t,使得

$$a=bs+t,\quad |t|\leqslant\frac{|b|}{2}$$

成立,并且当 b 是奇数时,s,t 是唯一存在的. 当 b 是偶数时结果如何?

§2 最大公因数与辗转相除法

前一节我们已经提到:用不等于零的整数去除整数未必能整除。我们在小学学习时已经知道这一事实. 当时为了解决数的除法能够进行的问题,引进了分数以进一步学习数的知识. 但是对其中的概念——最大公因数和最小公倍数——没有(也不可能)系统地讨论.

有了带余除法,我们就可以着手研究整数的最大公因数的存在问题及其实际求法,在研究过程中,我们要用到由带余除法导出的基本而重要的辗转相除法. 我们先引进有关概念.

定义 设 $a_1,a_2,\cdots,a_n$ 是 $n(n\geqslant 2)$ 个整数. 若整数 d 是它们之中每一个的因数,那么 d 就叫做 $a_1,a_2,\cdots,a_n$ 的一个**公因数**.

整数 $a_1,a_2,\cdots,a_n$ 的公因数中最大的一个叫作**最大公因数**,记作 $(a_1,a_2,\cdots,a_n)$,若 $(a_1,a_2,\cdots,a_n)=1$,我们说 $a_1,a_2,\cdots,a_n$ **互素**,若 $a_1,a_2,\cdots,a_n$ 中每两个整数互素,我们就说它们**两两互素**.

显然,若整数 $a_1,a_2,\cdots,a_n$ 两两互素,则 $(a_1,a_2,\cdots,a_n)=1$,反过来却不一定成立(很容易举出反例),且若 $a_1,a_2,\cdots,a_n$ 不全为零,则 $(a_1,a_2,\cdots,a_n)$ 是存在的.

为了讨论时免去区别正负整数的麻烦,我们先证明

定理 1 若 $a_1,a_2,\cdots,a_n$ 是任意 n 个不全为零的整数,则

(i) $a_1,a_2,\cdots,a_n$ 与 $|a_1|,|a_2|,\cdots,|a_n|$ 的公因数相同；

(ii) $(a_1,a_2,\cdots,a_n)=(|a_1|,|a_2|,\cdots,|a_n|)$.

证　设 d 是 $a_1,a_2,\cdots,a_n$ 的任一公因数. 由定义 $d\mid a_i,i=1,2,\cdots,n$,因而 $d\mid |a_i|$, $i=1,2,\cdots,n$,故 d 是 $|a_1|,|a_2|,\cdots,|a_n|$ 的一个公因数. 同法可证, $|a_1|,|a_2|,\cdots,|a_n|$ 的任一个公因数都是 $a_1,a_2,\cdots,a_n$ 的一个公因数. 故 $a_1,a_2,\cdots,a_n$ 与 $|a_1|,|a_2|,\cdots,|a_n|$ 有相同的公因数,即(i)获证. 由(i)立得(ii). **证完**

定理 1 的(ii)告诉我们,要讨论最大公因数不妨仅就非负整数去讨论,下面我们首先看两个非负整数的情形.

定理 2　若 b 是任一正整数,则

(i) 0 与 b 的公因数就是 b 的因数,反之,b 的因数也就是 0 与 b 的公因数；

(ii) $(0,b)=b$.

证　显然 0 与 b 的公因数是 b 的因数. 由于任何非零整数都是 0 的因数,故 b 的因数也就是 $0,b$ 的公因数,于是(i)获证.

其次,我们立刻知道 b 的最大因数是 b；而由(i)知 $0,b$ 的最大公因数是 b 的最大因数,故 $(0,b)=b$. **证完**

由定理 1,2 立刻得到

推论 1　若 b 是任一非零整数,则 $(0,b)=|b|$.

定理 3　设 a,b,c 是任意三个不全为 0 的整数,且

$$a=bq+c,$$

其中 q 是非零整数,则 a,b 与 b,c 有相同的公因数,因而 $(a,b)=(b,c)$.

证　设 d 是 a,b 的任一公因数,由定义,$d\mid a,d\mid b$. 由 §1 定理 3,d 是 $c=a+(-q)b$ 的因数,因而 d 是 b,c 的一个公因数. 同法可证,b,c 的任一公因数是 a,b 的一个公因数. 于是定理的前一部分获证. 第二部分显然随之成立. **证完**

现在我们介绍一下辗转相除法. 它有很多应用：可用以求出两个正整数的最大公因数；借此推出最大公因数的重要性质；还是解一次不定方程的基本工具.

设 a,b 是任意两个正整数,由带余除法,我们有下面的系列等式：

$$\begin{aligned}
&a=bq_1+r_1, \quad 0<r_1<b,\\
&b=r_1q_2+r_2, \quad 0<r_2<r_1,\\
&\cdots\\
&r_{n-2}=r_{n-1}q_n+r_n, \quad 0<r_n<r_{n-1},\\
&r_{n-1}=r_nq_{n+1}+r_{n+1}, \quad r_{n+1}=0.
\end{aligned} \tag{1}$$

因为每进行一次带余除法,余数至少减一,而 b 是有限的,所以我们最多进行 b 次带余除法,总可以得到一个余数是零的等式,即 $r_{n+1}=0$. (1)式所指出的计算方法,叫作**辗转相除法**. 在西方常把它叫做欧几里得除法. 它也就是我国著名的古代数学著作《九章算术》中提出的“更相减损术”. 现在我们证明

定理 4　若 a,b 是任意两个整数,则 (a,b) 就是(1)中最后一个不等于零的余数,即 $(a,b)=r_n$.

证　由定理 2,3 即得

$$r_n = (0, r_n) = (r_{n+1}, r_n) = (r_n, r_{n-1}) = \cdots = (r_1, b) = (a, b).$$ **证完**

由于 r_n 能够用辗转相除法直接算出,所以辗转相除法给出了求两正整数的最大公因数的实际可行的算法,对于不是正整数的情形,可以由定理 1 归纳成正整数的情形.

由定理 1,2,3 及 (1) 式我们还可以得到

推论 2 a, b 的公因数与 (a, b) 的因数相同(证明留给读者).

由以上的讨论,我们可以看到,若 a, b 两整数中有一为零,而另一数不为零时,则 (a, b) 为不等于零的数的绝对值,若 a, b 两数都不是零时,则 a, b 的最大公因数可以由 (1) 实际地算出来.

我们看两个例子:

例 1 $a = -1\,859, b = 1\,573$,由定理 1,$(-1\,859, 1\,573) = (1\,859, 1\,573)$.

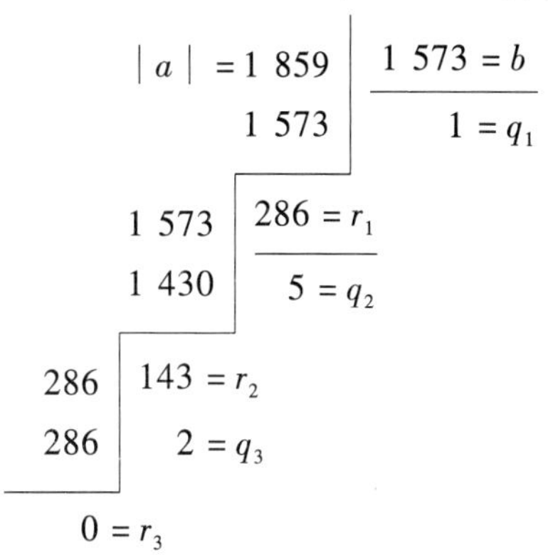

$\lvert a \rvert = 1\,859$	$1\,573 = b$	$1\,859 = 1 \times 1\,573 + 286$
$1\,573$	$1 = q_1$	
		$1\,573 = 5 \times 286 + 143$
$1\,573$	$286 = r_1$	
$1\,430$	$5 = q_2$	
286	$143 = r_2$	$286 = 2 \times 143$
286	$2 = q_3$	
$0 = r_3$		所以 $(-1\,859, 1\,573) = 143$.

例 2 $a = 169, b = 121$.

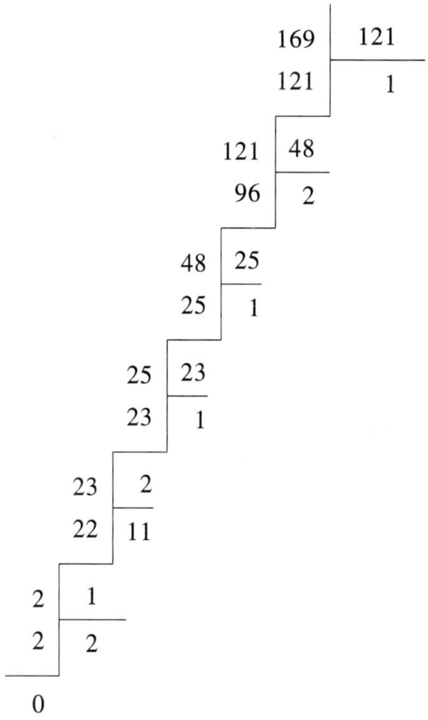

169	121	$169 = 1 \times 121 + 48$
121	1	
121	48	$121 = 2 \times 48 + 25$
96	2	
48	25	$48 = 1 \times 25 + 23$
25	1	
25	23	$25 = 1 \times 23 + 2$
23	1	
23	2	$23 = 11 \times 2 + 1$
22	11	
2	1	$2 = 2 \times 1$
2	2	
0		所以 $(169, 121) = 1$.

我们再证明两个最大公因数的性质,即

定理 5　设 a,b 是任意两个不全为零的整数，

(i) 若 m 是任一正整数，则

$$(am,bm)=(a,b)m;$$

(ii) 若 δ 是 a,b 的任一公因数，则 $\left(\frac{a}{\delta},\frac{b}{\delta}\right)=\frac{(a,b)}{|\delta|}$，特别 $\left(\frac{a}{(a,b)},\frac{b}{(a,b)}\right)=1$.

证　当 a,b 有一为零时，定理显然成立，今设 a,b 都不为零.

(i) 由定理 1，$(am,bm)=(|a|m,|b|m)$，$(a,b)m=(|a|,|b|)m$. 因此不妨假定 a,b 都是正数. 在(1)里，把各式两边同乘以 m，即得

$$am=(bm)q_1+r_1m,\quad 0<r_1m<bm,$$

$$bm=(r_1m)q_2+r_2m,\quad 0<r_2m<r_1m,$$

$$\cdots$$

$$r_{n-1}m=(r_nm)q_{n+1}.$$

由定理 4 得 $(am,bm)=r_nm=(a,b)m$，因而(i)获证.

(ii) 由(i)及定理 1，

$$\left(\frac{a}{\delta},\frac{b}{\delta}\right)|\delta|=\left(\frac{|a|}{|\delta|}|\delta|,\frac{|b|}{|\delta|}|\delta|\right)=(|a|,|b|)=(a,b),$$

故

$$\left(\frac{a}{\delta},\frac{b}{\delta}\right)=\frac{(a,b)}{|\delta|}.$$

当 $\delta=(a,b)$ 时，上式即为 $\left(\frac{a}{(a,b)},\frac{b}{(a,b)}\right)=1$.　　**证完**

现在来研究两个以上整数的最大公因数. 由定理 1 及 2 我们不妨假设 $a_1,a_2,\cdots,a_n$ 是任意 n 个正整数. 令

$$(a_1,a_2)=d_2,\quad (d_2,a_3)=d_3,\quad \cdots,\quad (d_{n-1},a_n)=d_n. \tag{2}$$

于是我们有

定理 6　若 $a_1,a_2,\cdots,a_n$ 是 n 个整数，则 $(a_1,a_2,\cdots,a_n)=d_n$.

证　由(2)，$d_n\mid a_n$，$d_n\mid d_{n-1}$. 但 $d_{n-1}\mid a_{n-1}$，$d_{n-1}\mid d_{n-2}$，故 $d_n\mid a_{n-1}$，$d_n\mid d_{n-2}$. 由此类推，最后得到 $d_n\mid a_n$，$d_n\mid a_{n-1}$，$\cdots$，$d_n\mid a_1$，即 d_n 是 $a_1,a_2,\cdots,a_n$ 的一个公因数. 又设 d 是 $a_1,a_2,\cdots,a_n$ 的任一公因数，则 $d\mid a_1$，$d\mid a_2$，由推论 2，$d\mid d_2$，同样由推论 2，$d\mid d_3$，由此类推，最后得 $d\mid d_n$. 因而 $d\leqslant|d|\leqslant d_n$. 故 d_n 是 $a_1,a_2,\cdots,a_n$ 的最大公因数.　　**证完**

习　题

1. 证明推论 2.

2. 应用 §1 习题 3 证明 $(a,b)=ax_0+by_0$，其中 ax_0+by_0 是形如 $ax+by$ (x,y 是任意整数) 的整数里的最小正数，并将此结果推广到 n 个整数的情形.

3. 应用 §1 习题 4 证明任意两整数的最大公因数存在，并说明其求法. 试用你所说的求法及辗转相除法实际算出(76501,9719).

*4. 证明本节(1)式中的 $n\leqslant\frac{2\ln b}{\ln 2}$.

§3　整除的进一步性质及最小公倍数

在上节中我们看到了辗转相除法在研究最大公因数的过程中的重要性. 在这一节里我们要研究上节(1)式中 r_k 与 a,b 的关系,由此可以得出关于整除的进一步性质. 此外,在本节里面还要讨论到最小公倍数及其重要的性质.

由上节,设 a,b 是任意两个正整数,则可以得到下列诸等式:

$$\begin{aligned}&a=bq_1+r_1,\quad 0<r_1<b,\\&b=r_1q_2+r_2,\quad 0<r_2<r_1,\\&\cdots\\&r_{k-1}=r_kq_{k+1}+r_{k+1},\quad 0<r_{k+1}<r_k,\\&\cdots\\&r_{n-1}=r_nq_{n+1}.\end{aligned}\tag{1}$$

于是我们有

定理 1　若 a,b 是任意两个正整数,则

$$Q_ka-P_kb=(-1)^{k-1}r_k,\quad k=1,2,\cdots,n;\tag{2}$$

其中

$$\left.\begin{aligned}&P_0=1,\quad P_1=q_1,\quad P_k=q_kP_{k-1}+P_{k-2},\\&Q_0=0,\quad Q_1=1,\quad Q_k=q_kQ_{k-1}+Q_{k-2},\end{aligned}\right\}\quad k=2,3,\cdots,n.\tag{3}$$

证　当 $k=1$ 时,(2)显然成立,当 $k=2$ 时,

$$r_2=-[aq_2-b(1+q_1q_2)].$$

但

$$1+q_1q_2=q_2P_1+P_0,q_2=q_2\cdot 1+0=q_2Q_1+Q_0,$$

故

$$Q_2a-P_2b=(-1)^{2-1}r_2,\quad P_2=q_2P_1+P_0,\quad Q_2=q_2Q_1+Q_0.$$

假定(2),(3)对于不超过 $k\geqslant 2$ 的正整数都成立,则

$$\begin{aligned}(-1)^kr_{k+1}&=(-1)^k(r_{k-1}-q_{k+1}r_k)\\&=(Q_{k-1}a-P_{k-1}b)+q_{k+1}(Q_ka-P_kb)\\&=(q_{k+1}Q_k+Q_{k-1})a-(q_{k+1}P_k+P_{k-1})b.\end{aligned}$$

故

$$Q_{k+1}a-P_{k+1}b=(-1)^kr_{k+1},$$

其中

$$P_{k+1}=q_{k+1}P_k+P_{k-1},\quad Q_{k+1}=q_{k+1}Q_k+Q_{k-1}.$$

由归纳法,定理为真.　**证完**

推论 1　若 a,b 是任意两个不全为零的整数,则存在两个整数 s,t,使得

$$as+bt=(a,b).\tag{4}$$

定理 2 若 a,b,c 是三个整数，且 $(a,c)=1$，则

(i) ab,c 与 b,c 有相同的公因数；

(ii) $(ab,c)=(b,c)$， (5)

上面假定了 b,c 至少有一个不为零.

证 (i) 由题设及推论 1，存在两个整数 s,t，满足等式

$$as+ct=1.$$

两边乘以 b，即得

$$(ab)s+c(bt)=b.$$

设 d 是 ab 与 c 的任一公因数. 由上式及 §1 定理 3，$d\mid b$，因而 d 是 b,c 的一个公因数. 反之 b,c 的任一公因数显然是 ab,c 的一个公因数，故(i)获证.

(ii) 因为 b,c 不全为零，故 (b,c) 是存在的，因而由(i)即知 (ab,c) 存在，且

$$(ab,c)=(b,c)$$ **证完**

推论 2 若 $(a,c)=1$，$c\mid ab$，则 $c\mid b$.

证 由定理 2 及 §2 定理 2,3 得

$$|c|=(ab,c)=(b,c),$$

故 $|c|\mid b$，因而 $c\mid b$. **证完**

推论 3 设 $a_1,a_2,\cdots,a_n$ 及 $b_1,b_2,\cdots,b_m$ 是任意两组整数. 若前一组中任一整数与后一组中任一整数互素，则 $a_1a_2\cdots a_n$ 与 $b_1b_2\cdots b_m$ 互素.

证 由定理 2，我们知道

$$(a_1a_2\cdots a_n,b_j)=(a_2a_3\cdots a_n,b_j)=\cdots=(a_n,b_j)=1,\quad j=1,2,\cdots,m.$$

再用定理 2，

$$(a_1a_2\cdots a_n,b_1b_2\cdots b_m)=(a_1a_2\cdots a_n,b_2b_3\cdots b_m)=\cdots=(a_1a_2\cdots a_n,b_m)=1.$$ **证完**

下面我们应用刚才得到的关于整除的性质来研究公倍数与最小公倍数.

定义 设 $a_1,a_2,\cdots,a_n$ 是 $n(n\geqslant 2)$ 个整数. 若 d 是这 n 个数的倍数，则 d 就叫做这 n 个数的一个**公倍数**. 又在 $a_1,a_2,\cdots,a_n$ 的一切公倍数中的最小正数叫做**最小公倍数**，记作 $[a_1,a_2,\cdots,a_n]$.

由于任何正数都不是 0 的倍数，故讨论整数的最小公倍数时，一概假定这些整数都不是零.

定理 3 $[a_1,a_2,\cdots,a_n]=[|a_1|,|a_2|,\cdots,|a_n|]$.（证明留给读者.）

同最大公因数的情形一样，我们先研究两个整数的最小公倍数.

定理 4 设 a,b 是任意两个正整数，则

(i) a,b 的所有公倍数就是 $[a,b]$ 的所有倍数；

(ii) a,b 的最小公倍数等于以它们的最大公因数除它们的乘积所得的商，即 $[a,b]=\dfrac{ab}{(a,b)}$. 特别地，若 $(a,b)=1$，则 $[a,b]=ab$.

证 设 m' 是 a,b 的任一公倍数. 由定义可设

$$m'=ak=bk'.$$

令 $a=a_1(a,b)$，$b=b_1(a,b)$，由上式即得

$$a_1k=b_1k'.$$

但由§2定理5，$(a_1,b_1)=1$，故由推论2，$b_1\mid k$.因此

$$m'=ak=ab_1t=\frac{ab}{(a,b)}t,\tag{6}$$

其中 t 满足等式 $k=b_1t$.反过来，当 t 为任一整数时，$\frac{ab}{(a,b)}t$ 为 a,b 的一个公倍数，故(6)式可以表示 a,b 的一切公倍数.令 $t=1$ 即得到最小的正数，故

$$[a,b]=\frac{ab}{(a,b)}.$$

即(ii)获证.又由(6)式，(i)亦获证. **证完**

现在讨论两个以上整数的最小公倍数.设 $a_1,a_2,\cdots,a_n$ 是 n 个正整数，令

$$[a_1,a_2]=m_2,\quad [m_2,a_3]=m_3,\quad \cdots,\quad [m_{n-1},a_n]=m_n.\tag{7}$$

我们就有

定理5　若 $a_1,a_2,\cdots,a_n$ 是 $n(n\geqslant 2)$ 个正整数，则

$$[a_1,a_2,\cdots,a_n]=m_n.$$

证　由(7)，$m_i\mid m_{i+1}$，$i=2,3,\cdots,n-1$，且 $a_1\mid m_2$，$a_i\mid m_i$，$i=2,3,\cdots,n$，故 m_n 是 $a_1,a_2,\cdots,a_n$ 的一个公倍数.反之，设 m 是 $a_1,a_2,\cdots,a_n$ 的任一公倍数，则 $a_1\mid m$，$a_2\mid m$，故由定理4(i)，$m_2\mid m$.又 $a_3\mid m$，同样由定理4(i)得 $m_3\mid m$.以此类推，最后得 $m_n\mid m$.因此 $m_n\leqslant|m|$.故

$$m_n=[a_1,a_2,\cdots,a_n].$$

证完

由于最大公因数可以实际地求出来，因此定理3,4,5给出了最小公倍数的求法.

注：对于多项式来说，带余除法也可如下稍作改变证明其成立：我们知道形如

$$P(x)=a_nx^n+a_{n-1}x^{n-1}+\cdots+a_1x+a_0,\quad a_n\neq 0,\tag{8}$$

其中 n 为正整数，$a_0,a_1,\cdots,a_n$ 为实数（或某一数域的元素）的多项式被称为 n 次多项式.于是多项式的带余除法就可以叙述为：

设 $P(x)$，$M(x)$ 是任意两个多项式，$P(x)$ 的次数大于 $M(x)$，则存在两个多项式 $Q(x)$，$R(x)$，使得

$$P(x)=Q(x)M(x)+R(x),\tag{9}$$

其中 $R(x)$ 的次数小于 $M(x)$ 的次数，并且 $Q(x)$ 和 $R(x)$ 是唯一的.

它的证法作如下的改变：设

$$M(x)=b_mx^m+\cdots+b_1x+b_0,\quad b_m\neq 0,$$

则 $P(x)-\frac{a_n}{b_m}x^{n-m}M(x)$（记为 $P_1(x)$）为一多项式，次数最多是 $n-1$，因而 $P(x)=\frac{a_n}{b_m}x^{n-m}M(x)+P_1(x)$.依照同样的办法考察 $P_1(x)$，$M(x)$，可得一次数更低的多项式，以此类推，最后即得多项式的带余除法(9).

至于本章所讨论的概念、算法、整数的整除性、因数、倍数的各种性质以及下一节的算术基本定理都可以不困难地用类似的手法对多项式证明成立.第三、四章也有很多性质对多项式也相应成立，如果读者学习过多项式的基本性质，不妨作为复习重新演练一遍，进一步理解整数的整除性与多项式的整除性的联系；如果没有学过，则不妨

逐一考察其成立与否，肯定会大有好处的.

习　题

1. 证明两整数 a,b 互素的充分必要条件是：存在两个整数 s,t，满足条件

$$as+bt=1.$$

2. 证明定理 3.

3. 设

$$a_nx^n+a_{n-1}x^{n-1}+\cdots+a_1x+a_0 \tag{10}$$

是一个整数系数多项式且 a_0,a_n 都不是零，则(10)的有理根只能是以 a_0 的因数作分子以 a_n 的因数作分母的既约分数，并由此推出$\sqrt{2}$不是有理数.

§4　素数·算术基本定理

在正整数里，1 的正因数就只有它本身，因此在整数中 1 占有特殊的地位. 任一个大于 1 的整数，都至少有两个正因数，即 1 同它本身，我们把这些数再加以分类，就得到下面的

定义　一个大于1的整数，如果它的正因数只有 1 及它本身，就叫做**素数**；否则就叫做**合数**.

素数在研究整数的过程中占有一个很重要的地位，本节的主要目的就是要证明任何一个大于 1 的整数，如果不论次序，能唯一地表成素数的乘积. 我们先证明每一个大于 1 的整数有一素因数，即

定理 1　设 a 是任一大于 1 的整数，则 a 的除 1 外最小正因数 q 是一素数，并且当 a 是合数时，$q\leqslant\sqrt{a}$.

证　假定 q 不是素数，由定义，q 除 1 及本身外还有一正因数 q_1，因而 $1<q_1<q$. 但 $q\mid a$，所以 $q_1\mid a$，这与 q 是 a 的除 1 外的最小正因数矛盾，故 q 是素数.

当 a 是合数时，则 $a=a_1q$，且 $a_1>1$，否则 a 是素数. 由于 q 是 a 的除 1 外的最小正因数，所以 $q\leqslant a_1$，$q^2\leqslant qa_1=a$，故 $q\leqslant\sqrt{a}$.

证完

定理 2　若 p 是一素数，a 是任一整数，则 a 能被 p 整除或 p 与 a 互素.

证　因为 $(p,a)\mid p$，$(p,a)>0$，由素数的定义，$(p,a)=1$，或 $(p,a)=p$. 即 $(p,a)=1$ 或 $p\mid a$.　**证完**

推论 1　设 $a_1,a_2,\cdots,a_n$ 是 n 个整数，p 是素数. 若 $p\mid a_1a_2\cdots a_n$，则 p 一定能整除某一 a_k.

证　假定 $a_1,a_2,\cdots,a_n$ 都不能被 p 整除，则由定理 2

$$(p,a_i)=1,\quad i=1,2,\cdots,n.$$

因此由 §3 推论 3，$(p,a_1a_2\cdots a_n)=1$，这与 $p\mid a_1a_2\cdots a_n$ 矛盾，故推论获证.　**证完**

定理 3(算术基本定理) 任一大于 1 的整数能表成素数的乘积,即任一大于 1 的整数

$$a = p_1p_2\cdots p_n,\quad p_1 \leqslant p_2 \leqslant \cdots \leqslant p_n, \tag{1}$$

其中 $p_1,p_2,\cdots,p_n$ 是素数,并且若

$$a = q_1q_2\cdots q_m,\quad q_1 \leqslant q_2 \leqslant \cdots \leqslant q_m,$$

其中 $q_1,q_2,\cdots,q_m$ 是素数,则 $m=n,q_i=p_i,i=1,2,\cdots,n$.

证 我们用数学归纳法先证明(1)式成立. 当 $a=2$ 时,(1)式显然成立. 假定对一切小于 a 的正整数(1)式都成立,此时若 a 是素数,则(1)式对 a 成立;若 a 是合数,则有两正整数 b,c,满足条件

$$a = bc,\quad 1 < b < a,\quad 1 < c < a.$$

由归纳假定

$$b=p_1'p_2'\cdots p_l',\quad c=p_{l+1}'p_{l+2}'\cdots p_n',$$

其中 $p_1'\leqslant p_2'\leqslant\cdots\leqslant p_l',p_{l+1}'\leqslant p_{l+2}'\leqslant\cdots\leqslant p_n'$. 于是

$$a=p_1'p_2'\cdots p_l'p_{l+1}'\cdots p_n'.$$

将 p_i'的次序适当调动后即得(1)式,故(1)式对 a 成立. 由归纳法即知对任一大于 1 的正整数,(1)式成立.

若 $a=q_1q_2\cdots q_m,q_1\leqslant q_2\leqslant\cdots\leqslant q_m$,则

$$p_1p_2\cdots p_n=q_1q_2\cdots q_m. \tag{2}$$

因此 $p_1 \mid q_1q_2\cdots q_m,q_1 \mid p_1p_2\cdots p_n$. 由推论 1,有 p_k,q_j 使得$p_1 \mid q_j,q_1 \mid p_k$. 但 q_j,p_k 都是素数,故 $p_1=q_j,q_1=p_k$. 又 $p_k\geqslant p_1,q_j\geqslant q_1$,故 $q_j=p_1\leqslant p_k=q_1$,因而

$$p_1=q_j=q_1.$$

由(2)式 $p_2\cdots p_n=q_2\cdots q_m$,同法可得 $p_2=q_2$. 以此类推,最后即得 $n=m,p_i=q_i,i=1,2,\cdots,n$.

证完

由定理 3 立刻得到

推论 2 任一大于 1 的整数 a 能够唯一地写成

$$a = p_1^{\alpha_1}p_2^{\alpha_2}\cdots p_k^{\alpha_k},\quad \alpha_i > 0,\quad i = 1,2,\cdots,k, \tag{3}$$

其中 $p_i<p_j(i<j)$.

(3)式叫做 a 的标准分解式. 在应用中,为方便计,有时我们插进若干素数的零次幂而把 a 表成下面的形式:

$$a=p_1^{\alpha_1}p_2^{\alpha_2}\cdots p_l^{\alpha_l},\quad \alpha_i\geqslant 0,\quad i=1,2,\cdots,l.$$

推论 3 设 a 是一个大于 1 的整数,且

$$a=p_1^{\alpha_1}p_2^{\alpha_2}\cdots p_k^{\alpha_k},\quad \alpha_i>0,\quad i=1,2,\cdots,k,$$

则 a 的正因数 d 可以表成

$$d=p_1^{\beta_1}p_2^{\beta_2}\cdots p_k^{\beta_k},\quad \alpha_i\geqslant\beta_i\geqslant 0,\quad i=1,2,\cdots,k$$

的形式,而且当 d 可以表成上述形式时,d 是 a 的正因数.

证 若 $d \mid a$,则 $a=dq$,由推论 2 知 a 的标准分解式是唯一的,故 d 的标准分解式中出现的素数都在 $p_j(j=1,2,\cdots,k)$ 中出现,且 p_j 在 d 的标准分解式中出现的指数

$\beta_j \not> \alpha_j$，亦即 $\beta_j \leqslant \alpha_j$. 反过来当 $\beta_j \leqslant \alpha_j$ 时，d 显然整除 a. **证完**

我们应用推论 3 可以得到下面的推论，这是中学教科书中求最大公因数及最小公倍数的根据.

推论 4　设 a, b 是任意两个正整数，且

$$a = p_1^{\alpha_1} p_2^{\alpha_2} \cdots p_k^{\alpha_k}, \quad \alpha_i \geqslant 0, \quad i = 1, 2, \cdots, k,$$

$$b = p_1^{\beta_1} p_2^{\beta_2} \cdots p_k^{\beta_k}, \quad \beta_i \geqslant 0, \quad i = 1, 2, \cdots, k,$$

则

$$(a, b) = p_1^{\gamma_1} p_2^{\gamma_2} \cdots p_k^{\gamma_k}, \quad [a, b] = p_1^{\delta_1} p_2^{\delta_2} \cdots p_k^{\delta_k}, \tag{4}$$

其中 $\gamma_i = \min(\alpha_i, \beta_i)$，$\delta_i = \max(\alpha_i, \beta_i)$，$i = 1, 2, \cdots, k$（证明留给读者），$\min(\alpha_i, \beta_i)$ 表示 α_i, β_i 中较小的数，$\max(\alpha_i, \beta_i)$ 表示 α_i, β_i 中较大的数.

上面我们从理论上证明了任意一个正整数有唯一的标准分解式. 但在实际计算中我们还没有简易可行的方法去判断哪些正整数是素数，也没有简易可行的方法去求出一个正整数的标准分解式. 这中间主要的原因是素数在正整数列中的分布情形是很不规则的（这一点还要加以介绍）. 但在另一方面，我们根据素数的定义及其性质，可以造出素数表来以供应用.

任给一个正整数 N，可以按照下述方法求出一切不超过 N 的素数：把不超过 N 的一切正整数按大小关系排成一串

$$1, 2, 3, 4, \cdots, N.$$

首先划去 1，第一个留下的是 2，它是一个素数：

$$\underline{1}, 2, 3, 4, 5, 6, 7, 8, 9, 10, \cdots, N.$$

其次，从 2 起每隔一位划去一数，这样就划去了 2 的一切倍数，

$$\underline{1}, 2, 3, \underline{4}, 5, \underline{6}, 7, \underline{8}, 9, \underline{10}, \cdots, N.$$

第一个留下未划去的是 3，它不是 2 的倍数，因此是一个素数. 然后从 3 起每隔两位划去一数，所划去的数就是 $3 + 3m$（$m = 1, 2, \cdots$），它们是 3 的一切倍数（3 本身除外）：

$$\underline{1}, 2, 3, \underline{4}, 5, \underline{6}, 7, \underline{8}, \underline{9}, \underline{10}, \cdots, N.$$

第一个留下未划去的是 5，它不是小于它的素数（2 及 3）的倍数，因此它是素数. 然后，从 5 起每隔 $5 - 1 = 4$ 位划去一数，所划去的数是 $5 + 5m$（$m = 1, 2, \cdots$），也就是 5 的一切倍数（5 本身除外）：

$$\underline{1}, 2, 3, \underline{4}, 5, \underline{6}, 7, \underline{8}, \underline{9}, \underline{10}, 11, \cdots, N.$$

如此继续进行，所划去的都是合数，第一个留下的都不是比它小的素数的倍数，因此总是一个素数. 用这种方法可以逐一地把素数求出来. 这种方法是希腊时代埃拉托色尼（Eratosthenes）发明的，它好像用筛子筛出素数一样，所以称为**埃拉托色尼筛法**.

要求出不超过 N 的一切素数，根据定理 1，只需把不超过 $\sqrt{N}$ 的素数的倍数划去就行了，这是因为不超过 N 的合数的最小素因数总是不超过 $\sqrt{N}$ 的.

为了更清楚地了解素数表的造法，我们举 $N = 30$ 为例，此时 $\sqrt{30} < 6$.

1, 2, 3, ~~4~~, 5, ~~6~~, 7, ~~8~~, ~~9~~, ~~10~~,

11, ~~12~~, 13, ~~14~~, ~~15~~, ~~16~~, 17, ~~18~~, 19, ~~20~~,

~~21~~, ~~22~~, 23, ~~24~~, ~~25~~, ~~26~~, ~~27~~, ~~28~~, 29, ~~30~~,

故不超过 30 的素数是 2,3,5,7,11,13,17,19,23,29.

上述造素数表的方法并不能在有限步以内把正整数中的一切素数都找出来,因为我们有

定理 4 素数的个数是无穷的.

证 我们用反证法来证明定理. 假定正整数中只有有限个素数,设为 $p_1,p_2,\cdots,p_k$. 令 $p_1p_2\cdots p_k+1=N$,则 $N>1$. 由定理 1,N 有一素因数 p. 这里 $p\neq p_i$,$i=1,2,\cdots,k$,否则 $p\mid p_1p_2\cdots p_k$,$p\mid N$,因此 $p\mid 1$,而与 p 是素数矛盾. 故 p 是上面 k 个素数以外的素数,因此定理获证.

证完

从这一章可以看出判断一个整数是合数还是素数以及如何具体地进行因数分解涉及很多运算. 而且现在有一种加密技术需要判断和找出大的素数,例如,50 位或者更高位数的素数;而相应解密技术需要分解大数. 虽然我们上面说过"埃拉托色尼筛法可以逐一地把素数求出来",但是实际上即使动用超级计算机,要想求出一个大的素数,例如 100 位甚至 1000 位以上的素数,也是非常困难的,分解大数就更为困难,这些将在第三章加以介绍. 现在介绍一些与素数有关的经典问题. 例如,通常称形如 $F_m=2^{2^m}+1(m=1,2,\cdots)$ 的数为**费马(Fermat)数**. 费马自己知道从 F_0 到 F_4 都是素数,然后他猜想所有的 F_m 都是素数. 后来欧拉发现 F_5 不是素数,它有一个真因数 641,直到 20 世纪末,数学家用他们创造的各种方法,经过超级计算机的计算得知,从 F_5 到 F_{23} 都是合数,还不知道 F_{24} 是合数还是素数. 现在许多数学家认为:F_4 之后的费马数都是合数,但是这只是一个猜想. 即使否定了这个猜想,也还可以问费马数中的素数是否有限. 费马数与下列尺规作图问题有关:正 n 边形可尺规作图的充要条件是 $n\geqslant 3$,且 n 的最大奇因数是不同的费马素数的乘积. 另一个有趣的问题是关于梅森(Mersenne)数. 形如 $M_n=2^n-1(n=1,2,\cdots)$ 的素数称为**梅森数**. 易见:只有当 n 为素数时,M_n 才可能是素数. 当 $n=2,3,5,7$ 时,相应的 M_n 确为素数,但对于大于 11 的素数 n,M_n 中既有素数,又有合数. 近年,有人用大型计算机寻找更大的梅森数. 2017 年 12 月发现 $M_{77232917}$ 是梅森数,它是一个有23 249 425位的大素数. 像这样找大梅森数(素数)对科技应用是有意义的,但是从作为基础科学的数论来说,是否有无穷多个梅森数是一个未解决的难题. 梅森数与双完全数(即一切正因数的和等于该数的二倍)有关,即数 a 是双完全数的充要条件是它能表成 $2^{n-1}M_n$(M_n 为梅森数)的形式(详见华罗庚编著的《数论导引》第一章 §9).

习 题

1. 试造不超过 100 的素数表.
2. 求 82 798 848 及 81 057 226 635 000 的标准分解式.
3. 证明推论 4 并推广到 n 个正整数的情形.

4. 应用推论 4 证明 §3 的定理 4(ii).

5. 证明:若 2^n+1 是素数($n>1$),则 n 是 2 的方幂.

§5　函数$[x]$,$\{x\}$及其在数论中的一个应用

在上一节里面我们讨论了把任意一个正整数分解成标准分解式的问题.现在我们就给出求 $n!$ 的标准分解式的一个公式,为了达到这个目的,我们先介绍两个在数学中常常用到的函数$[x]$与$\{x\}$.

定义　函数$[x]$与$\{x\}$是对于一切实数都有定义的函数,函数$[x]$的值等于不大于 x 的最大整数;函数$\{x\}$的值是 $x-[x]$.我们把$[x]$叫做 x 的**整数部分**,$\{x\}$叫做 x 的**小数部分**.

例　$[\pi]=3,[\mathrm{e}]=2,[-\pi]=-4,\left[\frac{2}{3}\right]=0,\left[-\frac{3}{5}\right]=-1$;

$$\left\{-\frac{3}{5}\right\}=\frac{2}{5},\{\pi\}=0.141\ 59\cdots,\{\sqrt{2}\}=0.414\cdots,$$

$$\{-\pi\}=1-0.141\ 59\cdots=0.858\ 40\cdots.$$

由定义可以立刻得出下列简单性质:

Ⅰ　$x=[x]+\{x\}$.

Ⅱ　$[x]\leqslant x<[x]+1,x-1<[x]\leqslant x,0\leqslant\{x\}<1$.

Ⅲ　$[n+x]=n+[x]$,n 是整数.

Ⅳ　$[x]+[y]\leqslant[x+y],\{x\}+\{y\}\geqslant\{x+y\}$.

Ⅴ　$[-x]=\begin{cases}-[x]-1, & x\text{ 不是整数},\\ -[x], & x\text{ 是整数}.\end{cases}$

Ⅵ　(带余除法)若 a,b 是两个整数,$b>0$,则

$$a=b\left[\frac{a}{b}\right]+b\left\{\frac{a}{b}\right\},\quad 0\leqslant b\left\{\frac{a}{b}\right\}\leqslant b-1.$$

Ⅶ　若 a,b 是任意两个正整数,则不大于 a 而为 b 的倍数的正整数的个数是$\left[\frac{a}{b}\right]$.

证　(只证Ⅶ)$a<b$ 时显然.设 m 是任一不大于 a 而为 b 的倍数的正整数,则

$$0<m=bm_1\leqslant a,\quad 0<m_1\leqslant\frac{a}{b}.\tag{1}$$

故满足以上条件的 m 的个数等于满足(1)的 m_1 的个数,因而等于$\left[\frac{a}{b}\right]$.　**证完**

定理　在 $n!$ 的标准分解式中素因数 $p(p\leqslant n)$ 的指数

$$h=\left[\frac{n}{p}\right]+\left[\frac{n}{p^2}\right]+\cdots=\sum_{r=1}^{\infty}\left[\frac{n}{p^r}\right].\tag{2}$$

注:若 $p^s>n$,则$\left[\frac{n}{p^s}\right]=0$,故上式只有有限项不为零,因而有意义.

证　设想把 $2,3,\cdots,n$ 都分解成标准分解式,则由算术基本定理,h 就是这 $n-1$ 个

分解式中 p 的指数之和,设其中 p 的指数是 r 的有 n_r 个($r\geqslant 1$),则

$$\begin{aligned} h &= n_1+2n_2+3n_3+\cdots \\ &= n_1+n_2+n_3+\cdots+ \\ &\quad\ n_2+n_3+\cdots+ \\ &\quad\ n_3+\cdots+ \\ &\quad\ \cdots \\ &= N_1+N_2+N_3+\cdots, \end{aligned}$$

其中 $N_r=n_r+n_{r+1}+\cdots$恰好是 $2,3,\cdots,n$ 这 $n-1$ 个数中能被 p^r 除尽的个数,但由Ⅶ,$N_r=\left[\dfrac{n}{p^r}\right]$,故

$$h=\left[\frac{n}{p}\right]+\left[\frac{n}{p^2}\right]+\left[\frac{n}{p^3}\right]+\cdots.$$

证完

推论1

$$n!=\prod_{p\leqslant n}p^{\sum_{r=1}^{\infty}\left[\frac{n}{p^r}\right]},$$

其中 $\prod\limits_{p\leqslant n}$ 表示展布在不超过 n 的一切素数上的积式.

推论2　**贾宪数**$\dfrac{n!}{k!\ (n-k)!}$是整数($0<k<n$).

注:设 k,n 是正整数,且 $0<k\leqslant n$,则上述贾宪数是"从 n 个元素的集合中取 k 个元素的组合数",所以它是整数,并不需要单独证明.此推论不过是说明上述定理可以有此应用.

证　由Ⅳ及 $n=(n-k)+k$,

$$\left[\frac{n}{p^r}\right]\geqslant\left[\frac{n-k}{p^r}\right]+\left[\frac{k}{p^r}\right],$$

$$\sum_{r=1}^{\infty}\left[\frac{n}{p^r}\right]\geqslant\sum_{r=1}^{\infty}\left[\frac{n-k}{p^r}\right]+\sum_{r=1}^{\infty}\left[\frac{k}{p^r}\right].$$

故

$$\prod_{p\leqslant n}p^{\sum_{r=1}^{\infty}\left[\frac{n-k}{p^r}\right]+\sum_{r=1}^{\infty}\left[\frac{k}{p^r}\right]}\ \Big|\ \prod_{p\leqslant n}p^{\sum_{r=1}^{\infty}\left[\frac{n}{p^r}\right]}.$$

由推论1即得 $k!\ (n-k)!\ \mid n!$,故推论获证.

证完

推论3　若$f(x)$是一 n 次整系数多项式,$f^{(k)}(x)$是它的 k 阶导数($k\leqslant n$),则$\dfrac{f^{(k)}(x)}{k!}$是一 $n-k$ 次整系数多项式.

证　显然$\dfrac{f^{(k)}(x)}{k!}$是 $n-k$ 次多项式,设

$$f(x)=a_nx^n+a_{n-1}x^{n-1}+\cdots+a_1x+a_0,$$

则$\dfrac{f^{(k)}(x)}{k!}$中 x^i 的系数

$$b_i=a_{k+i}\frac{(k+i)(k+i-1)\cdots(i+1)}{k!}=a_{k+i}\frac{(k+i)!}{k!i!}.$$

由推论 2 及假设知 b_i 为整数，即 $\frac{f^{(k)}(x)}{k!}$ 是整系数多项式. **证完**

大家都知道 $\frac{n!}{k!\ (n-k)!}$ 是二项式系数，这种数最早是由我国发现的. 宋朝杨辉在他的著作《详解九章算法》(1261 年)里指出贾宪已经用过下述的图形：

$$\begin{array}{ccccccccccccc} & & & & & & 1 & & & & & & \\ & & & & & 1 & & 1 & & & & & \\ & & & & 1 & & 2 & & 1 & & & & \\ & & & 1 & & 3 & & 3 & & 1 & & & \\ & & 1 & & 4 & & 6 & & 4 & & 1 & & \\ & 1 & & 5 & & 10 & & 10 & & 5 & & 1 & \\ 1 & & 6 & & 15 & & 20 & & 15 & & 6 & & 1 \end{array}$$

因此我们可以看出二项式系数早在杨辉以前，即最迟在 13 世纪已被我国发现. 这要比欧洲最初发现这件事实至少早 260 年左右，要比帕斯卡(Pascal)发现此事实(1654 年)早将近 400 年.

习　题

1. 求 30! 的标准分解式.

2. 设 n 是任一正整数，α 是实数，证明：

(i) $\left[\frac{[n\alpha]}{n}\right]=[\alpha]$；

(ii) $[\alpha]+\left[\alpha+\frac{1}{n}\right]+\cdots+\left[\alpha+\frac{n-1}{n}\right]=[n\alpha]$.

3. 设 α,β 是任意二实数，证明：

(i) $[\alpha]-[\beta]=[\alpha-\beta]$ 或 $[\alpha-\beta]+1$；

(ii) $[2\alpha]+[2\beta]\geqslant[\alpha]+[\alpha+\beta]+[\beta]$.

4. (i) 设函数 $f(x)$ 在闭区间 $Q\leqslant x\leqslant R$ 上是连续的，并且非负，证明和式

$$\sum_{Q<x\leqslant R}[f(x)]$$

表示平面区域 $Q<x\leqslant R, 0<y\leqslant f(x)$ 内的整点(整数坐标的点)的个数.

(ii) 设 p,q 是两个互素的奇正整数，证明：

$$\sum_{0<x<\frac{q}{2}}\left[\frac{p}{q}x\right]+\sum_{0<y<\frac{p}{2}}\left[\frac{q}{p}y\right]=\frac{p-1}{2}\cdot\frac{q-1}{2}；$$

(iii) 设 $r>0$，T 是区域 $x^2+y^2\leqslant r^2$ 内的整点数，证明：

$$T=1+4[r]+8\sum_{0<x\leqslant\frac{r}{\sqrt{2}}}\left[\sqrt{r^2-x^2}\right]-4\left[\frac{r}{\sqrt{2}}\right]^2；$$

(iv) 设 $n>0$，T 是区域 $x>0, y>0, xy\leqslant n$ 内的整点数，证明：

$$T=2\sum_{0<x<\sqrt{n}}\left[\frac{n}{x}\right]-[\sqrt{n}]^2.$$

5. 设 n 是任一正整数，且

$$n=a_0+a_1p+a_2p^2+\cdots,\quad p \text{ 是素数},\quad 0\leqslant a_i<p,$$

证明：在 $n!$ 的标准分解式中，素因数 p 的指数是

$$h = \frac{n - S_n}{p - 1},$$

其中 $S_n = a_0 + a_1 + a_2 + \cdots$.

拓展阅读

第二章 不定方程

中国古代数学家张邱建曾经解答了下面的题目：

"今有鸡翁一，直钱五，鸡母一，直钱三，鸡雏三，直钱一. 凡百钱买鸡百只. 问鸡翁、母、雏各几何？"①

设用 x,y,z 分别代表公鸡、母鸡、雏鸡的数目，就得到下面的方程：

$$5x+3y+\frac{1}{3}z=100,$$

$$x+y+z=100.$$

消去 z，再化简，即得

$$7x+4y=100.$$

我们要解决这个问题，就是要求出上述方程的非负整数解. 但是上述方程不过是二元一次不定方程的一个具体的例子. 所谓二元一次不定方程的一般形式是

$$ax+by=c,$$

其中 a,b,c 是整数. 不定方程在历史上有极其丰富的研究，文献极其丰富，也留下很多经典难题. 另一方面，由于数学应用的空前普遍，方程及不等式的整数解问题研究，也有了应用前景. 我们这一章的目的就是首先讨论二元一次不定方程有整数解的条件及其解法，进而讨论多元一次不定方程的解法，最后介绍几个高次不定方程及著名的费马问题.

§1 二元一次不定方程

本节将讨论二元一次不定方程有整数解的条件，并且说明在有解的情况下如何求出它的一切整数解. 现在先假定它有一个整数解，说明如何借此表出它的一切整数解.

定理 1 设二元一次不定方程

$$ax+by=c \tag{1}$$

（其中 a,b,c 是整数，且 a,b 都不是 0）有一整数解 $x=x_0,y=y_0$，则(1)式的一切解可以表成

① 此题系《张邱建算经》卷下的最后一题，该书为张邱建所著，作者生卒年代今已不易考，唯知该书在隋代已经广泛流传. 该书今传本在《算经十书》之内.

$$x = x_0 - b_1 t, \quad y = y_0 + a_1 t, \tag{2}$$

其中$(a,b)=d, a=a_1 d, b=b_1 d, t=0, \pm1, \pm2, \cdots$.

证 既然x_0, y_0是(1)式的解，当然满足$ax_0+by_0=c$. 因此

$$a(x_0-b_1t)+b(y_0+a_1t)=c+(ba_1-ab_1)t=c.$$

这表明对任何整数t,(2)式是(1)式的解.

反之，设x', y'是(1)式的任一解，则$ax'+by'=c$，从此减去$ax_0+by_0=c$，即得

$$a(x'-x_0)+b(y'-y_0)=0.$$

由上式及$a=a_1d, b=b_1d$得到

$$a_1(x'-x_0)=-b_1(y'-y_0).$$

又$d=(a,b)$，故$(a_1,b_1)=1$. 由第一章§3推论2，可知有一整数t，使得$y'-y_0=a_1t$，亦即$y'=y_0+a_1t$. 将y'代入上式即得$x'=x_0-b_1t$. 因此x', y'只能表成(2)式的形式. 故(2)式表示(1)式的一切整数解. **证完**

由定理1我们知道，当(1)式有一整数解时，它的一切解可以由(2)式表出来. 但是(1)式在什么情况下有解，我们还不知道，现在给出(1)式有整数解的一个条件.

定理2 (1)式有整数解的充分必要条件是$(a,b)\mid c$.

证 若(1)式有一整数解，设为x_0, y_0，则

$$ax_0+by_0=c.$$

但(a,b)整除a及b，因而整除c，故条件的必要性获证.

反之，若$(a,b)\mid c$，则$c=c_1(a,b)$，c_1是整数. 由第一章§3推论1，存在两个整数s，t满足下列等式

$$as+bt=(a,b).$$

令$x_0=sc_1, y_0=tc_1$，即得$ax_0+by_0=c$，故(1)式有整数解x_0, y_0.

证完

对于二元一次不定方程，我们还没有给出求(1)式的一个整数解的方法，下面应用辗转相除法解决这个问题.

由定理2的证明看到，在有解的情况下，要先证明方程

$$ax+by=(a,b)$$

有解. 因此我们要找出一个求特殊解的方法，应该从这个方程着手. 首先上述方程的解与方程

$$\frac{a}{(a,b)}x+\frac{b}{(a,b)}y=1$$

的解完全相同，而在这个方程里，未知数x, y的系数是互素的，所以只要讨论如何求出形式如

$$ax+by=1, \quad (a,b)=1 \tag{3}$$

的方程的一个整数解就够了. 容易看出，由(3)的一个特殊解，可以得出方程$|a|x+|b|y=1$的一个特殊解，反之亦然. 因此为简单起见，可以假定$a>0, b>0$. 应用辗转相除法，可以得到

$$a = bq_1 + r_1,\quad 0 < r_1 < b,$$
$$b = r_1q_2 + r_2,\quad 0 < r_2 < r_1,$$
$$\cdots$$
$$r_{n-2} = r_{n-1}q_n + r_n,\quad 0 < r_n < r_{n-1},$$
$$r_{n-1} = r_nq_{n+1}.$$

因为$(a,b)=1$,故 $r_n=1$. 由第一章 §3 定理 1,

$$Q_na - P_nb = (-1)^{n-1}r_n.$$

于是

$$a[(-1)^{n-1}Q_n]+b[(-1)^nP_n]=1.$$

因此(3)式有一个特殊解

$$x = (-1)^{n-1}Q_n,\quad y = (-1)^nP_n. \tag{4}$$

又由第一章 §3 定理 1

$$\begin{matrix} P_0 = 1, & P_1 = q_1, & P_k = q_kP_{k-1} + P_{k-2}, \\ Q_0 = 0, & Q_1 = 1, & Q_k = q_kQ_{k-1} + Q_{k-2}, \end{matrix}\quad k = 2,\cdots,n. \tag{5}$$

由(5)式可以得出求(4)式(即(3)式的一个特殊解)的方法,即先由辗转相除法求出 $q_1,q_2,\cdots,q_n$,把它们写在下表的第二横行里面:

	0	1	2	…	$k-2$	$k-1$	k	…	n	
q		q_1	q_2	…	q_{k-2}	q_{k-1}	q_k	…	q_n	
P	1 +	q_1	P_2	…	P_{k-2}+	P_{k-1}	P_k	…	P_n	
Q	0 +	1	Q_2	…	Q_{k-2}+	Q_{k-1}	Q_k	…	Q_n	

其次在第二及第三直行写下 $P_0=1,Q_0=0,P_1=q_1,Q_1=1$,然后利用(5)式,顺次求出 $P_2,Q_2,P_3,Q_3,\cdots,P_n,Q_n$(表中 + 号和连接 q_k 到 P_{k-1},Q_{k-1}的直线可以帮助我们记忆),最后即得(4)式.

例 1 求 $7x+4y=100$ 的一切整数解.

解 先解 $7x+4y=1$,此处 $a=7,b=4,(a,b)=1$.

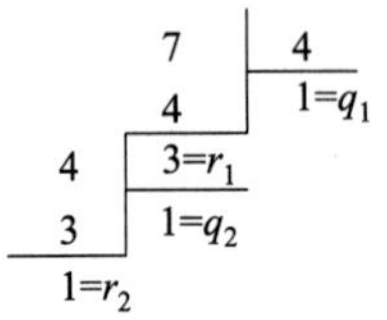

	0	1	2
q		1	1
P	1 +	1	$2=P_2$
Q	0 +	1	$1=Q_2$

因此$7x+4y=1$ 的一个解是 $x=(-1)^{2-1}1=-1,y=(-1)^22=2$.
故原方程的一个解是

$$x = -100,\quad y = 200.$$

由定理 1 其一切解可以表成

$$x = -4t-100,\quad y = 7t+200\quad (t = 0,\pm 1,\pm 2,\cdots).$$

在本章开始所提出的张邱建的原题中,x 及 y 分别代表公鸡、母鸡的个数,所以必须使得 $x\geqslant 0,y\geqslant 0$. 因此

$$-\frac{200}{7}\leqslant t\leqslant -25.$$

故 $t=-28,-27,-26,-25$. 又雏鸡数是 $z=100-x-y=-3t$. 这样就得到下面四组解答：

$$\begin{cases}x=12,\\y=4,\\z=84,\end{cases}\quad\begin{cases}x=8,\\y=11,\\z=81,\end{cases}\quad\begin{cases}x=4,\\y=18,\\z=78,\end{cases}\quad\begin{cases}x=0,\\y=25,\\z=75.\end{cases}$$

例 2 求 $111x-321y=75$ 的一切整数解.

解 $(111,-321)=3$，而 $3\mid 75$，故有解，且原方程的解与 $37x-107y=25$ 的解完全相同. 今先解 $107x+37y=1$.

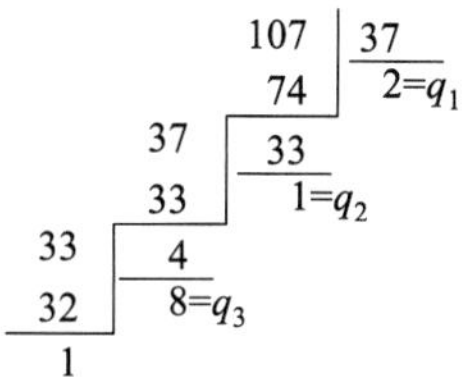

	0	1	2	3
q		2	1	8
P	1	2	3	$26=P_3$
Q	0	1	1	$9=Q_3$

故 $107x+37y=1$ 的一解是 $x=(-1)^2 9=9, y=(-1)^3 26=-26$. $37x-107y=1$ 的一解是 $x=-26, y=-9$. 故 $37x-107y=25$ 的一切解可以表成

$$x=-26\times 25+107t,\quad y=-9\times 25+37t\ (t=0,\pm 1,\pm 2,\cdots),$$

或

$$x=-8+107t,\quad y=-3+37t\ (t=0,\pm 1,\pm 2,\cdots).$$

在结束本节之前，我们来研究一下以往中学教科书中二元一次不定方程解法的理论根据.

设给定一个适合下列条件的二元一次不定方程：

$$ax+by=c,\quad a>b>0,\quad (a,b)=1. \tag{6}$$

那么由第一章§1定理4知道，用 b 分别除 a,c 后，有整数 q_1,q_1',r_1,r_1' 满足条件 $a=bq_1+r_1, 0\leqslant r_1<b, c=bq_1'+r_1', 0\leqslant r_1'<b$. 又由第一章§2定理3得到 $(b,r_1)=(a,b)=1$，故方程

$$by'+r_1x'=r_1' \tag{7}$$

有整数解. 设 $x=x_0, y=y_0$ 是(6)的任一整数解，则

$$y_0=\frac{c-ax_0}{b}=q_1'-q_1x_0+\frac{r_1'-r_1x_0}{b}. \tag{8}$$

但 $y_0, q_1'-q_1x_0$ 都是整数，因此 $\frac{r_1'-r_1x_0}{b}$ 也是整数. 令 $\frac{r_1'-r_1x_0}{b}=y_0'$，则 $x'=x_0, y'=y_0'$ 是(7)的一个整数解，即(6)式的任一整数解能写成下列形状：

$$x=x',\quad y=q_1'-q_1x'+y', \tag{9}$$

其中 x',y' 是(7)的某一整数解，反之，若 x',y' 是(7)的任一整数解，则由(9)式所求得的 x,y 是(6)的一解，这是因为由(7)，(9)可以得出

$$y=q_1'-q_1x'+y'=q_1'-q_1x+\frac{r_1'-r_1x}{b}=\frac{c-ax}{b}.$$

故得

定理 3 (6)的一切整数解可由(9)得出，只要(9)中 x',y' 取(7)式的一切解.

在 20 世纪 50 年代以前,我国有的高中代数教科书中,有求(6)的解的内容,方法就是把(6)变成(8)的形状,然后再令$\frac{r_1'-r_1x}{b}=y'$而得到(7),求出(7)的一切整数解后,再由(9)求(6)的解. 如果由(7)还不能用观察的方法求出它的一切解时,再把上面所说的方法应用于(7)而得到另一新的方程,求出新的方程的一切解,再求(7)的一切解及(6)的一切解,应用这种方法在有限次以后一定可以得到一个二元一次不定方程,而它的一切整数解能够用观察的方法得到. 这因为(7)的系数不过是辗转相除法中第一个式子的除数及余数,而由(7)得到的新的方程不过是第二个式子的除数及余数. 由辗转相除法的理论及 a,b 互素的条件,有限次以后一定可以得到一个方程,其中有一个系数是 1,那么这个方程的一切解便可以用观察的方法得到. 从定理 3 可以看出,应用这种方法一定能够把(6)的一切解求出来. 现在我们来看一个例子.

例 3　求 $107x+37y=25$ 的一切整数解.

解　由给定的方程得

$$y=\frac{25-107x}{37}=-2x+\frac{25-33x}{37}=-2x+y',$$

其中 $y'=\frac{25-33x}{37}$是整数,故得一新的不定方程

$$37y'+33x=25. \tag{10}$$

又

$$x=\frac{25-37y'}{33}=-y'+\frac{25-4y'}{33}=-y'+x',$$

其中 $x'=\frac{25-4y'}{33}$,又得到一个新的不定方程

$$33x'+4y'=25. \tag{11}$$

又

$$y'=\frac{25-33x'}{4}=6-8x'+\frac{1-x'}{4}=6-8x'+y'',$$

其中 $y''=\frac{1-x'}{4}$,即最后得到

$$x'+4y''=1. \tag{12}$$

显然(12)的一切解是

$$x'=1-4t,\quad y''=t\quad(t=0,\pm1,\pm2,\cdots).$$

因此(11)的一切解是

$$x'=1-4t,\quad y'=6-8x'+y''=-2+33t\quad(t=0,\pm1,\pm2,\cdots),$$

而(10)的一切解是

$$y'=-2+33t,\quad x=-y'+x'=3-37t\quad(t=0,\pm1,\pm2,\cdots).$$

故给定的不定方程的解是

$$x=3-37t,\quad y=-2x+y'=-8+107t(t=0,\pm1,\pm2,\cdots).$$

注:一个更简单的方法是按上述求解过程求出原方程的一个特解,然后按定理 1 求出一切解. 即由(12)易见

$$x' = 1, y'' = 0$$

是(12)的一个特解;

$$x' = 1, \quad y' = 6 - 8x' + y'' = -2$$

是(11)的一个特解;

$$x = -y' + x' = 3, \quad y' = -2$$

是(10)的一个特解;最后

$$x = 3, \quad y = -2x + y' = -8$$

是原方程的一个特解.

习 题

1. 解下列不定方程:

(a) $15x + 25y = 100$;

(b) $306x - 360y = 630$.

2. 把 100 分成两份,使一份可被 7 整除,一份可被 11 整除.

3. 证明:二元一次不定方程

$$ax + by = N, a > 0, b > 0, (a,b) = 1$$

的非负整数解的个数为$\left[\frac{N}{ab}\right]$或$\left[\frac{N}{ab}\right]+1$.

4. 证明:二元一次不定方程

$$ax + by = N, (a,b) = 1, a > 1, b > 1,$$

当 $N > ab - a - b$ 时有非负整数解,$N = ab - a - b$ 时则不然.

§2 多元一次不定方程

所谓多元一次不定方程,就是可以写成下列形式的方程:

$$a_1x_1 + a_2x_2 + \cdots + a_nx_n = N, \tag{1}$$

其中 $a_1, a_2, \cdots, a_n, N$ 都是整数,$n \geqslant 2$,并且不失一般性,我们可以假定 $a_1, a_2, \cdots, a_n$ 都不等于零. 现在首先证明

定理 (1)式有整数解的充分必要条件是$(a_1, a_2, \cdots, a_n) \mid N$.

证 设$(a_1, a_2, \cdots, a_n) = d$.

(i) 若(1)式有解,即有 n 个整数 $x_1', x_2', \cdots, x_n'$满足等式

$$a_1x_1' + a_2x_2' + \cdots + a_nx_n' = N,$$

则由第一章 §1 定理 3,$d \mid a_1x_1' + a_2x_2' + \cdots + a_nx_n'$即 $d \mid N$,这就证明了条件的必要性.

(ii) 若 $d \mid N$,我们要用数学归纳法证明(1)式有解. 当 $n = 2$ 时,由 §1 定理 2,(1)式有解. 假定上述条件对 $n-1$ 元一次不定方程是充分的,今证上述条件对 n 元一次不定方程也是充分的.

令 $d_2 = (a_1, a_2)$,则$(d_2, a_3, a_4, \cdots, a_n) = d \mid N$. 由归纳法假定,方程

$$d_2t_2+a_3x_3+\cdots+a_nx_n=N$$

有解，设其一解为 $t_2',x_3',\cdots,x_n'$. 再考虑

$$a_1x_1+a_2x_2=d_2t'_2.$$

由 §1 定理 2 及 $(a_1,a_2)=d_2$，上式有解，设其一解为 x_1',x_2'. 则

$$a_1x'_1+a_2x'_2+a_3x'_3+\cdots+a_nx'_n=d_2t'_2+a_3x'_3+\cdots+a_nx'_n=N.$$

故 $x_1',x_2',\cdots,x_n'$ 是(1)式的解. 这就证明了条件的充分性. **证完**

定理的证明还提供出一个求(1)式的解的方法，即先顺次求出 $(a_1,a_2)=d_2$，$(d_2,a_3)=d_3$，$\cdots$，$(d_{n-1},a_n)=d_n$. 由第一章 §2 定理 6 及上面定理，若 $d_n\nmid N$，则(1)无解；若 $d_n\mid N$，则(1)有解. 作方程

$$\begin{aligned}a_1x_1+a_2x_2&=d_2t_2,\\ d_2t_2+a_3x_3&=d_3t_3,\\ &\cdots\\ d_{n-2}t_{n-2}+a_{n-1}x_{n-1}&=d_{n-1}t_{n-1},\\ d_{n-1}t_{n-1}+a_nx_n&=N.\end{aligned}\tag{2}$$

首先求出最后一个方程的一切解，然后把 t_{n-1} 的每一个值代入倒数第二个方程求出它的一切解，这样做下去即得出(1)的一切解(证明留给读者).

在实际解多元一次不定方程时，我们是把 t_i 看成常数，求出(2)中第 $i-1$ 个方程的整数解的一般形式，再从结果中消去 $t_2,t_3,\cdots,t_{n-1}$，即得(1)的解. 我们看

例　求 $9x+24y-5z=1\ 000$ 的一切解.

解　$(9,24)=3$，$(3,-5)=1$，故方程有解. 考虑方程

$$9x+24y=3t,\text{即 }3x+8y=t$$

及

$$3t-5z=1\ 000.$$

由 §1 的方法得

$$\begin{cases}x=3t-8u,\\ y=-t+3u,\end{cases}\quad\begin{cases}t=2\ 000+5v,\\ z=1\ 000+3v,\end{cases}$$

其中 $u=0,\pm1,\pm2,\cdots,v=0,\pm1,\pm2,\cdots$. 消去 t，得

$$\begin{aligned}x&=6\ 000+15v-8u,\\ y&=-2\ 000-5v+3u,\\ z&=1\ 000+3v.\end{aligned}$$

这就是我们所要求的结果.

习　题

1. 证明用本节所述的方法能求出(1)式的一切解.
2. 把 $\frac{17}{60}$ 写成分母两两互素的三个既约分数之和.

§3 勾 股 数

在这一节里我们要研究一种特殊形式的二次不定方程. 在我国古代数学书《周髀算经》中,已经载有"句广三,股修四,径隅五"①(即"勾三,股四,弦五"的原始提法),这个三边是整数的直角三角形,因此已经知道了不定方程

$$x^2+y^2=z^2 \tag{1}$$

的一组解:3,4,5. 刘徽于《九章算术注》(263 年)中又载有 $5^2+12^2=13^2, 8^2+15^2=17^2, 7^2+24^2=25^2, 20^2+21^2=29^2$,由此可知在我国古代已经知道(1)的很多组整数解. 在古希腊,毕达哥拉斯(Pythagoras)也找到(1)的很多组整数解. 因此,西方称这些解为毕达哥拉斯三元组. 本节目的就在于求出(1)的一切解.

显然 $x=0, y=0, z=0; x=0, y=\pm z$ 或 $y=0, x=\pm z$ 是(1)的解;除此以外,(1)的每一组解都不包含零. 又要求(1)的一切非零解,只须求一切正整数解就够了. 因此假定 $x>0, y>0, z>0$.

若(1)有非零解,且 $(x,y)=d>1$,则 $d^2 \mid x^2+y^2$,即 $d^2 \mid z^2, d \mid z$. 此时可从(1)的两端约去 d,因此再假定 $(x,y)=1$.

若(1)有非零解,则在一非零解 $x,y,(x,y)=1$ 中一定是一奇一偶,这是因为由假定 $(x,y)=1$, x,y 不能同是偶数;又若 x,y 都是奇数,则 $x^2=4m+1, y^2=4n+1$,而 $x^2+y^2=4(m+n)+2$,但 $z^2=4N$ 或 $4N+1$,故 $x^2+y^2 \neq z^2$,因此不妨假定 x 是偶数. 所以我们要求(1)的一切解,只需求出满足上述三个假定的一切正整数解就行了.

为了解决这个问题我们先证明

引理 不定方程

$$uv=w^2, w>0, u>0, v>0, (u,v)=1 \tag{2}$$

的一切正整数解可以写成公式

$$u=a^2, v=b^2, w=ab, a>0, b>0, (a,b)=1. \tag{3}$$

证 (i) 设 u,v,w 是(2)的一解. 令 $u=a^2u_1, v=b^2v_1, a>0, b>0$,其中,$u_1, v_1$ 不再被任何数的平方整除,则 $a^2 \mid w^2, b^2 \mid w^2$. 因此 $a \mid w, b \mid w$. 又 $(u,v)=1$,故 $(a^2,b^2)=1$,因而 $(a,b)=1$. 由此即得 $ab \mid w$. 设 $w=w_1ab$,代入(2)即得

$$u_1v_1=w_1^2.$$

若 $w_1^2 \neq 1$,则有一素数 p,满足 $p^2 \mid w_1^2$. 但由 u_1, v_1 的定义及 $(u_1,v_1)=1$,可知 $p^2 \nmid u_1v_1$. 故 $w_1^2=1, u_1v_1=1$. 但 w_1, u_1, v_1 都是正数,故 $w_1=u_1=v_1=1$,因此,

$$u=a^2, v=b^2, w=ab, a>0, b>0, (a,b)=1.$$

(ii) 反之,(3)式中的 u,v,w 显然满足(2)式. **证完**

定理 不定方程(1)的适合条件

① "句"是"勾"的古写.

$$x>0,y>0,z>0,(x,y)=1,2\mid x \tag{4}$$

的一切正整数解可以用下列公式表出来：

$$x=2ab,\quad y=a^2-b^2,\quad z=a^2+b^2, \tag{5}$$
$$a>b>0,(a,b)=1,a,b\text{一奇一偶}.$$

证 (i) (5)是(1)的适合条件(4)的解，因为显然有

$$x^2+y^2=4a^2b^2+(a^2-b^2)^2=(a^2+b^2)^2=z^2,$$

$x>0,y>0,z>0,2\mid x,2\nmid y$. 设 $d=(x,y)$，则 $d^2\mid z^2,d\mid z$，因此 $d\mid a^2+b^2,d\mid a^2-b^2$，$d\mid 2(a^2,b^2)$. 但 $(a,b)=1$，故 $d=1$ 或 2. 又因 y 为奇数，$d\mid y$ 即得 $d=1$.

(ii) 设 x,y,z 是适合条件(4)和(1)的任一组正整数解，则 $2\mid x,(x,y)=1$. 因此，y，z 都是奇数，而

$$\left(\frac{x}{2}\right)^2=\frac{z+y}{2}\cdot\frac{z-y}{2},$$

其中 $\frac{z+y}{2},\frac{z-y}{2}$ 为互素的正整数，因为若 $d=\left(\frac{z+y}{2},\frac{z-y}{2}\right)$ 则 $d\mid z,d\mid y$，因而 $d\mid x$，故 $d=1$. 于是由引理有整数 a,b 存在，使

$$\frac{z+y}{2}=a^2,\quad \frac{z-y}{2}=b^2,\quad \frac{x}{2}=ab,\quad a>0,b>0,(a,b)=1$$

成立，即 $x=2ab,y=a^2-b^2,z=a^2+b^2,a>0,b>0,(a,b)=1$. 由 $y>0$ 即得 $a>b$. 又由 y 是奇数，可知 a,b 之中一奇一偶. **证完**

推论 单位圆周上的一切有理点可以表成

$$\left(\pm\frac{2ab}{a^2+b^2},\ \pm\frac{a^2-b^2}{a^2+b^2}\right)\text{及}\left(\pm\frac{a^2-b^2}{a^2+b^2},\ \pm\frac{2ab}{a^2+b^2}\right),$$

其中 a,b 不全为 0，± 号可以任意取.

研究表明：《九章算术》卷九“勾股”第十四题实际是说：如果不定方程(1)的正整数解满足条件

$$(y+z):x=m:n,2\mid x,$$

则

$$y:x:z=\left[m^2-\frac{1}{2}(m^2+n^2)\right]:mn:\frac{1}{2}(m^2+n^2).$$

而且刘徽在该题的注中给出了证明. 这实际上就是本节的定理.

习题

1. 证明推论.
2. 求出不定方程

$$x^2+3y^2=z^2,(x,y)=1,x>0,y>0,z>0$$

的一切正整数解的公式.

3. 证明不定方程

$$x^2+y^2=z^4,(x,y)=1,x>0,y>0,z>0,2\mid x$$

的一切正整数解可以写成公式：

$$x=4ab(a^2-b^2),\quad y=|a^4+b^4-6a^2b^2|,\quad z=a^2+b^2,$$
$$a>0,b>0,(a,b)=1,a,b\text{ 一奇一偶}.$$

*§4 费马问题的介绍

在结束本章之前我们介绍一个与不定方程有关的问题，即所谓“费马大定理”(Fermat's last theorem，以下简记为 FLT). 大约在 1637 年，法国数学家费马在丢番图的《算术》(译本)的第二卷关于毕达哥拉斯三元组的页边上，写下了他认定的一段结论：“不可能将一个立方数写成两个立方数的和；或者将一个 4 次幂写成两个 4 次幂之和；或者，一般地说，不可能将一个高于 2 次的幂写成两个同次幂的和.”接着他又俏皮地写下一个附加的评注：“我对此命题有一个十分美妙的证明，这里空白太小，写不下.”这就是说，费马认为他证明了下面的结论：当 $n\geqslant 3$ 时，不定方程

$$x^n+y^n=z^n \tag{1}$$

没有正整数解. 上述的评注是在费马死后五年的 1670 年发表的. 事实上，人们遍寻费马的手迹，并没有发现这一“美妙的证明”，而只看到他对于 $n=4$ 的情形，即下面定理 1 的证明. 费马对这一证明颇为得意，命名为“无穷下降”法，或许费马认为用这种方法可以证明任意 $n\geqslant 3$ 的情形. 但事实远不是那样简单. 因此只能认为上述结论是费马的一个猜想. 后来很多数学家努力寻求这一结论的证明，以致除了它以外，费马提出的所有猜想早已得到解决，所以人们常常称它为 FLT. 这个困惑了世间智者 358 年的谜，终于在 1994 年，由一个英国出生、在普林斯顿大学数学系工作的数学家安德鲁·怀尔斯(Andrew Wiles)所证明. 我们先看 n 是 4 的倍数的情形.

当 $4\mid n$ 时，(1)式可以写成下列形式：

$$(x^{\frac{n}{4}})^4+(y^{\frac{n}{4}})^4=(z^{\frac{n}{4}})^4.$$

所以，若能证明 $n=4$ 时，(1)式没有正整数解，则对于能被 4 整除的任何正整数 n 来说，(1)式没有正整数解. 我们现在先证明

定理 $x^4+y^4=z^2$ 没有正整数解.

证 假定上述命题不真，即上述不定方程有正整数解，那么在这些解中，一定有一个解使得 z 的值比其余的解中 z 的值小，即存在一个最小的正整数 u，使

$$x^4+y^4=u^2,x>0,y>0,u>0 \tag{2}$$

有解. 这时 $(x,y)=1$，不然的话，就有 $(x,y)>1$，且

$$\left(\frac{x}{(x,y)}\right)^4+\left(\frac{y}{(x,y)}\right)^4=\left(\frac{u}{(x,y)^2}\right)^2,$$

但 $0<\dfrac{u}{(x,y)^2}<u$，与 u 的假定矛盾，其次由 §3 的讨论，x^2,y^2 必定一奇一偶，因此不妨假定 $2\mid x^2$. 由 §3 的定理即得

$$x^2=2ab,\quad y^2=a^2-b^2,\quad u=a^2+b^2, \tag{3}$$

其中 $a>b>0,(a,b)=1,a,b$ 一奇一偶. 因此 $2\mid x,2\nmid y$，并且 $2\nmid a,2\mid b$. 因为不然的话，

就有 $b=2b_1+1, a=2a_1$，而 $y^2=4(a_1^2-b_1^2-b_1)-1$. 但又有 $y=2y_1+1, y^2=4(y_1^2+y_1)+1$. 比较两个结果，就得到了矛盾.

于是可设 $b=2c$，得到

$$\left(\frac{x}{2}\right)^2=ac,\quad (a,c)=1.$$

由 § 3 引理即得

$$a=d^2, c=f^2, d>0, f>0, (d,f)=1.$$

再由(3)即得

$$y^2=d^4-4f^4,\quad 即(2f^2)^2+y^2=(d^2)^2,$$

且 $(2f^2,y)=(2f^2,d^2)=(b,a)=1, 2f^2>0, y>0$. 故由 § 3 的定理即得

$$2f^2=2lm,\quad d^2=l^2+m^2,\quad l>0, m>0, (l,m)=1.$$

再由 § 3 的引理即得

$$l=r^2,\quad m=s^2,\quad r>0, s>0.$$

代入上式即得

$$r^4+s^4=d^2, r>0, s>0, d>0.$$

但

$$d\leqslant d^2=a<a^2+b^2=u.$$

这与 u 的定义矛盾，故定理获证. **证完**

推论 $x^4+y^4=z^4$ 没有正整数解.

用本节定理前面所用的讨论方法，可以知道如果能够再证明对于任一奇素数 p 来说，(1)式没有正整数解，那么对于 p 的任一倍数 n 来说，(1)式也没有正整数解，而费马问题也就完全解决了（因为大于 2 的正整数若没有奇素数因数，便是 4 的倍数）. 但是对于 FLT 的奇素数情形的证明经历了漫长而曲折的道路，这个探索过程，对于数学的发展有很大的推动作用，对于理解数学既有趣又很有启发意义，所以我们花费一些篇幅加以介绍.

首先是 FLT 提出一百多年以后，欧拉（Euler）在 1753 年至 1770 年之间才运用代数整数环 $Z[e^{2\pi i/3}]$ 的性质（基本上）证明了 $p=3$ 的情形，证明中的一个漏洞后来由勒让德（Legendre）补充，勒让德和狄利克雷（Dirichlet）分别于 1825 年和 1828 年独立地证明了 $p=5$ 的情形，拉梅（Lamé）于 1839 年证明了 $p=7$ 情形. 他们的证明原则上要分别用到 $Z[\zeta_5]$ 和 $Z[\zeta_7]$ 的唯一分解性（即其中的算术基本定理），此处 $\zeta_p=e^{2\pi i/p}$ 是 p 次单位根，$Z[\zeta_p]$ 表示由整数环与 ζ_p 生成的环，而这在当时并未严格证明. 1847 年，拉梅给出了一个错误的证明，错误是在知道了库默尔（Kummer）的结果以后发现的，即承认了 $Z[\zeta_p]$ 的唯一分解性.

在 19 世纪，对 FLT 的证明做出最大贡献的恐怕要算库默尔. 他早在 1844 年证明：如果 $Z[\zeta_p]$ 具有唯一分解性，则 FLT 对 p 成立；他用统一的方法得到：当 $p\leqslant 19$ 时，$Z[\zeta_p]$ 具有唯一分解性，因而 FLT 成立；但是 $Z[\zeta_{23}]$ 不具有唯一分解性. 在证明过程中，对于 $p\leqslant 19$ 的情形，应用了费马的无穷下降法，他还创造性地使用了 p-进数逼近和局部化思想研究出单位的另一重要特性（现在称为库默尔引理）. 对于 $Z[\zeta_p]$ 不具有唯一分解性的 p，库默尔在 1847 年至 1851 年又发明一种“理想数”，它具有唯一分解

性. 他利用“理想数”的唯一分解这一特性使得 FLT 的证明获得重大突破. 他定义了 $Z[\zeta_p]$的类数 h_p,并证明:$Z[\zeta_p]$具有唯一分解性当且仅当 $h_p=1$,所以剩下的问题是研究 $h_p\geqslant 2$ 的情形. 他证明:如果 p 不能整除 h_p(称为正规数),则 FLT 对 p 成立. 他进一步建立了正规数的一种判别法,验证了:在 $p\leqslant 100$ 中,除 37,59 和 67 外都是正规数,因而 FLT 对这些 p 成立. 后来,他又采用进一步的方法证明 FLT 对 $p=37,59$ 和 67 也成立. 但是它的证明有些漏洞,直到 20 世纪 20 年代才有人补上. 由此得到了:FLT 对 $p\leqslant 100$ 成立. 库默尔不但对 FLT 的进展做出了贡献. 而且对分圆域的整数环、理想类数和单位群作了奠基性的工作. 分圆域至今仍然是代数数论研究得最多的领域之一. 希尔伯特(Hilbert)在 1900 年世界数学家大会上谈到研究数学问题的重要性时,有如下的一段论述:对 FLT 的研究“提供了一个明显的例子,说明这样一个非常特殊、似乎不十分重要的问题会对科学产生怎样令人鼓舞的影响. 受费马问题的启发,库默尔引进了理想数,并发现了把分圆域的理想数分解为理想素数的唯一分解定理,这个定理今天已被戴德金(Dedekind)和克罗内克(Kronecker)推广到任一代数数域,在近代数论中占据着中心地位,其意义已远远超出数论的范围而深入到代数和函数论的领域.”(瑞德 C. 希尔伯特——数学世界的亚历山大. 袁向东,李文林,译. 上海:上海科学技术出版社,2001)

从库默尔以后至 20 世纪 70 年代,人们继续证明 FLT 对更大的素数成立. 到 1976 年有人证明:FLT 对所有小于 125 000 的素数成立;对于一直认为是比较容易的情形,即对于奇素数 $n=p$,(1)没有 x,y,z 都不被 p 整除的解的情形,也只是在 1971 年证明 $p<3\cdot 10^9$. 这些研究没有实质上的新思想和方法,可以说,FLT 的研究没有本质的进展. 历史发展到此,人们对完全解决 FLT 看不出任何希望,以致不少著名数学家认为解决 FLT 是 21 世纪的事. 但是,“山重水复疑无路,柳暗花明又一村”,历史确实在曲折地前进. 事实上,在与 FLT 看来无关的其他数学分支中,涌动着解决 FLT 的新方法. 下面我们简单地介绍这一段对人们有启发性的而且饶有兴趣的历史.

1983 年德国年青数学家法尔廷斯(Faltings)结合使用了苏联和美国哈佛两个代数几何学派的工作,证明了莫德尔(Mordell)猜想:如果有理系数的多项式方程 $Q(x,y)=0$ 定义的曲线的亏格$\geqslant 2$,则此方程只有有限多个有理数解. 法尔廷斯在证明上述结论时,使用了 20 世纪 50 年代以来发展的现代代数几何工具. 由于当 $n\geqslant 4$ 时,(1)的亏格$\geqslant 2$,上述结论很容易推出:对于每一 $n\geqslant 4$,(1)只有有限个整数解. 这个结论与 FLT 的要求还有很大的距离. 但是人们感觉毕竟是从另外的角度向 FLT 靠近,而且有希望从代数几何方面获得解决 FLT 的有力工具.

现在我们进入故事最有趣的部分,其中有很多值得我们体会和学习的东西. 在德国黑森林州中部的名叫奥博沃尔法赫(Oberwolfach)的小镇,多年来,这里成为世界各地数学家的“旅游区”,每年举行几十个由顶尖高手主持的、研讨热门数学问题的高级研讨会,交流数学成果和思想. 这里没有卡拉 OK,私人房间里没有电视机,有的是黑板、图书、计算机房间和供数学家交谈的咖啡室. 1984 年秋,一群优秀的数论学家聚会,讨论关于椭圆曲线的各种突破性工作. 德国的数论学家弗雷(G. Frey)做讲演:如果方程(1)($n=p$ 的情形)有一组整数解$(x,y,z)=(a,b,c)$,$abc\neq 0$,然后他在黑板上写下一条椭圆曲线的方程

$$y^2 = x(x - c^p)(x + b^p),$$

这条曲线后来便称为弗雷曲线. 然后他推导出这条曲线不满足关于椭圆曲线的谷山－志村－韦伊(Taniyama-Shimura-Weil,TSW)猜想. 也就是说,如果 FLT 不成立,那么著名的 TSW 猜想也不成立,即由 TSW 猜想可以推出 FLT! 这可以说是一个证明 FLT 的方案.

一般的椭圆曲线是由方程

$$y^2 = ax^3 + bx^2 + cx + d$$

定义,其中 a,b,c,d 是有理数,而且右边的三次多项式没有重根,椭圆曲线是古老的研究对象,它的理论又是现代数论的一个重要分支. TSW 猜想的大意是:**Q**(有理数集)上的每条曲线都是模曲线. 它是 20 世纪 50 年代中期谷山通过一些具体例子的计算而提出来的,开始的形式不太明确,通过志村和韦伊的努力,使之明确起来. 它的特点是将代数几何的对象(椭圆曲线)与表示论的对象(模形式)联系起来. 比较明确的陈述断言:**Q** 上的一条椭圆曲线的 L 函数(它测量对所有素数 p 曲线 mod$p$ 的性质)可以和从一个模形式导出的傅里叶级数的积分变换等同. TSW 猜想的重要性(不论它与 FLT 的联系)在于它是"朗兰兹纲领(Langlands programme)"的一个特例. 后者是对现在诸多数学领域一种统一性的看法和普遍性的观点,是朗兰兹和他的同事们提出来的互相关联的一个规模宏大的猜想网,其中有些猜想甚至还没有形成很明确的数学语言. 用数学证明其中的猜想是当今数学的主流之一.

现在再回来介绍弗雷提出的由 TSW 猜想证明 FLT 的方案的进程. 在弗雷讲演的时候,所有在场的听众都发现其中有个明显的逻辑错误. 每个人都希望自己能补救这一缺陷,但是通过几个月的实践,大家知道问题并不简单. 一直到 1986 年世界数学家大会期间,弗雷讲演的两位听众——里贝(K. Ribet)和马祖尔(B. Mazur)会面时,前者向后者讲述他两年来试图完善弗雷讲演的策略和遇到的困难,而后者告诉他:"你已经完成了它,只是需要加上一些 M 结构,然后再作一遍你的论证就行了."就这样,里贝很快完成了证明弗雷论断的工作.

于是证明 FLT 的问题转化为证明 TSW 猜想,甚至只要对弗雷曲线证明 TSW 猜想成立就可以了. 但是当时多数数学家认为这件事情是非常困难的,认为那是一件很遥远的事情,里贝本人也持悲观态度:"绝大多数人相信谷山－志村－韦伊猜想是完全无法接近的……我甚至没有想到要去试一下."但是怀尔斯确是"地球上敢大胆梦想可以实际上证明这个猜想的极少数几个人之一."1986 年伯克利世界数学家大会召开后不久的夏末,他得知里贝的工作. 立刻唤起了他童年的梦想,而且他当时已经成长为在数论,特别是椭圆曲线和模形式方面的成熟而杰出的年青数学家. 他一方面自信有能力和坚实的基础去研究 TSW 猜想的证明,另一方面,他也深知这是非常艰巨的. 他自忖:"当然,已经很多年了,谷山－志村－韦伊猜想一直没有解决. 没有人对怎样处理它有任何想法,但至少它属于数学的主流……我不认为我在浪费自己的时间. 这样,吸引了我一生的费马传奇故事和一个专业上有用的问题结合起来了."怀尔斯下决心研究 TSW 猜想,从那时起的 7 年中,他除了教书、指导研究生和参加必要的讨论班以外,放弃了所有与证明 TSW 猜想无关的研究工作,不参加学术会议和报告会,躲进家中的书房,一心一意研究 TSW 猜想. 他不与任何人讨论,也不发表任何部分结果. 反而为了掩人耳目,他不时发表一篇小论文.他这样做有自己的想法:“我意识到与费马大定理有关的任何事情都会引起太多的兴趣.除非你的专心不被他人分散,否则你不可能很多年都使自己的精力集中,而这一点会因旁观者太多而做不到.”他这样做果然得到了应有的效果.与他关系密切的同事也没有注意到他的专心所在;他的老师科茨(J. Coates)也毫不知情,老师回忆:“我记得在许多场合对他讲,与费马的这种联系非常好,但要证明谷山-志村-韦伊猜想仍然是毫无希望的.他当时只是对我笑笑.”里贝对他这种做法表示不理解,觉得并无好处:“这大概是我知道的仅有的例子,一个人进行了这么长时间的研究而不公开他在做什么,也不谈论他正在取得的进展……在我们的集体中,人们总是分享他们的想法……如果你把自己与此隔绝起来,那么从心理学的角度来看你是在做非常古怪的事情.”

正当安德鲁·怀尔斯(Andrew Wiles)向着证明TSW猜想走出第一步,在伽罗瓦(Galois)表示方面取得突破性进展的时候,1988年3月8日,他读到《华盛顿时报》和《纽约时报》宣称东京大学38岁的宫冈洋一(Yoichi Miyaoka)证明了FLT的头版消息,大吃一惊.当时,宫冈只是在波恩的普朗克研究所的2月25日讨论班上发表了他从微分几何的角度通过证明博哥莫洛夫-宫冈-丘成桐(Bogomolov-Miyaoka-Yau, BMY)不等式解决了FLT对充分大的p成立的问题.那时正是继法尔廷斯证明了莫德尔猜想之后,几何学家们对解决FLT充满期望的时候.笔记由别人送给欧美一些名家,引起了轰动.但是在预定于3月22日召开的宣布此结果的代数几何研究集会的前一夜发现了存在相当深刻的问题.不久经过一些行家的仔细研究,发现了逻辑上的错误,一批数论学家试图补救也无济于事.像过去也有过的几次失败一样,宫冈还是做出了新的有趣的数学成果,作为微分几何在数论中的应用,具有其本身的存在价值,后来被一些数学家用来证明其他的定理.这一场“宫冈旋风”使怀尔斯虚惊一场.

1990年,怀尔斯开始试图通过研究岩泽(Iwasawa)理论来寻找突破口,到了1991年夏天,他感到改进岩泽理论的努力已经失败,再一次查阅了所有文献,仍然找不到一种技术帮助他实现突破.他认为在作了5年隐士之后,应该重返学术交流圈以便了解最新数学进展.他参加了在波士顿举行的椭圆曲线会议.在这个会议上,他的老师科茨告诉他,一位名叫弗莱切(M. Flach)的学生运用科利瓦金(Kolyvagin,苏联青年数学家)的方法研究椭圆曲线.怀尔斯意识到这个方法对他很适用,回到普林斯顿以后,他用科利瓦金-弗莱切方法对某些椭圆曲线进行的研究解决了他的伽罗瓦表示问题,他感到胜利在望.但为了达到最终目的,还需要发展这种方法.但是这涉及许多复杂的而他并不真正熟悉的方法,其中有许多很艰深的代数,需要他去学习许多新的数学.为了保证证明的正确,他决定向同事尼克·凯兹(N. Katz)提出一起讨论这个问题的建议,因为他认为凯兹既是这方面的专家,又能替他保密.为了保证检查是彻底的,凯兹建议怀尔斯为研究生开一个课程,这样他们可以一步一步地核对.于是他们通过名为“椭圆曲线的计算”的讲座仔细地检查这个冗长乏味、繁琐难懂的计算过程的每一步.几个星期以后,研究生一个个地离开,而凯兹成了唯一的听众.当课程结束时,凯兹的评价是科利瓦金-弗莱切方法似乎是完全可行的.讲座一结束,怀尔斯就专心致志地从事与完成他的证明,终于在1993年的5月,他确信证明已经完成.6月在剑桥举行“L函数和算术”学术会议,会议的组织者之一、他的老师科茨应他的请求,破例为他安排了题为“模形式、椭圆曲线和伽罗瓦表示”的三次讲演. 这个题目像他给研究生的题目一样，是如此的朦胧，完全没有透露讲演的最终目的. 他的讲演也只字不提费马猜想，最后一句话是:“这样我就对所有半稳定椭圆曲线证明了 TSW 猜想”. 在场的所有专家都知道，弗雷曲线是半稳定的，所以 FLT 也就证明了，而且他们从怀尔斯的讲演内容和自己的经验判断，这次对证明 FLT 的尝试是可信的. 因此通过各种先进的通讯工具，消息立刻传遍了世界. 对数学家来说，证明 TSW 猜想的成就比解决 FLT 更大. 这次会议有中国数学家参加，当天在国内就获知这一信息.

一阵热烈兴奋之后，开始了严格的审查. 审查人六位，每人负责一章，其中第三章审查者凯兹在 8 月发现了一个问题. 开始怀尔斯认为容易补救，后来逐渐认识到采用科利瓦金 - 弗莱切方法仍有障碍. 经过一个秋天，在各种传闻和情绪的压力下，怀尔斯在 1993 年 12 月 4 日向数学界发了一个电子邮件，说明他对证明的检验过程，“……发现很多问题，大部分已经解决，但是有一个特别的问题我还没有解决……我相信在不远的将来我能够使用我在剑桥演讲中解释过的想法完成它.”在这困难的时刻，怀尔斯向他在普林斯顿的另一位好友萨纳克(P. Sarnak)说，他准备公开承认失败. 萨纳克建议他应当找一个他信赖的、而且熟悉科利瓦金 - 弗莱切方法的专家经常一起讨论技术细节，鼓励他用这种方式再试下去. 怀尔斯经过认真考虑以后，决定邀请在剑桥工作的、他以前的学生、文章的审稿人之一理查德 · 泰勒(R. Taylor)来一起工作. 但一直到 1994 年夏天仍然没有新的突破. 这年 8 月，世界数学家大会在苏黎世召开，怀尔斯已经与菲尔兹奖无缘，但是大会仍然邀请他在闭幕式上作最后一个大会报告. 他坦诚地介绍自己对 TSW 猜想工作到什么程度，为了得到 FLT 还需要做哪些工作，何时能够完成，他也不知道. 整个大厅以极热烈的掌声回答他的演讲，认可他为数论学者提供了一大套新技术和策略，这给他很大的安慰.

就在会后不久，一个星期一的早晨，他准备再一次寻找失败的原因时，突然冒出了一个想法:将(放弃的)岩泽理论与科利瓦金 - 弗莱切方法结合起来！果然情况确实如此. 证明最后归结为一个纯代数问题:关于赫克(Hecke)环的完全交性质. 这最后关口是他与泰勒一起共同完成的. 1994 年 10 月 25 日，两篇文章一起寄到国际权威数学刊物 *Annals of Mathematics*，一篇是怀尔斯署名的《模椭圆曲线和费马大定理》，另一篇是他与泰勒合作的《某些赫克代数的环论性质》. 在法尔廷斯对其中部分论证作了重大简化之后，文章于 1995 年正式发表. 至此，一个困惑了人间智者 358 年的谜揭开了——FLT 正式获得证明. 1996 年，怀尔斯和朗兰兹共同获得沃尔夫奖. 这个奖通常授予毕生为世界数学做出突出贡献的长者，怀尔斯是第一位获此殊荣的四十多岁的年青数学家. 1998 年世界数学家大会授予他一个特别菲尔兹奖(因为他正式证明 FLT 的 1994 年时已经过了四十岁).

在怀尔斯证明 FLT 之后近 4 年，TSW 猜想获得证明.

回顾 FLT 获得证明的历程，除了解决这一著名的猜想以外，至少有以下几点值得关注:(1) 一个难题的解决常常需要创造新的方法，而这就推动了数学的发展，甚至后者比解决难题本身更重要. (2) 数学具有统一性，表面上看来不同的对象，有时蕴含着深刻的联系，因此学科之间的交叉是重要的，而且值得重视. (3) 在独自深入钻研的基础上的学术交流是至关重要的，常常是创新思想的产生或解决难点的催产素. 为此创造良好的交流环境同样是十分重要的.

关于证明 FLT 的有关资料可参考以下文章及专著:

1 Rubin K, Silverberg A. A report on Wiles' Cambridge lectures. Bulletin of the American Mathematical Society, 1994, 31: 15 - 38.

2 Faltings G. The proof of Fermat's Last Theorem by R. Taylor and A. Wiles. Notices of the American Mathematical Society, 1995, 42: 743 - 746.

3 西蒙·辛格. 费马大定理:一个困惑了世间智者 358 年的谜. 薛密,译. 上海:上海译文出版社,1998

4 冯克勤. 代数数论简史. 长沙:湖南教育出版社,2002.

习 题

证明下列各不定方程无解:

(i) $x^4+4y^4=z^2, x>0, y>0$;

(ii) $x^4-y^4=z^2, y>0, z>0$.

拓展阅读

第三章 同 余

在日常生活中,我们所要注意的常常不是某些整数,而是这些数用某一固定的数去除所得的余数. 例如我们问现在是几点钟,就是用 24 去除某一个总的时数所得的余数. 又如问现在是星期几,就是问用 7 去除某一个总的天数所得的余数,同是几点钟或同为星期几,常常在生活中有同样的意义. 这样,就在数学中产生了同余的概念. 这个概念的产生可以说大大丰富了数学的内容. 本章首先介绍同余的概念及其基本性质,进而介绍所谓完全剩余系及简化剩余系,然后建立两个著名的定理,并说明它们对于循环小数及公开密钥的应用. 在最后一节里,我们介绍几个简单的三角和.

§1 同余的概念及其基本性质

让我们从具体例子出发. 假如我们知道某月 2 号是星期一,那么 9 号、16 号都是星期一,总之用 7 去除某月的号数,余数是 2 的都是星期一,仿照这个例子,我们可以给出下面的

定义 给定一个正整数 m,把它叫做**模**. 如果用 m 去除任意两个整数 a 与 b 所得的余数相同,我们就说 a,b 对模 m **同余**,记作 $a\equiv b(\bmod m)$. 如果余数不同,我们就说 a,b 对模 m **不同余**,记作 $a\not\equiv b(\bmod m)$.

由定义立刻可以得到下列三个性质:

甲 $a\equiv a(\bmod m)$,

乙 若 $a\equiv b(\bmod m)$,则 $b\equiv a(\bmod m)$,

丙 若 $a\equiv b(\bmod m)$,$b\equiv c(\bmod m)$,则 $a\equiv c(\bmod m)$.

定理 1 整数 a,b 对模 m 同余的充分必要条件是 $m\mid(a-b)$,即 $a=b+mt$,t 是整数.

证 设 $a=mq_1+r_1$,$b=mq_2+r_2$,$0\leqslant r_1<m$,$0\leqslant r_2<m$,若 $a\equiv b(\bmod m)$,则 $r_1=r_2$,因此 $a-b=m(q_1-q_2)$. 反之若 $m\mid(a-b)$,则 $m\mid[m(q_1-q_2)+(r_1-r_2)]$,因此 $m\mid(r_1-r_2)$. 但 $|r_1-r_2|<m$,故 $r_1=r_2$. **证完**

定理 1 说明同余这一概念又可定义如下:若 $m\mid(a-b)$,则 a,b 叫做对模 m 同余.

由定理 1 及整除的性质可以很容易得到下列与相等类似的性质:

丁 (i) 若 $a_1\equiv b_1(\bmod m)$,$a_2\equiv b_2(\bmod m)$,则

$$a_1+a_2\equiv b_1+b_2(\bmod m).$$

(ii) 若 $a+b\equiv c(\bmod m)$，则 $a\equiv c-b(\bmod m)$.

证 由定理 1，$a_1=b_1+mt_1$，$a_2=b_2+mt_2$，因此

$$a_1+a_2=b_1+b_2+m(t_1+t_2),$$

即得(i). 由(i)

$$c-b\equiv c+(-b)\equiv(a+b)+(-b)\equiv a(\bmod m).$$

证完

戊 若 $a_1\equiv b_1(\bmod m)$，$a_2\equiv b_2(\bmod m)$，则

$$a_1a_2\equiv b_1b_2(\bmod m),$$

特别地，若 $a\equiv b(\bmod m)$，则 $ak\equiv bk(\bmod m)$.

证 由定理 1，$a_1=b_1+mt_1$，$a_2=b_2+mt_2$. 因此

$$a_1a_2=b_1b_2+m(b_1t_2+b_2t_1+mt_1t_2).$$

故

$$a_1a_2\equiv b_1b_2(\bmod m).$$

证完

一般地，我们有

定理 2 若 $A_{\alpha_1\alpha_2\cdots\alpha_k}\equiv B_{\alpha_1\alpha_2\cdots\alpha_k}(\bmod m)$,

$$x_i\equiv y_i(\bmod m),\quad i=1,2,\cdots,k,$$

则 $$\sum_{\alpha_1,\alpha_2,\cdots,\alpha_k}A_{\alpha_1\alpha_2\cdots\alpha_k}x_1^{\alpha_1}x_2^{\alpha_2}\cdots x_k^{\alpha_k}\equiv\sum_{\alpha_1,\alpha_2,\cdots,\alpha_k}B_{\alpha_1\alpha_2\cdots\alpha_k}y_1^{\alpha_1}y_2^{\alpha_2}\cdots y_k^{\alpha_k}(\bmod m).$$

特别地，若 $a_i\equiv b_i(\bmod m)$，$i=0,1,\cdots,n$，则

$$a_nx^n+a_{n-1}x^{n-1}+\cdots+a_0\equiv b_nx^n+b_{n-1}x^{n-1}+\cdots+b_0(\bmod m).$$

证明留给读者.

己 若 $a\equiv b(\bmod m)$，且 $a=a_1d$，$b=b_1d$，$(d,m)=1$，则

$$a_1\equiv b_1(\bmod m).$$

证 由定理 1，$m\mid(a-b)$，但 $a-b=d(a_1-b_1)$，$(d,m)=1$，故 $m\mid(a_1-b_1)$，即 $a_1\equiv b_1(\bmod m)$.

证完

我们还可以由定理 1 及整除的性质立刻得出一些不与相等类似的性质.

庚 (i) 若 $a\equiv b(\bmod m)$，$k>0$，则 $ak\equiv bk(\bmod mk)$.

(ii) 若 $a\equiv b(\bmod m)$，d 是 a,b 及 m 的任一正公因数，则

$$\frac{a}{d}\equiv\frac{b}{d}\left(\bmod\frac{m}{d}\right).$$

证明留给读者.

辛 若 $a\equiv b(\bmod m_i)$，$i=1,2,\cdots,k$，则

$$a\equiv b(\bmod[m_1,m_2,\cdots,m_k]).$$

证 由定理 1，$m_i\mid a-b$，$i=1,2,\cdots,k$，再由第一章 §3 定理 4(i) 和定理 5，即得 $[m_1,m_2,\cdots,m_k]\mid(a-b)$，故由定理 1 即得

$$a\equiv b(\bmod[m_1,m_2,\cdots,m_k]).$$

证完

壬 若 $a\equiv b(\bmod m)$，$d\mid m$，$d>0$，则 $a\equiv b(\bmod d)$.

证明留给读者.

癸 若 $a\equiv b(\bmod m)$，则 $(a,m)=(b,m)$，因而若 d 能整除 m 及 a,b 二数之一，则

d 必能整除 a,b 中的另一个.

证　由定理 1，$a=b+mt$，再由第一章 §2 定理 3 即得

$$(a,m)=(b,m).$$

证完

以上所讲的每一个性质都是很简单的. 但是都非常重要，读者应该特别注意，以求能够灵活运用.

在结束本节以前，我们再谈一谈本节所列性质在算术里的两个应用.

一、检查因数的一些方法

引理 1　一整数能被 3（或 9）整除的充分必要的条件是它的十进位数码的和能被 3（或 9）整除.

证　显然我们只须讨论任一正整数 a 就够了. 按照通常方法，把 a 写成十进位数的形式，即

$$a=a_n10^n+a_{n-1}10^{n-1}+\cdots+a_0,\quad 0\leqslant a_i<10.$$

因 $10\equiv 1\pmod 3$，故由定理 2 得

$$a\equiv a_n+a_{n-1}+\cdots+a_0 \pmod 3.$$

由性质癸，即知 $3\mid a$ 当且仅当 $3\left|\sum_{i=0}^{n}a_i\right.$. 同法可得 $9\mid a$ 当且仅当 $9\left|\sum_{i=0}^{n}a_i\right.$.

证完

引理 2　设正整数

$$a=a_n1\,000^n+a_{n-1}1\,000^{n-1}+\cdots+a_0,\quad 0\leqslant a_i<1\,000,$$

则 7（或 11，或 13）整除 a 的充分必要的条件是 7（或 11，或 13）整除

$$(a_0+a_2+\cdots)-(a_1+a_3+\cdots)=\sum_{i=0}^{n}(-1)^ia_i.$$

证　因为 1 000 与 -1 对模 7（或 11，或 13）同余，故由定理 2 知 a 与 $\sum_{i=0}^{n}(-1)^ia_i$ 对模 7（或 11，或 13）同余. 由性质癸，7（或 11，或 13）整除 a 当且仅当 7（或 11，或 13）整除 $\sum_{i=0}^{n}(-1)^ia_i$.

证完

我们来看几个例子：

例 1　若 $a=5\,874\,192$，则

$$\sum_{i=0}^{n}a_i=5+8+7+4+1+9+2=36$$

能被 3，9 整除. 故由引理 1，a 能被 3，9 整除.

例 2　若 $a=435\,693$，则

$$\sum_{i=0}^{n}a_i=4+3+5+6+9+3=30$$

能被 3 整除，故由引理 1，3 是 a 的因数. 但 $\sum_{i=0}^{n}a_i$ 不能被 9 整除，故 9 不是 a 的因数.

例 3　若 $a=637\,693$，则 $a=637\cdot 1\,000+693$，

$$\sum_{i=0}^{n}(-1)^ia_i=693-637=56$$

能被 7 整除而不能被 11 与 13 整除. 故由引理 2，7 是 a 的因数，但 11，13 不是 a 的

因数.

例 4 若 $a=75\ 312\ 289$,则 $a=75\times1\ 000^2+312\times1\ 000+289$,

$$\sum_{i=0}^{n}(-1)^i a_i = 289-312+75=52$$

能被 13 整除,而不能被 7,11 整除. 故由引理 2,13 是 a 的因数,而 7 与 11 不是 a 的因数.

二、**弃九法**(验算整数计算结果的方法) 假设由普通乘法的运算方法求出整数 a,b 的乘积是 P,并令

$$a=a_n10^n+a_{n-1}10^{n-1}+\cdots+a_0,\quad 0\leqslant a_i<10,$$
$$b=b_m10^m+b_{m-1}10^{m-1}+\cdots+b_0,\quad 0\leqslant b_j<10,$$
$$P=c_l10^l+c_{l-1}10^{l-1}+\cdots+c_0,\quad 0\leqslant c_k<10.$$

如果

$$\left(\sum_{i=0}^{n}a_i\right)\left(\sum_{j=0}^{m}b_j\right)\not\equiv\sum_{k=0}^{l}c_k\ (\mathrm{mod}\,9),\tag{1}$$

那么所求得的乘积是错误的. 因为由定理 2 及性质戊,

$$ab\equiv\left(\sum_{i=0}^{n}a_i\right)\left(\sum_{j=0}^{m}b_j\right)(\mathrm{mod}\,9),\quad P\equiv\sum_{k=0}^{l}c_k\ (\mathrm{mod}\,9).$$

若

$$\left(\sum_{i=0}^{n}a_i\right)\left(\sum_{j=0}^{m}b_j\right)\not\equiv\sum_{k=0}^{l}c_k\ (\mathrm{mod}\,9),$$

则 $ab\not\equiv P\ (\mathrm{mod}\,9)$,故 ab 不是 P.

以上所说就是弃九法的原理. 在实际验算时,若 a_i,b_j,c_k 中有 9 出现,还可以去掉(因 $9\equiv0\ (\mathrm{mod}\,9)$). 我们看一个例子.

例 5 设 $a=28\ 997$, $b=39\ 495$. 如果按照普通计算方法得到 a,b 的乘积是 $P=1\ 145\ 236\ 415$,那么按照上述方法有

$$a\equiv17\ (\mathrm{mod}\,9),\ b\equiv3\ (\mathrm{mod}\,9),\ P\equiv32\ (\mathrm{mod}\,9).$$

但

$$3\times17\not\equiv32\ (\mathrm{mod}\,9),$$

故知计算有误.

依照上述方法的道理,同样可以得出验算和、差的正确性的方法. 这个验算方法的优点在于很容易求出(1)式,因此验算可以进行得比较快.

但是应该特别注意当使用弃九法时,得出的结果虽然是

$$\left(\sum a_i\right)\left(\sum b_j\right)\equiv\sum c_k\ (\mathrm{mod}\,9),$$

也还不能完全肯定原计算是正确的. 例如在上面的例中,正确的结果是1 145 236 515. 如果有人计算出来的结果是1 145 235 615. 那么用弃九法,就得

$$3\times17\equiv33\ (\mathrm{mod}\,9),$$

而并未检查出错误来,因此这个验算方法并不能完全保证运算的正确性.

习 题

1. 证明定理 2 及性质庚、壬.

2. 设正整数

$$a = a_n 10^n + a_{n-1} 10^{n-1} + \cdots + a_0,\quad 0 \leqslant a_i < 10,$$

试证 11 整除 a 的充分必要条件是 11 整除 $\sum_{i=0}^{n} (-1)^i a_i$.

3. 找出整数能被 37,101 整除的判别条件来.

4. 证明 $641 \mid 2^{32} + 1$.

5. 若 a 是任一奇数,则

$$a^{2^n} \equiv 1 \pmod{2^{n+2}}\ (n \geqslant 1).$$

6. 应用检查因数的方法求出下列各数的标准分解式:

(i) 1 535 625;

(ii) 1 158 066.

§2 剩余类及完全剩余系

我们在上节引进了同余的概念.由于有了同余的概念,我们就可以把余数相同的数放在一起,这样就产生了剩余类的概念.本节的目的就是讨论剩余类以及与剩余类有关的完全剩余系的性质.我们先证明

定理 1 若 m 是一个给定的正整数,则全部整数可分成 m 个集合,记作 $K_0, K_1, \cdots, K_{m-1}$,其中 $K_r(r = 0, 1, \cdots, m-1)$ 是由一切形如 $qm + r\ (q = 0, \pm 1, \pm 2 \cdots)$ 的整数所组成的.这些集合具有下列性质:

(i) 每一整数必包含在而且仅在上述的一个集合里面;

(ii) 两个整数同在一个集合的充分必要条件是这两个整数对模 m 同余.

证 (i) 设 a 是任一整数,由第一章 §1 定理 4 即得

$$a = a_1 m + r_a,\quad 0 \leqslant r_a < m.$$

故 a 在 K_{r_a} 内.又由同一定理知道 r_a 是由 a 唯一确定的,因此 a 只能在 K_{r_a} 内.

(ii) 设 a, b 是两个整数,并且都在 K_r 内,则

$$a = q_1 m + r,\quad b = q_2 m + r,$$

故 $a \equiv b \pmod{m}$.反之若 $a \equiv b \pmod{m}$,则由同余的定义即知 a, b 同在某一 K_r 内. **证完**

定义 1 定理 1 中的 $K_0, K_1, \cdots, K_{m-1}$ 叫做模 m 的剩余类,一个剩余类中任一数叫做它同类的数的剩余.若 $a_0, a_1, \cdots, a_{m-1}$ 是 m 个整数,并且其中任何两数都不同在一个剩余类里,则 $a_0, a_1, \cdots, a_{m-1}$ 叫做模 m 的一个完全剩余系.

由定理 1 及上述定义,我们立刻得到

推论 m 个整数作成模 m 的一个完全剩余系的充分必要条件是两两对模 m 不同余(留给读者证明).

例 由推论我们知道序列

$$0,1,\cdots,m-1; \tag{1}$$

$$0,m+1,\cdots,am+a,\cdots,(m-1)m+(m-1); \tag{2}$$

$$0,-m+1,\cdots,(-1)^a m+a,\cdots,(-1)^{m-1}m+(m-1) \tag{3}$$

都是模 m 的完全剩余系.

当 m 是偶数时,序列

$$-\frac{m}{2},-\frac{m}{2}+1,\cdots,-1,0,1,\cdots,\frac{m}{2}-1; \tag{4}$$

$$-\frac{m}{2}+1,\cdots,-1,0,1,\cdots,\frac{m}{2}-1,\frac{m}{2} \tag{5}$$

都是模 m 的完全剩余系.

当 m 是奇数时,序列

$$-\frac{m-1}{2},\cdots,-1,0,1,\cdots,\frac{m-1}{2} \tag{6}$$

是模 m 的完全剩余系.

定理 2 设 m 是正整数,$(a,m)=1$,b 是任意整数,若 x 通过模 m 的一个完全剩余系,则 $ax+b$ 也通过模 m 的完全剩余系,也就是说,若 a_0,a_1,\cdots,a_{m-1} 是模 m 的完全剩余系,则 $aa_0+b,aa_1+b,\cdots,aa_{m-1}+b$ 也是模 m 的完全剩余系.

证 由定理 1 的推论,只要证明 $aa_0+b,aa_1+b,\cdots,aa_{m-1}+b$ 两两不同余就够了.我们用反证法来证明这一点.

假定 $aa_i+b\equiv aa_j+b(\bmod m)$,$i\neq j$.由 §1 性质丁即得 $aa_i\equiv aa_j(\bmod m)$.再由性质己及 $(a,m)=1$ 即得 $a_i\equiv a_j(\bmod m)$.这与 a_0,a_1,\cdots,a_{m-1} 是完全剩余系的假设矛盾.故定理获证. **证完**

定理 3 若 m_1,m_2 是互素的两个正整数,而 x_1,x_2 分别通过模 m_1,m_2 的完全剩余系,则 $m_2 x_1+m_1 x_2$ 通过模 $m_1 m_2$ 的完全剩余系.

证 由假设知道 x_1,x_2 分别通过 m_1,m_2 个整数.因此 $m_2 x_1+m_1 x_2$ 通过 $m_1 m_2$ 个整数.由定理 1 的推论,只须证明这 $m_1 m_2$ 个整数对模 $m_1 m_2$ 两两不同余就够了.

假定

$$m_2 x_1'+m_1 x_2'\equiv m_2 x_1''+m_1 x_2''(\bmod m_1 m_2), \tag{7}$$

其中 x_1',x_1'' 是 x_1 所通过的完全剩余系中的整数,而 x_2',x_2'' 是 x_2 所通过的完全剩余系中的整数,则由 §1 性质壬即得

$$m_2 x_1'\equiv m_2 x_1''(\bmod m_1), \quad m_1 x_2'\equiv m_1 x_2''(\bmod m_2).$$

又由 §1 性质己及 $(m_1,m_2)=1$ 即得 $x_1'\equiv x_1''(\bmod m_1)$,$x_2'\equiv x_2''(\bmod m_2)$.由定理 1 的推论得 $x_1'=x_1''$,$x_2'=x_2''$.这表明如果 x_1',x_2' 与 x_1'',x_2'' 不全相同,(7)式即不成立.因此定理获证. **证完**

最后我们给出以下的

定义 2 $0,1,\cdots,m-1$ 这 m 个整数叫做模 m 的**最小非负完全剩余系**;当 m 是偶数时,$-\frac{m}{2},\cdots,-1,0,1,\cdots,\frac{m}{2}-1$ 或 $-\frac{m}{2}+1,\cdots,-1,0,1,\cdots,\frac{m}{2}$ 叫做模 m 的**绝对最小**

完全剩余系;当 m 是奇数时, $-\frac{m-1}{2},\cdots,-1,0,1,\cdots,\frac{m-1}{2}$ 叫做模 m 的**绝对最小完全剩余系**.

这几个完全剩余系是完全剩余系中最简单的,以后常常用到.

注:如果将模 m(正整数)的剩余类看成一个元素,剩余类的相等就可以用同余来刻画,§1 的同余的运算性质就可以转化为剩余类的运算性质,等等.这样,模的剩余类的集合对这些运算就作成一个环,称为剩余类环.如果模是合数,那么就有不等于零的剩余类,相乘后为零,即有零因子.这就为抽象代数提供了一个有零因子的环的具体例子.上述环中所有与模 m 互素的剩余类(参看下节)对乘法作成一个群.当模 m 为素数 p 时,上述的环成一个域,通常记作 F_p.它有 p 个元素,这是有限域的一个重要例子.对于多项式的同余也可以有类似的结论.如果读者能加以具体而严格的考察,那么就会对(抽象)代数的某些基本概念和性质有更好的理解.

有限域在研究排列、组合(组合论)与编码中有应用.

习题

1. 证明

$$x=u+p^{s-t}v,\quad u=0,1,\cdots,p^{s-t}-1,v=0,1,\cdots,p^{t}-1,t\leqslant s$$

是模 p^s 的一个完全剩余系.

2. 若 $m_1,m_2,\cdots,m_k$ 是 k 个两两互素的正整数,$x_1,x_2,\cdots,x_k$ 分别通过模 $m_1,m_2,\cdots,m_k$ 的完全剩余系,则

$$M_1x_1+M_2x_2+\cdots+M_kx_k$$

通过模 $m_1m_2\cdots m_k=m$ 的完全剩余系,其中 $m=m_iM_i,i=1,2,\cdots,k$.

3. (i) 证明整数 $-H,\cdots,-1,0,1,\cdots,H\left(H=\frac{3^{n+1}-1}{3-1}\right)$ 中每一个整数有而且只有一种方法表示成

$$3^nx_n+3^{n-1}x_{n-1}+\cdots+3x_1+x_0 \tag{8}$$

的形状,其中 $x_i=-1,0$ 或 1;反之(8)式中每一数都 $\geqslant -H$,并且 $\leqslant H$.

(ii) 说明应用 $n+1$ 个特制的砝码,在天平上可以量出 1 到 H 中的任何一个克数.

4. 若 $m_1,m_2,\cdots,m_k$ 是 k 个正整数,$x_1,x_2,\cdots,x_k$ 分别通过模 $m_1,m_2,\cdots,m_k$ 的完全剩余系,则

$$x_1+m_1x_2+m_1m_2x_3+\cdots+m_1m_2\cdots m_{k-1}x_k$$

通过模 $m_1m_2\cdots m_k$ 的完全剩余系.

§3 既约剩余系与欧拉函数

在上节里我们讨论了完全剩余系的基本性质,这一节我们要进一步讨论完全剩余系中与模互素的整数,这就需要引进既约剩余系的概念.在讨论既约剩余系的过程中,需要用到数论上一个很重要的函数——欧拉函数.我们先给出几个定义.

定义 1 欧拉函数 $\varphi(a)$ 是定义在正整数上的函数，它在正整数 a 上的值等于序列 $0,1,2,\cdots,a-1$ 中与 a 互素的数的个数.

定义 2 如果一个模 m 的剩余类里面的数与 m 互素，就把它叫做一个**与模 m 互素的剩余类**.

在与模 m 互素的全部剩余类中，从每一类各任取一数所作成的数的集合，叫做模 m 的一个**既约剩余系**.

定理 1 模 m 的剩余类与模 m 互素的充分必要条件是此类中有一数与 m 互素. 因此与模 m 互素的剩余类的个数是 $\varphi(m)$，模 m 的每一既约剩余系是由与 m 互素的 $\varphi(m)$ 个对模 m 不同余的整数组成的.

证 设 $K_0,K_1,\cdots,K_{m-1}$ 是模 m 的全部剩余类. 若 K_r 是一个与模 m 互素的剩余类，则 $(r,m)=1$. 反之若有 $k_r\in K_r$，$(k_r,m)=1$，则由 §2 定理 1 及 §1 性质癸，K_r 中每一个整数都与 m 互素，因而 K_r 是与模 m 互素的剩余类. 故定理的第一部分获证，且 K_r 为与模 m 互素的剩余类当且仅当 $(r,m)=1$. 因此由欧拉函数的定义及模 m 的既约剩余系的定义即得定理的其余部分. **证完**

定理 2 若 $a_1,a_2,\cdots,a_{\varphi(m)}$ 是 $\varphi(m)$ 个与 m 互素的整数，并且两两对模 m 不同余，则 $a_1,a_2,\cdots,a_{\varphi(m)}$ 是模 m 的一个既约剩余系（证明留给读者）.

与 §2 定理 2 相似，我们有

定理 3 若 $(a,m)=1$，x 通过模 m 的既约剩余系，则 ax 通过模 m 的既约剩余系.

证 ax 通过 $\varphi(m)$ 个整数，由于 $(a,m)=1$，$(x,m)=1$，故 $(ax,m)=1$，若 $ax_1\equiv ax_2\pmod{m}$，由 §1 性质已，$x_1\equiv x_2\pmod{m}$，这与原设矛盾，故由定理 2，定理获证. **证完**

定理 4 若 m_1,m_2 是两个互素的正整数，x_1,x_2 分别通过模 m_1,m_2 的既约剩余系，则 $m_2x_1+m_1x_2$ 通过模 m_1m_2 的既约剩余系.

证 由定理 1 我们立刻看出，既约剩余系是一个完全剩余系中一切与模互素的整数组成的，因此只须证明：若 x_1,x_2 分别通过模 m_1,m_2 的既约剩余系，则 $m_2x_1+m_1x_2$ 通过模 m_1m_2 的一个完全剩余系中一切与模 m_1m_2 互素的整数.

由 §2 定理 3 知，若 x_1,x_2 分别通过模 m_1,m_2 的完全剩余系，则 $m_2x_1+m_1x_2$ 通过模 m_1m_2 的完全剩余系. 又若 $(x_1,m_1)=(x_2,m_2)=1$，则由 $(m_1,m_2)=1$ 即得 $(m_2x_1,m_1)=(m_1x_2,m_2)=1$，于是

$$(m_2x_1+m_1x_2,m_1)=1,\quad (m_2x_1+m_1x_2,m_2)=1.$$

故 $(m_2x_1+m_1x_2,m_1m_2)=1$.

反之，若 $(m_2x_1+m_1x_2,m_1m_2)=1$，则 $(m_2x_1+m_1x_2,m_1)=(m_2x_1+m_1x_2,m_2)=1$. 因而由 §1 性质癸，$(m_2x_1,m_1)=(m_1x_2,m_2)=1$. 因为 $(m_1,m_2)=1$，所以 $(x_1,m_1)=(m_2,x_2)=1$，这就证明了所要证的结论. **证完**

推论 若 m_1,m_2 是两个互素的正整数，则 $\varphi(m_1m_2)=\varphi(m_1)\varphi(m_2)$.

证 由定理 4 知，若 x_1,x_2 分别通过模 m_1,m_2 的既约剩余系，则 $m_2x_1+m_1x_2$ 通过模 m_1m_2 的既约剩余系，即 $m_2x_1+m_1x_2$ 通过 $\varphi(m_1m_2)$ 个整数. 另一方面由于 x_1 通过 $\varphi(m_1)$ 个整数，x_2 通过 $\varphi(m_2)$ 个整数，因此 $m_2x_1+m_1x_2$ 通过 $\varphi(m_1)\varphi(m_2)$ 个整数. 故 $\varphi(m_1m_2)=\varphi(m_1)\varphi(m_2)$. **证完**

定理 5 设 $a=p_1^{\alpha_1}p_2^{\alpha_2}\cdots p_k^{\alpha_k}$，则

$$\varphi(a)=a\left(1-\frac{1}{p_1}\right)\left(1-\frac{1}{p_2}\right)\cdots\left(1-\frac{1}{p_k}\right).$$

证 (i) 由定理 4 的推论即得

$$\varphi(a)=\varphi(p_1^{\alpha_1})\varphi(p_2^{\alpha_2})\cdots\varphi(p_k^{\alpha_k}).$$

(ii) 今将证 $\varphi(p^\alpha)=p^\alpha-p^{\alpha-1}$. 由 $\varphi(a)$ 的定义知 $\varphi(p^\alpha)$ 等于从 p^α 减去 $1,2,\cdots,p^\alpha$ 中与 p^α 不互素的数的个数;亦即等于从 p^α 减去 $1,2,\cdots,p^\alpha$ 中与 p 不互素的数的个数. 由于 p 是素数,故 $\varphi(p^\alpha)$ 等于从 p^α 减去 $1,2,\cdots,p^\alpha$ 中被 p 整除的数的个数. 由第一章 §5 性质Ⅶ知 $1,2,\cdots,p^\alpha$ 中被 p 整除的数的个数是 $\left[\frac{p^\alpha}{p}\right]=p^{\alpha-1}$,故

$$\varphi(p^\alpha)=p^\alpha-p^{\alpha-1}.$$

(iii) 由(i),(ii)即得

$$\begin{aligned}\varphi(a)&=(p_1^{\alpha_1}-p_1^{\alpha_1-1})(p_2^{\alpha_2}-p_2^{\alpha_2-1})\cdots(p_k^{\alpha_k}-p_k^{\alpha_k-1})\\&=a\left(1-\frac{1}{p_1}\right)\left(1-\frac{1}{p_2}\right)\cdots\left(1-\frac{1}{p_k}\right).\end{aligned}$$

证完

习 题

1. 证明定理 2.

2. 证明:若 m 是大于 1 的正整数,a 是整数,$(a,m)=1$,ξ 通过模 m 的既约剩余系,则

$$\sum_{\xi}\left\{\frac{a\xi}{m}\right\}=\frac{1}{2}\varphi(m),$$

其中 $\sum\limits_{\xi}$ 表示展布在 ξ 所通过的一切值上的和式.

3. (i) 证明 $\varphi(1)+\varphi(p)+\cdots+\varphi(p^a)=p^a$,$p$ 为素数;

(ii) 证明 $\sum\limits_{d\mid a}\varphi(d)=a$,其中 $\sum\limits_{d\mid a}$ 表示展布在 a 的一切正因数上的和式.

4. 证明:若 $m_1,m_2,\cdots,m_k$ 是 k 个两两互素的正整数,$\xi_1,\xi_2,\cdots,\xi_k$ 分别通过模 $m_1,m_2,\cdots,m_k$ 的既约剩余系,则

$$M_1\xi_1+M_2\xi_2+\cdots+M_k\xi_k$$

通过模 $m_1m_2\cdots m_k=m$ 的既约剩余系,其中 $m=m_iM_i$,$i=1,2,\cdots,k$.

§4 欧拉定理·费马定理及其对循环小数的应用

本节目的是应用既约剩余系的性质证明数论中两个著名的定理,并且说明它在研究循环小数时的用处.

定理1(欧拉) 设 m 是大于 1 的整数,$(a,m)=1$,则

$$a^{\varphi(m)}\equiv 1\ (\mathrm{mod}\, m).$$

证 设 $r_1,r_2,\cdots,r_{\varphi(m)}$ 是模 m 的既约剩余系,则由 §3 定理 3,$ar_1,ar_2,\cdots,ar_{\varphi(m)}$ 也

是模 m 的既约剩余系，故

$$(ar_1)(ar_2)\cdots(ar_{\varphi(m)})\equiv r_1r_2\cdots r_{\varphi(m)}(\bmod m),$$

即

$$a^{\varphi(m)}(r_1r_2\cdots r_{\varphi(m)})\equiv r_1r_2\cdots r_{\varphi(m)}(\bmod m),$$

但$(r_1,m)=(r_2,m)=\cdots=(r_{\varphi(m)},m)=1$，因此$(r_1r_2\cdots r_{\varphi(m)},m)=1$.

由 §1 性质己，即得

$$a^{\varphi(m)}\equiv 1(\bmod m).$$ **证完**

推论（费马定理） 若 p 是素数，则

$$a^p\equiv a(\bmod p).$$

证 若$(a,p)=1$，由定理 1 及 §3 定理 5 即得

$$a^{p-1}\equiv 1(\bmod p),$$

因而 $a^p\equiv a(\bmod p)$. 若$(a,p)\neq 1$，则 $p\mid a$，故

$$a^p\equiv a(\bmod p).$$ **证完**

定理 1 及其推论在数论里是很有用的，下面我们只说明它在研究分数与小数互化时的用处.

任何一个有理数都可以写成分数的形式，即$\frac{a}{b}$，$b>0$. 由第一章 §1 定理 4 知 $a=bq+r$，$0\leqslant r<b$，即

$$\frac{a}{b}=q+\frac{r}{b},\quad 0\leqslant\frac{r}{b}<1.$$

因此我们只讨论 0 与 1 间的分数与小数互化的问题.

定义 如果对于一个无限小数 $0.a_1a_2\cdots a_n\cdots$（a_n 是 $0,1,\cdots,9$ 之中的一个数，并且从任何一位以后不全是 0），能找到两个整数 $s\geqslant 0$，$t>0$，使得

$$a_{s+i}=a_{s+kt+i},\quad i=1,2,\cdots,t;k=0,1,2,\cdots,$$

我们就称它为**循环小数**，并简单地把它记作 $0.a_1a_2\cdots a_s\dot{a}_{s+1}\cdots\dot{a}_{s+t}$.

对于循环小数而言，具有上述性质的 s 及 t 是不只一个的. 如果找到的 t 是最小的，我们就称 $a_{s+1},a_{s+2},\cdots,a_{s+t}$ 为循环节；t 称为循环节的长度；若最小的 $s=0$，那小数就叫做**纯循环小数**，否则叫做**混循环小数**.

定理 2 有理数$\frac{a}{b}$，$0<a<b$，$(a,b)=1$ 能表成纯循环小数的充分必要条件是$(b,10)=1$.

证 (i) 若$\frac{a}{b}$能表成纯循环小数，则由 $0<\frac{a}{b}<1$ 及定义知

$$\frac{a}{b}=0.a_1a_2\cdots a_ta_1a_2\cdots a_t\cdots$$

因而

$$\begin{aligned}10^t\frac{a}{b}&=10^{t-1}a_1+10^{t-2}a_2+\cdots+10a_{t-1}+a_t+0.a_1a_2\cdots a_ta_1a_2\cdots a_t\cdots\\&=q+\frac{a}{b},\quad q>0.\end{aligned}$$

故$\frac{a}{b}=\frac{q}{10^t-1}$，即 $a(10^t-1)=bq$. 由$(a,b)=1$ 即得 $b\mid(10^t-1)$，因而$(b,10)=1$.

（ii）若$(b,10)=1$，则由定理 1 知有一正整数 t，使得

$$10^t\equiv 1(\bmod b),\quad 0<t\leqslant\varphi(b)$$

成立，因此 $10^t a=qb+a$，且 $0<q<10^t\frac{a}{b}\leqslant 10^t\left(1-\frac{1}{b}\right)<10^t-1$.

故

$$10^t\frac{a}{b}=q+\frac{a}{b}.$$

令 $q=10q_1+a_t, q_1=10q_2+a_{t-1},\cdots,q_{t-1}=10q_t+a_1, 0\leqslant a_i\leqslant 9$，则 $q=10^t q_t+10^{t-1}a_1+\cdots+10a_{t-1}+a_t$. 由 $0<q<10^t-1$，即得 $q_t=0$，且 $a_1,a_2,\cdots,a_t$ 不全是 9，也不全是 0. 因此

$$\frac{q}{10^t}=0.a_1a_2\cdots a_t,$$

$$\frac{a}{b}=0.a_1a_2\cdots a_t+\frac{1}{10^t}\cdot\frac{a}{b}.$$

反复应用上式即得

$$\frac{a}{b}=0.a_1a_2\cdots a_ta_1a_2\cdots a_t\cdots=0.\dot{a}_1\dot{a}_2\cdots\dot{a}_t.$$

证完

定理 3　若$\frac{a}{b}$是有理数，其中 $0<a<b$，$(a,b)=1$，$b=2^\alpha 5^\beta b_1$，$(b_1,10)=1$，$b_1\neq 1$，α,β 不全为零，则$\frac{a}{b}$可以表成混循环小数，其中不循环的位数是 $\mu=\max(\alpha,\beta)$（即 α,β 中之较大者）.

证　需要就 $\beta\geqslant\alpha$，$\beta<\alpha$ 两种情形证明. 因为证法相同，我们可以假定 $\mu=\beta\geqslant\alpha$. 用 10^μ 乘$\frac{a}{b}$得

$$10^\mu\cdot\frac{a}{b}=\frac{2^{\beta-\alpha}a}{b_1}=M+\frac{a_1}{b_1},$$

其中 $0<a_1<b_1$，$0\leqslant M<10^\mu$ 且$(a_1,b_1)=(2^{\mu-\alpha}a-Mb_1,b_1)=(2^{\mu-\alpha}a,b_1)=1$. 由定理 2，可以把$\frac{a_1}{b_1}$表成纯循环小数：

$$\frac{a_1}{b_1}=0.\dot{c}_1\dot{c}_2\cdots\dot{c}_t.$$

设 $M=m_1 10^{\mu-1}+m_2 10^{\mu-2}+\cdots+m_\mu(0\leqslant m_r\leqslant 9)$则

$$\frac{a}{b}=0.m_1m_2\cdots m_\mu\dot{c}_1\dot{c}_2\cdots\dot{c}_t.$$

我们还要证明不循环位数不能小于 μ. 假定$\frac{a}{b}$又可以表成

$$\frac{a}{b}=0.m_1'm_2'\cdots m_\nu'\ \dot{c}_1'\dot{c}_2'\cdots\dot{c}_s',\quad \nu<\mu,$$

则由定理 2 有

$$10^{\nu}\frac{a}{b}-\left[10^{\nu}\frac{a}{b}\right]=0.\dot{c}_1'c_2'\cdots\dot{c}_s'=\frac{a_1'}{b_1'},$$

其中$(b_1',10)=1$. 故存在一整数 a' 使

$$10^{\nu}\frac{a}{b}=\frac{a'}{b_1'},$$

即

$$10^{\nu}ab_1'=a'b.$$

上式右边可用 $5^{\beta}=5^{\mu}$ 除尽,而左边 a 及 b_1' 都与 5 互素(因$(a,b)=1,(b_1',10)=1$). 故 $5^{\mu}\mid 10^{\nu}$. 但 $\mu>\nu$,这显然不可能. **证完**

习题

1. 如果今天是星期一,问从今天起再过 $10^{10^{10}}$ 天是星期几?
2. 求$(12\,371^{56}+34)^{28}$被 111 除的余数.
3. (i) 证明下列事实但不许用定理 1 的推论:若 p 是素数,$h_1,h_2,\cdots,h_a$ 是整数,则

$$(h_1+h_2+\cdots+h_a)^p\equiv h_1^p+h_2^p+\cdots+h_a^p\pmod p.$$

(ii) 由(i)证明定理 1 的推论,然后再由定理 1 的推论证明定理 1.

4. 证明:有理数$\frac{a}{b}$,$0<a<b$,$(a,b)=1$ 能表成纯循环小数的充分必要条件是有一正整数 t,使得同余式

$$10^t\equiv 1\pmod b$$

成立,并且使得上式成立的最小正整数 t 就是循环节的长度.

§5　公开密钥——RSA 体制

在通信中,对某些特定内容有时需要保密,即只有通信的双方知道,而不让其他任何人了解内容. 自古以来,在军事、政治中传达一些命令、策略时,都是需要保密的. 于是出现在通信中采用密码的问题. 即通信双方事先约定一种办法,将公开的信息(例如普通的文字表达的信息)改变成只有对方才能识别的信息. 这种通信的方式就叫密码通信. 实际的过程是:先将公开的信息译成一种"码子",通常是代表信息的数字(例如电报码等),这种"码子",为了方便,称为明码;然后将明码译成只有对方才能识别的"码子",这后一种"码子"称为密码;将明码译成密码的方法称为加密程序. 接收方收到密码后,即可按照约定的方法将密码还原成明码,这种还原的方法称为解密程序. 最后即可将还原后的明码读出发送方寄出的信息. 大致的过程如下图:

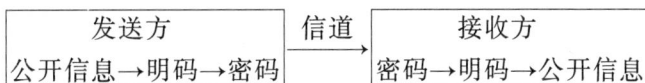

发送方	信道	接收方
公开信息→明码→密码	→	密码→明码→公开信息

为了执行加密程序和解密程序,通常有相应的密钥和解钥. 这就是密码通信的大致过程.

在现代社会中，计算机技术和网络如此发达，通信的保密更是多方面的需要，例如单就一个公司就有销售、进货、财务等方面和很多公司、客户联系，其中多数有保密必要. 如果按传统的办法，对每一个客户都要约定保密的方案，这样会不胜其烦. 那么整个社会对保密的需要范围之多且广就多不胜数，甚至可以说达到没有办法的程度. 因此近年来提出一个非常重要的问题——信息安全问题. 1976 年，美国的年轻数学家和计算机专家棣弗（W. Diffie）和赫尔曼（M. Hellman）提出一种全新的公开密钥（public key）体制，它的特点是保密性强，加密程序和密钥公开，而且在同一体制中可以供很多客户使用. 1977 年美国麻省理工学院（MIT）的里夫斯特（R. Rivest）、沙米尔（A. Shamir）和阿德莱曼（L. Adleman）依据棣弗和赫尔曼的设想提出一种具体的公开密钥体制，它是一种应用欧拉定理、具有上述性质而且可以实用的体制，后来人们用他们三人的名字的首字母为它命名，称为 RSA. 我们先来介绍这种体制.

设 p,q 是两个大素数，例如位数超过 100；$N=pq$；e,d 满足关系 $ed\equiv 1(\bmod \varphi(N))$，其中 $\varphi(N)$ 是 N 的欧拉函数值. 这里密钥和解钥分别是 e,N 和 d. 密码通信的过程如下：设有一明码是数字 $a(0\leqslant a\leqslant N-1)$. 加密程序是将数字 a 通过关系 $a^e\equiv b(\bmod N)$，$0\leqslant b\leqslant N-1$，转换成 b，发送方将密码 b 送给接收方；接收方收到密码 b 后，解密程序是根据 e,d 的定义，通过关系式

$$b^d\equiv a^{ed}\equiv a^{1+k\varphi(N)}\equiv a(\bmod N) \qquad (1)$$

将密码 b 还原成明码 a. 最后的相等关系需要再进行一些论证. 因为当 $(a,N)=1$ 时，由欧拉定理知相等关系成立. 否则需要证明

$$a^{1+k\varphi(N)}\equiv a(\bmod p), \quad a^{1+k\varphi(N)}\equiv a(\bmod q) \qquad (2)$$

成立. 由欧拉函数计算公式知

$$\varphi(N)=\varphi(pq)=(p-1)(q-1), \qquad (3)$$

于是当 p 整除 a 时，(2) 的第一式显然成立；当 p 不能整除 a 时，则由费马定理知 (2) 的第一式成立，因此 (2) 的第一式对任何 a 成立. 同样可证 (2) 的第二式对任何 a 成立. 特别值得注意的是：密钥 e,N 可以公开. 就是说，如果某人掌握了解钥 d 而不向其他人泄露，而且公开宣布他的密钥是 e,N，那么任何人都可按照上述的加密程序向他发送密码，只有他本人可以读出送来的信息，而其他人都不可能了解. 为什么？因为要想知道 d，就必须知道 $\varphi(N)$. 而由 (3) 知，求 $\varphi(N)$ 就需要知道 N 的素因子 p,q. 当 p,q 的位数很大时，例如上述 p,q 的位数超过 100，按照现有的数学方法，即使加上现有的超级计算机，也不可能在限定时间内知道 $\varphi(N)$ 的值，因而不可能知道 d. 这就是说，RSA 的保密性能是很好的.

上述的 RSA 可以同时供很多客户使用. 因为 N 很大，从而 $\varphi(N)$ 也很大，所以可以有很多对 $e_i,d_i(i=1,2,\cdots)$ 满足

$$e_id_i\equiv 1(\bmod \varphi(N)), \quad i=1,2,\cdots.$$

如果分配给第 i 个客户的密钥和解钥分别为 e_i,N 和 d_i，那么显然可以设定足够多的密钥和解钥对供客户使用. 具体使用时，就像电话号码簿一样，将所有用户的密钥 e_i 编入一个登记册（因为 N 是共同的，只需声明一次即可），而解钥由客户保存. 这样任何人（不必是此体制的用户！）可以用密钥 e_i,N 向第 i 个客户发送密码，这个体系中的客户不再需要与他有来往的客户逐个约定秘密通信的办法. 这样，在保密通信中给使用同一 RSA 的众多

用户提供了极大的方便.

关于 RSA 的保密性能. 在历史上有一个有趣的故事，通过它揭示了一些有关的问题. 1977 年里夫斯特、沙米尔和阿德莱曼用一个 129 位的数 N 和一个 4 位数 e 对一个关于秃鹰的消息在 RSA 中加密，即所谓的 RSA-129. 还悬赏 100 美元，奖给第一个破译该密码的人. 他们认为按照当时计算机的速度，估计分解一个 129 位的数大约要花 23 000年，计算速度提高可能会降低一两个数量级，但是安全性似乎仍然相当有保证. 然而出乎他们的预料，仅仅在 17 年之后 RSA-129 就败下阵来. 分解成功的核心在于发明了一种新的筛法——二次筛法，该方法有一个优点是能将工作分散到不同的计算机上做. 六百多人的因子分解迷经过八个月的努力找到了 RSA-129 的分别为 64 位和 65 位的两个素因数. 甚至 RSA 安全公司悬赏解决他们遇到的挑战性问题，第一个问题是分解数“RSA－576”，它的二进制是 576 位数，十进制是 174 位数，于 2003 年 12 月 8 日被分解为两个十进制 87 位的素数的乘积. 但是，RSA-129，RSA－576 成功的分解，甚至包括数学家们近年来不断创造的许多新算法，例如二次筛法、数域筛法、椭圆曲线算法，目前还不足以威胁 RSA 体制的安全性. 因为用以分解数字所需要的计算机的能力，随着数字的位数的增加而飞快地增加. 例如，使用 RSA-200 至 RSA-300，那么除非计算数论有惊人的突破，否则因子分解在一个长时期内仍然是个难题. 不过数论学家还是相信：进展到来的期限，就像整数本身一样，一定屈指可数. 这或许足以说明智慧的创新和理论的精湛是高技术的核心.

有了 RSA 这个具体例子，我们再来介绍棣弗和赫尔曼提出的公开密钥体制，也许可以理解得具体一些. 他们提出的体制的关键是使用单向函数 E 作为密钥. 所谓单向函数 E 是一个可逆函数，但是它的逆函数 $D=E^{-1}$ 非常难求出. 在 RSA 中如下定义单向函数 E：对于 $0\leqslant a\leqslant N-1$，通过关系 $a^E\equiv b(\operatorname{mod}N)$ 定义 $E(a)=b, 0\leqslant b\leqslant N-1$，其中 b 是 a^E 的模 N 最小非负剩余；逆函数则由关系式 $b^D\equiv a(\operatorname{mod}N), 0\leqslant a, b\leqslant N-1$ 定义. 设有 n 个用户 $A_i, i=1,2,\cdots,n$，每个用户 A_i 各自选取一个单向函数 E_i 作为自己的密钥公之于众，并且将它们编成密码簿，供用户查用. 但是将 $D_i=E_i^{-1}$ 作为自己的解钥保存，不让他人知道. 当用户 A_i 要将明码 x 保密地送给 A_j 时，将密码 $y=E_j(x)$ 送给 A_j；而 A_j 收到 y 后，用 D_j 作用于 y，即可得到 $D_j(y)=E_j^{-1}E_j(x)=x$. 对于第三者来说，即令他截获到密码 y，甚至知道是 A_i 送给 A_j 的，在查到 E_j 之后也很难求出 D_j，所以不能将 y 恢复成明码 x.

这种公开密钥体制除了可供 n 个客户公用以外，还解决了长期存在的另一个难题，即信息的认证和签名问题（当然 RSA 也具有这种功能）. 如果 A_i 需要通过通讯（网络）向 A_j 要一笔款项，当然需要 A_i 在信息上签名，以防别人冒领. 公开密钥可以解决这个问题：A_i 先用自己的 D_i 作用于签名 x，再将 $y=D_i(x)$ 送给 A_j，A_j 收到后并查出 E_i，将 E_i 作用于 y 就可恢复签名 $E_i(y)=E_iD_i(x)=x$. 因为只有 A_i 知道 D_i，所以就能确认信息来自 A_i. 实际上，在公开密钥体制中，还可以同时进行加密和签名两种程序：A_i 对信息 x 接连作用 D_i（签名）和 E_j（加密），将 $y=E_jD_i(x)$ 传给 A_j，A_j 接到后，对 y 接连作用 D_j（解密）和 E_i（确认），得到

$$E_iD_j(y)=E_iD_jE_jD_i(x)=E_iD_i(x)=x,$$

从而可以读到原文.

1976 年棣弗和赫尔曼提出公开密钥体制以后，由于可以同时解决密钥保存、数字签名和多用户公用等一系列问题，引起了通信界和数学界的极大兴趣，一时间纷纷设计出各种各样的具体的公开密钥方案. 很多方案随后又不断受到别人攻击和破解，所谓破解就是找到了单向函数 E 的逆函数 E^{-1} 的快捷算法，从而使该方案不能起保密作用. 40 多年来，只剩下大数分解方案，即 RSA 方案，还有离散对数方案（参看第六章 §2）. 这两种方案目前被认为是可靠的，因为对于这两个方案，数学家经过多年研究，还没有找到破解的方法. 公开密钥体制说明了两个重要的事实：(1) 在现代高技术社会中，像数论这样被认为是很抽象、"纯粹"而且古老的数学也会起重大的作用；(2) 数学的作用已经不仅仅是自然科学的基础和工具，有些发展成可以直接开发技术，为生产直接创造价值.

有关公开密钥的进一步参考资料可参看以下文献：

1　Koblitz N. A course in number theory and cryptography. GTM114. Springer - Verlag, 1987.

2　冯克勤. 代数数论简史. 长沙：湖南教育出版社，2002. (第五章)

*§6　三角和的概念

在 §2 讲过模 m 的剩余类有 m 个，即 $K_0, K_1, \cdots, K_{m-1}$. 另一方面我们也知道 1 的 m 次（复）根也有 m 个，即 $e^{2\pi i\frac{r}{m}} = \cos\frac{2\pi r}{m} + i\sin\frac{2\pi r}{m}, r = 0, 1, \cdots, m-1$. 由 §1 定理 1，$a \equiv b \pmod{m}$ 当且仅当 $a = b + mt$，因此 $a \equiv b \pmod{m}$ 当且仅当 $e^{2\pi i\frac{a}{m}} = e^{2\pi i\frac{b}{m}}$. 故模 m 的剩余类与 1 的 m 次根之间是一一对应的，其中 K_r 与 $e^{2\pi i\frac{r}{m}}$ 对应. 还有若 $a + b \equiv c \pmod{m}$，则 $e^{2\pi i\frac{a}{m}} e^{2\pi i\frac{b}{m}} = e^{2\pi i\frac{a+b}{m}} = e^{2\pi i\frac{c}{m}}$. 这就是说两个剩余类的数相加相当于对应的 m 次单位根相乘，因此同余的性质有可能从 m 次单位根的研究得出. 这就是近代数论里面一个很重要的方法——三角和方法的来源之一. 所谓三角和就是形式如 $\sum\limits_{x} e^{2\pi i f(x)}$ 的和，其中 $f(x)$ 是实函数，x 通过预先指定的整数集合. 本节打算只讨论几种简单三角和的基本性质.

定理 1　设 m 是一正整数，a 是整数，x 通过模 m 的完全剩余系，则

$$\sum_{x} e^{2\pi i\frac{ax}{m}} = \begin{cases} m, & m \mid a, \\ 0 & m \nmid a, \end{cases}$$

其中 $\sum\limits_{x}$ 表示展布在 x 所通过的值上的和数.

证　当 $m \mid a$ 时，$e^{2\pi i\frac{ax}{m}} = 1$，故 $\sum\limits_{x} e^{2\pi i\frac{ax}{m}} = m$. 今设 $m \nmid a$，则 $e^{2\pi i\frac{a}{m}} \neq 1$. 若 r 是 x 对模 m 的最小非负剩余，则

$$e^{2\pi i\frac{ax}{m}} = e^{2\pi i\frac{ar}{m}}.$$

因 x 通过模 m 的完全剩余系，故 r 通过模 m 的全体最小非负剩余. 因此，

$$\sum_{x} e^{2\pi i\frac{ax}{m}} = \sum_{r=0}^{m-1} e^{2\pi i\frac{ar}{m}} = \sum_{r=0}^{m-1} (e^{2\pi i\frac{a}{m}})^{r} = \frac{1-(e^{2\pi i\frac{a}{m}})^{m}}{1-e^{2\pi i\frac{a}{m}}} = 0.$$

证完

定理 2 设 α 是一整数,则

$$\int_{0}^{1} e^{2\pi i\alpha x}dx = \begin{cases}1, & \alpha = 0;\\ 0, & \alpha \neq 0.\end{cases}$$

证 若 $\alpha=0$,则 $e^{2\pi i\alpha x}=1$,故 $\int_{0}^{1} e^{2\pi i\alpha x}dx = 1$.

若 $\alpha\neq0$,则

$$\int_{0}^{1} e^{2\pi i\alpha x}dx = \int_{0}^{1}\cos(2\pi\alpha x)dx + i\int_{0}^{1}\sin(2\pi\alpha x)dx = 0.$$

证完

定理 3 设 a 是任一实数,q 与 q'是整数,且 $q'>q$,则

$$\left|\sum_{x=q+1}^{q'} e^{2\pi i a x}\right| \leqslant \min\left(q'-q,\frac{1}{h\langle a\rangle}\right),$$

其中 $\min\left(q'-q,\frac{1}{h\langle a\rangle}\right)$表示 $q'-q$ 及$\frac{1}{h\langle a\rangle}$中较小的一个,$\langle a\rangle=\min(\{a\},1-\{a\})$,而 $h\geqslant2$. 但当$\langle a\rangle\leqslant\frac{1}{6}$时,$h\geqslant3$.

证 令 $S=\sum_{x=q+1}^{q'} e^{2\pi i a x}$,则

$$|S| \leqslant \sum_{x=q+1}^{q'} |e^{2\pi i a x}| = \sum_{x=q+1}^{q'} 1 = q'-q.$$

若 a 不是整数,则 $e^{2\pi i a}\neq1$,因此

$$S = e^{2\pi i(q+1)a}\left(\sum_{x=0}^{q'-q-1} e^{2\pi i a x}\right) = e^{2\pi i(q+1)a}\frac{1-e^{2\pi i(q'-q)a}}{1-e^{2\pi i a}}.$$

故

$$|S| = \left|\frac{1-e^{2\pi i(q'-q)a}}{1-e^{2\pi i a}}\right| \leqslant \frac{2}{|1-e^{2\pi i a}|} = \frac{2}{|e^{\pi i a}-e^{-\pi i a}|} = \frac{1}{|\sin\pi a|}.$$

但 $|\sin\pi a| = \sin\pi\{a\} = \sin\pi(1-\{a\}) = \sin\pi\langle a\rangle$. 当 $0<x\leqslant\frac{1}{2}$时,$\frac{\sin\pi x}{x}$是递减函数;又 $0<\langle a\rangle\leqslant\frac{1}{2}$,故

$$\frac{\sin\pi\langle a\rangle}{\langle a\rangle} \geqslant \frac{\sin\frac{\pi}{2}}{\frac{1}{2}} = 2,\quad 即\frac{1}{\sin\pi\langle a\rangle} \leqslant \frac{1}{2\langle a\rangle}.$$

又当$\langle a\rangle\leqslant\frac{1}{6}$时,$\frac{1}{\sin\pi\langle a\rangle}\leqslant\frac{1}{3\langle a\rangle}$. 故定理获证. 证完

定理 4 若 m 是大于 1 的整数,$q(a)$,$q'(a)$是定义在整数 $a=1,2,\cdots,m-1$ 上的整值函数,且 $q'(a)>q(a)$,则

$$\sum_{a=1}^{m-1}\left|\sum_{x=q(a)+1}^{q'(a)}e^{2\pi i\frac{ax}{m}}\right|<m\ln m-\delta,$$

其中

$$\delta\geqslant\begin{cases}\dfrac{m}{3}\ln\left(2\left[\dfrac{m}{6}\right]+1\right), & 1<m<12;\\ \dfrac{m}{2}, & 12\leqslant m<60,\\ m, & m\geqslant 60.\end{cases}$$

证　由 $0<a<m$ 即知 $\left\langle\dfrac{a}{m}\right\rangle\neq 0$，并且

$$\left\langle\frac{a}{m}\right\rangle=\begin{cases}\dfrac{a}{m}, & 0<a\leqslant\dfrac{m}{2},\\ \dfrac{m-a}{m}, & \dfrac{m}{2}<a<m.\end{cases}\tag{1}$$

由定理 3 得

$$\sum_{a=1}^{m-1}\left|\sum_{x=q(a)+1}^{q'(a)}e^{2\pi i\frac{ax}{m}}\right|\leqslant\sum_{a=1}^{m-1}\frac{1}{h\left\langle\dfrac{a}{m}\right\rangle}.$$

令 $\sum\limits_{a=1}^{m-1}\dfrac{1}{h\left\langle\dfrac{a}{m}\right\rangle}=T_m$，则当 m 是奇数时，由(1)得

$$T_m=\sum_{a=1}^{\left[\frac{m}{2}\right]}\frac{2}{h\dfrac{a}{m}}\leqslant\frac{2m}{3}\sum_{0<a\leqslant\frac{m}{6}}\frac{1}{a}+m\sum_{\frac{m}{6}<a<\frac{m}{2}}\frac{1}{a}.$$

由公式

$$\ln(1+x)=x-\frac{x^2}{2}+\frac{x^3}{3}-\cdots\quad(|x|<1),$$

即得

$$\ln\frac{2a+1}{2a-1}=\ln\left(1+\frac{1}{2a}\right)-\ln\left(1-\frac{1}{2a}\right)>\frac{1}{a}.\tag{2}$$

因此

$$\begin{aligned}T_m&<\frac{2}{3}m\sum_{0<a\leqslant\frac{m}{6}}\ln\frac{2a+1}{2a-1}+m\sum_{\frac{m}{6}<a<\frac{m}{2}}\ln\frac{2a+1}{2a-1}\\&=m\sum_{0<a<\frac{m}{2}}\ln\frac{2a+1}{2a-1}-\frac{m}{3}\sum_{0<a\leqslant\frac{m}{6}}\ln\frac{2a+1}{2a-1}\\&=m\ln m-\frac{m}{3}\ln\left(2\left[\frac{m}{6}\right]+1\right).\end{aligned}$$

当 m 是偶数时，同法可得

$$T_m=m\sum_{0<a\leqslant\frac{m}{2}}\frac{1}{ha}+m\sum_{0<a<\frac{m}{2}}\frac{1}{ha}$$

$$< \frac{m}{2}\ln(m^2-1)-\frac{m}{3}\ln\left(2\left[\frac{m}{6}\right]+1\right)$$

$$< m\ln m-\frac{m}{3}\ln\left(2\left[\frac{m}{6}\right]+1\right).$$

若 $12\leqslant m<60$,则 $2\left[\frac{m}{6}\right]+1\geqslant 5$,因而$\frac{m}{3}\ln\left(2\left[\frac{m}{6}\right]+1\right)>\frac{m}{2}$. 若 $m\geqslant 60$ 则$\frac{m}{3}\ln\left(2\left[\frac{m}{6}\right]+1\right)>m$. 故定理获证. **证完**

在这里,我们借助下面习题 1 的第 2 问对解析数论研究著名问题的常见步骤作一点介绍:第一步,用一种创造性的方法(如筛法)对问题的结果用某种算式表达出来;第二步,寻求新方法来证明新表达的要求. 这种解题步骤说起来很简单,但是要找到有效的方法通常需要充分的智慧,且非常艰苦. 例如下面习题 1 的第 2 问表述的费马问题所需要的结果是积分和为零,这可以看成是步骤一,但是却无法证明,因而是没有意义的. 很多数学家刻苦探求那些著名问题的解法的崇高精神值得我们景仰和学习.

习题

1. 应用定理 2 证明下列定理:若 $f(x_1,x_2,\cdots,x_n)$ 是一整值函数,则不定方程

$$f(x_1,x_2,\cdots,x_n)=N,\quad a_i\leqslant x_i\leqslant b_i$$

的整数解的个数为

$$\sum_{a_1\leqslant x_1\leqslant b_1}\ \sum_{a_2\leqslant x_2\leqslant b_2}\ \sum_{a_n\leqslant x_n\leqslant b_n}\int_0^1 e^{2\pi i(f(x_1,x_2,\cdots,x_n)-N)x}dx,$$

其中 $\sum\limits_{a_i\leqslant x_i\leqslant b_i}$ 表示展布在 a_i,b_i 间一切整数上的和式.

应用这件事实说明费马问题所需要的结果是什么.

2. 设 $f(x)$ 是一整系数多项式,a 是整数,m 是任一正整数,x,ξ 分别通过模 m 的完全剩余系及既约剩余系,

$$S_{a,m}=\sum_x e^{2\pi i\frac{af(x)}{m}},S'_{a,m}=\sum_\xi e^{2\pi i\frac{af(\xi)}{m}}.$$

证明:若 m_1,m_2 是两个互素的正整数,则

$$S_{a_1,m_1}\cdot S_{a_2,m_2}=S_{m_2a_1+m_1a_2,m_1m_2};$$

$$S'_{a_1,m_1}\cdot S'_{a_2,m_2}=S'_{m_2a_1+m_1a_2,m_1m_2}.$$

拓展阅读

第四章 同余式

在代数里面，一个主要的问题就是解代数方程. 本章所要讨论的正是与解代数方程相类似的问题：求同余式的解. 例如我们问当 x 与什么数同余时能使

$$x^5+x+1\equiv 0 \pmod 7$$

成立？这就是解同余式的问题. 由验算容易看出 $x\equiv 2 \pmod 7$ 是一解. 本章首先讨论所谓一次同余式、一次同余式组，进而讨论所谓高次同余式. 在本章还特别介绍中国古代数学家在这方面的卓越成就.

§1 基本概念及一次同余式

定义 1 若用 $f(x)$ 表示多项式 $a_nx^n+a_{n-1}x^{n-1}+\cdots+a_0$，其中 a_i 是整数；又设 m 是一个正整数，则

$$f(x)\equiv 0 \pmod m \tag{1}$$

叫做模 m 的**同余式**. 若 $a_n\not\equiv 0 \pmod m$，则 n 叫做(1)的**次数**.

由第三章 §1 定理 2，若 $f(a)\equiv 0 \pmod m$，则剩余类 K_a 中任何整数 a' 都能使 $f(a')\equiv 0 \pmod m$ 成立，因此有

定义 2 若 a 是使 $f(a)\equiv 0 \pmod m$ 成立的一个整数，则 $x\equiv a \pmod m$ 叫做(1)的**一解**. 这就是说今后我们把适合(1)式而对模 m 相互同余的一切数算作(1)的一个解.

定理 一次同余式

$$ax\equiv b \pmod m,\ a\not\equiv 0 \pmod m \tag{2}$$

有解的充分与必要条件是 $(a,m)\mid b$.

若(2)有解，则(2)的解数(对模 m 来说)是 $d=(a,m)$.

证 很容易看出(2)有解的充分必要条件是 $ax-my=b$ 有解. 从而由第二章 §1 定理 2 即知(2)有解的充分必要条件是 $(a,m)\mid b$.

设 $d=(a,m)$. 若(2)有解，则由第二章 §1 定理 1 知适合(2)式的一切整数可以表成

$$x=m_1t+x_0,\ m_1=\frac{m}{d},\ t=0,\ \pm 1,\ \pm 2,\ \cdots.$$

此式对模 m 来说，可以写成

$$x\equiv x_0+km_1 \pmod m,\ k=0,1,\cdots,d-1. \tag{3}$$

但 $x_0+km_1,k=0,1,\cdots,d-1$ 是对模 m 两两不同余的,故(2)有 d 个解,即(3). **证完**

由定理的证明可以看出,适合(2)式的整数也就是适合不定方程

$$ax-my=b \tag{4}$$

的解答中 x 的值,故同余式(2)可以用解不定方程(4)的方法去解.

习 题

1. 求下列各同余式的解:

(i) $256x\equiv179(\bmod 337)$; (ii) $1215x\equiv560(\bmod 2\,755)$;

(iii) $1\,296x\equiv1\,125(\bmod 1\,935)$.

2. 求联立同余式

$$x+4y-29\equiv0(\bmod 143),\ 2x-9y+84\equiv0(\bmod 143)$$

的解.

3. (i) 设 m 是正整数,$(a,m)=1$,证明

$$x\equiv ba^{\varphi(m)-1}(\bmod m)$$

是同余式 $ax\equiv b(\bmod m)$ 的解;

(ii) 设 p 是素数,$0<a<p$,证明

$$x\equiv b(-1)^{a-1}\frac{(p-1)\cdots(p-a+1)}{a!}(\bmod p)$$

是同余式 $ax\equiv b(\bmod p)$ 的解.

4. 设 m 是正整数,τ 是实数,$1\leqslant\tau\leqslant m$,$(a,m)=1$. 证明同余式

$$ax\equiv y(\bmod m),0\leqslant x\leqslant\tau,0<|y|<\frac{m}{\tau}$$

有解.

*5. (i) 设 m 是正整数,$f(x_1,x_2,\cdots,x_n)$ 是 n 个未知数 $x_1,x_2,\cdots,x_n$ 的整系数多项式. T 是同余式

$$f(x_1,x_2,\cdots,x_n)\equiv0(\bmod m)$$

的解数. 证明

$$T=\frac{1}{m}\sum_{a=0}^{m-1}\sum_{x_1=0}^{m-1}\cdots\sum_{x_n=0}^{m-1}\mathrm{e}^{2\pi\mathrm{i}\frac{af(x_1,x_2,\cdots,x_n)}{m}};$$

(ii) 应用(i)证明定理;

(iii) 设 m 是正整数,$d=(a_1,a_2,\cdots,a_n,m)$. 证明同余式

$$a_1x_1+a_2x_2+\cdots+a_nx_n\equiv b\ (\bmod m)$$

的解数为

$$T=\begin{cases}m^{n-1}d, & d\mid b,\\ 0, & d\nmid b.\end{cases}$$

§2 孙 子 定 理

上节讨论了含一个未知数的同余式的解法,本节要讨论如何解下面重要的同余式组

$$x \equiv b_1 (\bmod m_1),\ x \equiv b_2 (\bmod m_2),\ \cdots,\ x \equiv b_k (\bmod m_k). \tag{1}$$

在我国古代的《孙子算经》(纪元前后)里已经提出了这种形式的问题,并且很好地解决了它.《孙子算经》里所提出的问题之一如下:

"今有物不知其数,三三数之剩二,五五数之剩三,七七数之剩二,问物几何?""答曰二十三".

设 x 是所求物数,则依题意

$$x \equiv 2 (\bmod 3),\ x \equiv 3 (\bmod 5),\ x \equiv 2 (\bmod 7).$$

《孙子算经》里面所用的方法可以列表如下:

除数	余数	最小公倍数	衍数	乘率	各 总	答 数	最小答数
3	2	$3\times5\times7=105$	5×7	2	$35\times2\times2$	$140+63+30=233$	$233-2\times105=23$
5	3		7×3	1	$21\times1\times3$		
7	2		3×5	1	$15\times1\times2$		

把这个结果加以推广就成为

定理 1(孙子定理) 设 $m_1, m_2, \cdots, m_k$ 是 k 个两两互素的正整数,$m = m_1 m_2 \cdots m_k$,$m = m_i M_i$,$i = 1, 2, \cdots, k$,则同余式组(1)的解是

$$x \equiv M_1' M_1 b_1 + M_2' M_2 b_2 + \cdots + M_k' M_k b_k (\bmod m), \tag{2}$$

其中 $M_i' M_i \equiv 1 (\bmod m_i)$,$i = 1, 2, \cdots, k$.

证 由 $(m_i, m_j) = 1$,$i \neq j$,即得 $(M_i, m_i) = 1$,故由 §1 定理即知对每一 M_i,存在一 M_i',使得

$$M_i' M_i \equiv 1 (\bmod m_i).$$

另一方面 $m = m_i M_i$,因此 $m_j \mid M_i$,$i \neq j$,故

$$\sum_{j=1}^{k} M_j' M_j b_j \equiv M_i' M_i b_i \equiv b_i (\bmod m_i)$$

即为(1)的解.

若 x_1, x_2 是适合(1)式的任意两个整数,则

$$x_1 \equiv x_2 (\bmod m_i),\quad i = 1, 2, \cdots, k,$$

因 $(m_i, m_j) = 1$,于是 $x_1 \equiv x_2 (\bmod m)$,故适合(1)的整数都属于模 m 的同一剩余类,因而(1)的解只有(2).

证完

这个定理还提供了解(1)式($(m_i, m_j) = 1$, $i \neq j$ 的情形)的方法,现在我们也把它列表如下:

除数	余数	最小公倍数	衍数	乘率	各 总	答 数
m_1	b_1	$m = m_1 m_2 \cdots m_k$	M_1	M_1'	$M_1 M_1' b_1$	$x \equiv \sum_{i=1}^{k} M_i M_i' b_i (\bmod m)$
m_2	b_2		M_2	M_2'	$M_2 M_2' b_2$	
$\vdots$	$\vdots$		$\vdots$	$\vdots$	$\vdots$	
m_k	b_k		M_k	M_k'	$M_k M_k' b_k$	

从表中可以看出这个方法是与孙子的算法完全一样的，因此我们完全可以说这个定理是孙子发明的，在国外文献中被称为中国剩余定理. 由上表还可以看出解(1)式最困难之点是求乘率 M_i'，也就是要解同余式

$$xM_i \equiv 1 \pmod{m_i}.$$

我国宋代的大数学家秦九韶在他的杰作《数书九章》(1247 年)中提出了上述同余式的一般解法，他的解法和本书中的解法是一样的. 秦九韶把它叫做“大衍求一术”(参看李俨著《中算史论丛》，第一集中的大衍求一术的过去和未来).

孙子定理在数论中是一个很重要的定理，读者应该仔细地体会. 为了下一节的应用，我们再证明

定理 2 若 $b_1, b_2, \cdots, b_k$ 分别过模 $m_1, m_2, \cdots, m_k$ 的完全剩余系，则(2)过模 $m = m_1 m_2 \cdots m_k$ 的完全剩余系.

证 令 $x_0 = \sum_{i=1}^{k} M_i' M_i b_i$，则 x_0 过 $m_1 m_2 \cdots m_k$ 个数. 这 m 个数是两两不同余的. 这是因为若

$$\sum_{i=1}^{k} M_i' M_i b_i' \equiv \sum_{i=1}^{k} M_i' M_i b_i'' \pmod{m}$$

则

$$M_i' M_i b_i' \equiv M_i' M_i b_i'' \pmod{m_i}, \quad i = 1, 2, \cdots, k,$$

即 $b_i' \equiv b_i'' \pmod{m_i}$，$i = 1, 2, \cdots, k$. 但 b_i'，b_i'' 是模 m_i 的同一完全剩余系中的二数，故 $b_i' = b_i''$，$i = 1, 2, \cdots, k$. 由第三章 §2 定理 1 的推论即得定理的结论. **证完**

例 1 解同余式组

$$x \equiv b_1 \pmod{5},\ x \equiv b_2 \pmod{6},\ x \equiv b_3 \pmod{7},\ x \equiv b_4 \pmod{11}.$$

解 此时 $m = 5 \times 6 \times 7 \times 11 = 2\ 310$，$M_1 = 6 \times 7 \times 11 = 462$，$M_2 = 5 \times 7 \times 11 = 385$，$M_3 = 5 \times 6 \times 11 = 330$，$M_4 = 5 \times 6 \times 7 = 210$. 解

$$M_i' M_i \equiv 1 \pmod{m_i}, \quad i = 1, 2, 3, 4$$

得 $M_1' = 3$，$M_2' = 1$，$M_3' = 1$，$M_4' = 1$. 故

$$x \equiv 3 \times 462 b_1 + 385 b_2 + 330 b_3 + 210 b_4 \pmod{2\ 310}$$

即为所求.

例 2 韩信点兵：有兵一队，若列成五行纵队，则末行一人；成六行纵队，则末行五人；成七行纵队，则末行四人；成十一行纵队，则末行十人，求兵数.

解 此时 $b_1 = 1$，$b_2 = 5$，$b_3 = 4$，$b_4 = 10$，故由例 1 即得

$$\begin{aligned} x &\equiv 3 \times 462 + 385 \times 5 + 330 \times 4 + 210 \times 10 \\ &\equiv 6\ 731 \equiv 2\ 111 \pmod{2\ 310}. \end{aligned}$$

习 题

1. 试解下列各题：

(i) 十一数余三，七二数余二，十三数余一，问本数；

(ii) 二数余一，五数余二，七数余三，九数余四，问本数.

(杨辉《续古摘奇算法》(1275 年))

2. (i) 设 m_1, m_2, m_3 是三个正整数，证明：$[(m_1, m_3), (m_2, m_3)] = ([m_1, m_2], m_3)$；

(ii) 设 $d = (m_1, m_2)$，证明：同余式组

$$x \equiv b_1 \pmod{m_1}, \quad x \equiv b_2 \pmod{m_2} \tag{3}$$

有解的充分必要条件是 $d \mid b_1 - b_2$.

在有解的情况下，适合(3)的一切整数可由下式求出：

$$x \equiv x_{1,2} \pmod{[m_1, m_2]},$$

其中 $x_{1,2}$ 是适合(3)的一个整数；

(iii) 应用(i)，(ii)证明同余式组

$$x \equiv b_i \pmod{m_i}, \quad i = 1, 2, \cdots, k \tag{4}$$

有解的充分必要条件是 $(m_i, m_j) \mid (b_i - b_j)$，$i, j = 1, 2, \cdots, k$，并且在有解的情况下，适合(4)的一切整数可由下式求出：

$$x \equiv x_{1,2,\cdots,k} \pmod{[m_1, m_2, \cdots, m_k]}$$

其中 $x_{1,2,\cdots,k}$ 是适合(4)的一个整数.

*3. (i) 设 $m_1, m_2, \cdots, m_k$ 是 k 个正整数，$m_i'(i = 1, 2, \cdots, k)$ 是 m_i 的标准分解式中满足下列要求的素数幂的乘积，即这些素数幂是在 $m_1, m_2, \cdots, m_k$ 的标准分解式中出现的最高次幂，证明：在(4)式有解的情况下，(4)式与同余式组

$$x \equiv b_i \pmod{m_i'}, \quad i = 1, 2, \cdots, k \tag{5}$$

等价，由此结论说明(4)式的解法；

(ii) 应用(i)求下列问题的解：今有数不知总，以五累减之无剩，以七百十五累减之剩十，以二百四十七累减之剩一百四十，以三百九十一累减之剩二百四十五，以一百八十七累减之剩一百零九，问总数若干？(黄宗宪《求一术通解》(1874 年)答数 10 020)

§3　高次同余式的解数及解法

本节应用以前的结果，初步地讨论一下高次同余式的解数及解法. 我们的方法是先把合数模的同余式化成素数幂模的同余式，然后讨论素数幂模的同余式的解法.

定理 1　若 $m_1, m_2, \cdots, m_k$ 是 k 个两两互素的正整数，$m = m_1 m_2 \cdots m_k$，则同余式

$$f(x) \equiv 0 \pmod{m} \tag{1}$$

与同余式组

$$f(x) \equiv 0 \pmod{m_i}, i = 1, 2, \cdots, k \tag{2}$$

等价(即任一适合(1)的整数适合(2)，反之任一适合(2)的整数也适合(1)). 并且若用 T_i 表示 $f(x) \equiv 0 \pmod{m_i}$，$i = 1, 2, \cdots, k$，对模 m_i 的解数，T 表示(1)对模 m 的解数，则

$$T = T_1 T_2 \cdots T_k. \tag{3}$$

证　(i) 我们先证(1)，(2)等价. 设 x_0 是适合(1)的整数，则

$$f(x_0) \equiv 0 \pmod{m}.$$

由 $m = m_1 m_2 \cdots m_k$ 及第三章 §1 性质壬即得

$$f(x_0) \equiv 0 \pmod{m_i}, \ i = 1, 2, \cdots, k.$$

反之，若 x_0 适合(2)，则

$$f(x_0)\equiv 0\pmod{m_i},\ i=1,2,\cdots,k.$$

由 $(m_i,m_j)=1\ (i\neq j)$ 及第三章§1 性质辛即得

$$f(x_0)\equiv 0\pmod{m_1m_2\cdots m_k},$$

故(1)，(2)等价.

（ii）设 $f(x)\equiv 0\pmod{m_i}$ 的 T_i 个不同解是

$$x\equiv b_{it_i}\pmod{m_i},\ t_i=1,2,\cdots,T_i,$$

则(2)的解即下列诸同余式组的解：

$$x\equiv b_{1t_1}\pmod{m_1},x\equiv b_{2t_2}\pmod{m_2},\cdots,x\equiv b_{kt_k}\pmod{m_k},\tag{4}$$

其中 $t_i=1,2,\cdots,T_i,i=1,2,\cdots,k$. 由(i)知(1)的解与(4)的解相同. 但由孙子定理知(4)中每一同余式组对模 m 恰有一解，故(4)有对模 m 的 $T_1T_2\cdots T_k$ 个解. 又由§2 定理 2 知此 $T_1T_2\cdots T_k$ 个解对模 m 两两不同余. 故(1)对模 m 的解数是

$$T=T_1T_2\cdots T_k.$$

证完

例 1　解同余式

$$f(x)\equiv 0\pmod{35},\ f(x)=x^4+2x^3+8x+9.\tag{5}$$

解　由定理 1 知(5)与同余式组

$$f(x)\equiv 0\pmod 5,\ f(x)\equiv 0\pmod 7$$

等价，容易验证第一个同余式有两个解，即

$$x\equiv 1,4\pmod 5,$$

而第二个同余式有三个解，即

$$x\equiv 3,5,6\pmod 7.$$

故同余式(5)有 $2\cdot 3=6$ 个解. 即诸同余式组

$$x\equiv b_1\pmod 5,\ x\equiv b_2\pmod 7,\ b_1=1,4,\ b_2=3,5,6$$

的解. 由孙子定理得

$$x\equiv 21b_1+15b_2\pmod{35}.$$

以 b_1,b_2 的值分别代入即得(5)的全部解：

$$x\equiv 31,26,6,24,19,34\pmod{35}.$$

我们已经知道任一正整数 m 可以写成标准分解式，即

$$m=p_1^{\alpha_1}p_2^{\alpha_2}\cdots p_k^{\alpha_k}.$$

由定理 1 知欲解同余式 $f(x)\equiv 0\pmod m$，只要解同余式组

$$f(x)\equiv 0\pmod{p_i^{\alpha_i}},\quad i=1,2,\cdots,k.$$

因此下面就来讨论

$$f(x)\equiv 0\pmod{p^{\alpha}},\quad p\ 为素数\tag{6}$$

的解法. 但是由第三章§1 性质壬很容易知道适合(6)的每一个整数都适合同余式

$$f(x)\equiv 0\pmod p.\tag{7}$$

因此欲求(6)式的解，可以从(7)式的解出发. 我们来证明

定理 2 设

$$x \equiv x_1 \pmod{p}$$

即 $$x = x_1 + pt_1, \quad t_1 = 0, \pm 1, \pm 2, \cdots \tag{8}$$

是(7)的一解并且 $p \nmid f'(x_1)$ ($f'(x)$ 是 $f(x)$ 的导函数),则(8)刚好给出(6)的一解(对模 p^α 来说):

$$x = x_\alpha + p^\alpha t_\alpha, \quad t_\alpha = 0, \quad \pm 1, \pm 2, \cdots,$$

即 $x \equiv x_\alpha \pmod{p^\alpha}$,其中 $x_\alpha \equiv x_1 \pmod{p}$.

证 我们用数学归纳法来证明:

(i) 要求同余式 $f(x) \equiv 0 \pmod{p^2}$ 由(8)所给出的解,即要求满足 $f(x_1 + pt_1) \equiv 0 \pmod{p^2}$ 的 t_1. 应用泰勒(Taylor)公式将此式左端展开即得

$$f(x_1) + pt_1 f'(x_1) \equiv 0 \pmod{p^2}.$$

但 $f(x_1) \equiv 0 \pmod{p}$,故得

$$t_1 f'(x_1) \equiv -\frac{f(x_1)}{p} \pmod{p}.$$

由于 $p \nmid f'(x_1)$,故对模 p 来说恰有一解

$$t_1 \equiv t_1' \pmod{p}, \quad 即\ t_1 = t_1' + pt_2.$$

代入(8)即得

$$x = x_1 + p(t_1' + pt_2) = x_2 + p^2 t_2,$$

其中 $x_2 = x_1 + pt_1'$. 显然 $x_2 \equiv x_1 \pmod{p}$,且满足 $f(x) \equiv 0 \pmod{p^2}$. 故 $x \equiv x_2 \pmod{p^2}$ 是 $f(x) \equiv 0 \pmod{p^2}$ 的一解,且系由(8)给出的唯一解.

(ii) 假定定理对 $\alpha - 1$ 的情形成立,即(8)刚好给出

$$f(x) \equiv 0 \pmod{p^{\alpha-1}}$$

的一个解:$x = x_{\alpha-1} + p^{\alpha-1} t_{\alpha-1}, t_{\alpha-1} = 0, \pm 1, \pm 2, \cdots, x_{\alpha-1} \equiv x_1 \pmod{p}$. 把它代入(6),并将左端应用泰勒公式展开即得

$$f(x_{\alpha-1}) + p^{\alpha-1} t_{\alpha-1} f'(x_{\alpha-1}) \equiv 0 \pmod{p^\alpha}.$$

但 $f(x_{\alpha-1}) \equiv 0 \pmod{p^{\alpha-1}}$,因此

$$t_{\alpha-1} \cdot f'(x_{\alpha-1}) \equiv -\frac{f(x_{\alpha-1})}{p^{\alpha-1}} \pmod{p},$$

由 $x_{\alpha-1} \equiv x_1 \pmod{p}$ 即得 $f'(x_{\alpha-1}) \equiv f'(x_1) \pmod{p}$,但 $p \nmid f'(x_1)$,于是 $p \nmid f'(x_{\alpha-1})$,故上式恰有一解

$$t_{\alpha-1} = t_{\alpha-1}' + pt_\alpha, \ t_\alpha = 0, \pm 1, \pm 2, \cdots.$$

因此刚好给出(6)式的一解

$$x = x_{\alpha-1} + p^{\alpha-1}(t_{\alpha-1}' + pt_\alpha) = x_\alpha + p^\alpha t_\alpha,$$

其中 $x_\alpha = x_{\alpha-1} + p^{\alpha-1} t_{\alpha-1}' \equiv x_1 \pmod{p}$. 故定理对 α 的情形同样成立,由归纳法,定理获证. **证完**

定理 2 的证法同时提供了一个由(7)的解求(6)的解的方法,我们举一例来说明.

例 2 解同余式

$$f(x) \equiv 0 \pmod{27}, \quad f(x) = x^4 + 7x + 4.$$

解 $f(x)\equiv 0(\bmod 3)$有一解 $x\equiv 1(\bmod 3)$，并且$f'(1)\not\equiv 0(\bmod 3)$. 以 $x=1+3t_1$ 代入$f(x)\equiv 0(\bmod 9)$得

$$f(1)+3t_1f'(1)\equiv 0(\bmod 9).$$

但$f(1)\equiv 3(\bmod 9)$，$f'(1)\equiv 2(\bmod 9)$，故

$$3+3t_1\cdot 2\equiv 0(\bmod 9)，即\ 2t_1+1\equiv 0(\bmod 3).$$

因此 $t_1=1+3t_2$，而

$$x=1+3(1+3t_2)=4+9t_2$$

是$f(x)\equiv 0(\bmod 9)$的一解. 以 $x=4+9t_2$ 代入$f(x)\equiv 0(\bmod 27)$，即得

$$f(4)+9t_2f'(4)\equiv 0(\bmod 27)，18+9t_2\cdot 20\equiv 0(\bmod 27),$$

即 $2t_2+2\equiv 0(\bmod 3)$，$t_2=2+3t_3$. 故

$$x=4+9(2+3t_3)=22+27t_3$$

为所求的解.

习 题

1. 解同余式

$$6x^3+27x^2+17x+20\equiv 0(\bmod 30).$$

2. 解同余式

$$31x^4+57x^3+96x+191\equiv 0(\bmod 225).$$

*3. 应用第三章§5 习题2，及第四章§1 习题5 证明(3)式.

*4. 证明 $5x^2+11y^2\equiv 1(\bmod m)$对任何正整数 m 都有解.

§4 素数模的同余式

在上一节中，我们把解高次同余式的问题归结到了素数模的高次同余式，但是我们还没有一般的方法去解素数模的同余式. 本节只就素数模同余式的次数与解数的关系作一初步的讨论. 首先我们考虑素数模 p 的同余式

$$f(x)\equiv 0(\bmod p)，f(x)=a_nx^n+a_{n-1}x^{n-1}+\cdots+a_0, \qquad (1)$$

其中 p 是素数，而 $a_n\not\equiv 0(\bmod p)$.

定理 1 同余式(1)与一个次数不超过 $p-1$ 的素数模 p 的同余式等价.

证 由多项式的带余式除法知有二整系数多项式 $q(x)$及$r(x)$使

$$f(x)=(x^p-x)q(x)+r(x)$$

且 $r(x)$的次数不超过 $p-1$. 由费马定理知，对任何整数 x 来说$x^p-x\equiv 0(\bmod p)$. 故对任何整数 x 来说

$$f(x)\equiv r(x)(\bmod p).$$

因此(1)与 $r(x)\equiv 0(\bmod p)$等价. **证完**

定理 2 设 $k\leqslant n$，而 $x\equiv\alpha_i(\bmod p)\quad(i=1,2,\cdots,k)$是(1)的 k 个不同解，则对任何

整数 x 来说，

$$f(x)\equiv(x-\alpha_1)(x-\alpha_2)\cdots(x-\alpha_k)f_k(x)\pmod{p},\tag{2}$$

其中 $f_k(x)$ 是首项系数为 a_n 的 $n-k$ 次多项式.

证　由多项式带余除法得

$$f(x)=(x-\alpha_1)f_1(x)+r,$$

其中 $f_1(x)$ 是首项系数为 a_n 的 $n-1$ 次多项式，而 r 是一常数. 由假设，$f(\alpha_1)\equiv0\pmod{p}$. 故 $r\equiv0\pmod{p}$. 因此对任何整数 x 都有

$$f(x)\equiv(x-\alpha_1)f_1(x)\pmod{p}.$$

令 $x=\alpha_i(i=2,\cdots,k)$ 得

$$0\equiv f(\alpha_i)\equiv(\alpha_i-\alpha_1)f_1(\alpha_i)\pmod{p}.$$

但 $\alpha_i\not\equiv\alpha_1\pmod{p}\ (i=2,\cdots,k)$，而 p 是素数，故

$$f_1(\alpha_i)\equiv0\pmod{p}\ (i=2,\cdots,k).$$

由此，显然可以用归纳法证明我们的定理.　**证完**

由定理 2 立刻得出下面两个定理.

定理 3　(i) 对任何整数 x 来说，

$$x^{p-1}-1\equiv(x-1)(x-2)\cdots(x-(p-1))\pmod{p};$$

(ii)（威尔逊(Wilson)定理）$(p-1)!+1\equiv0\pmod{p}$.

证明留给读者.

定理 4　同余式(1)的解数不超过它的次数.

证　我们用反证法. 设(1)的解数超过 n 个，则(1)至少有 $n+1$ 个解，设为

$$x\equiv\alpha_i\pmod{p},\quad i=1,2,\cdots,n,n+1.$$

由定理 2 得

$$f(x)\equiv a_n(x-\alpha_1)(x-\alpha_2)\cdots(x-\alpha_n)\pmod{p}.$$

由于 $f(\alpha_{n+1})\equiv0\pmod{p}$，

$$a_n(\alpha_{n+1}-\alpha_1)(\alpha_{n+1}-\alpha_2)\cdots(\alpha_{n+1}-\alpha_n)\equiv0\pmod{p}.$$

但 p 为素数，$a_n\not\equiv0\pmod{p}$，故有一 α_i 使得 $\alpha_{n+1}-\alpha_i\equiv0\pmod{p}$，这与假设矛盾.　**证完**

下面我们进一步研究一下同余式(1)的解数与次数相等的情况. 因 $a_n\not\equiv0\pmod{p}$，故由 §1 定理知存在一个整数 a_n' 使得 $a_n'a_n\equiv1\pmod{p}$. 容易证明(1)与同余式

$$x^n+(a_n'a_{n-1})x^{n-1}+\cdots+(a_n'a_0)\equiv0\pmod{p}$$

等价. 现在我们来证明

定理 5　若 $n\leqslant p$，则同余式

$$f(x)\equiv0\pmod{p},\ f(x)=x^n+a_{n-1}x^{n-1}+\cdots+a_0\tag{3}$$

有 n 个解的充分与必要条件是以 $f(x)$ 除 x^p-x 所得余式的一切系数都是 p 的倍数.

证　因为 $f(x)$ 的首项系数是 1，故由带余除法知有二整系数多项式 $q(x)$ 及 $r(x)$ 使

$$x^p-x=f(x)q(x)+r(x),\tag{4}$$

且 $r(x)$ 的次数 $<n$，$q(x)$ 的次数是 $p-n$. 若(3)有 n 个解，则由费马定理知这 n 个解都是 $x^p-x\equiv0\pmod{p}$ 的解. 由(4)即知这 n 个解也是 $r(x)\equiv0\pmod{p}$ 的解. 但 $r(x)$ 的次数小于 n，故由定理 4 知 $r(x)$ 的系数都是 p 的倍数. 反之，若 $r(x)$ 的系数都被 p 整除，

则由(4)及费马定理知道,对任何整数 x 来说,都有

$$f(x)q(x)\equiv 0(\bmod p). \tag{5}$$

这就是说,(5)有 p 个不同的解($x\equiv 0,1,\cdots,p-1(\bmod p)$). 今假设 $f(x)\equiv 0(\bmod p)$ 的解数 $k<n$. 另一方面,由定理 4 知,$q(x)\equiv 0(\bmod p)$ 的解数 $h\leqslant p-n$. 于是(5)的解数 $\leqslant k+h<p$,这与上面所得到的结论矛盾. 故定理获证.

证完

习 题

1. 设 $n\mid p-1,n>1,(a,p)=1$,证明同余式

$$x^n\equiv a(\bmod p)$$

有解的充分必要条件是 $a^{\frac{p-1}{n}}\equiv 1(\bmod p)$,并且在有解的情况下就有 n 个解.

2. 设 n 是正整数,$(a,m)=1$,并且已知同余式 $x^n\equiv a(\bmod m)$ 有一解 $x\equiv x_0(\bmod m)$. 证明这个同余式的一切解可以表成

$$x\equiv yx_0(\bmod m),$$

其中 y 是同余式 $y^n\equiv 1(\bmod m)$ 的解.

*3. 设 n 是正整数,$(n,p-1)=k$,证明 $x^n\equiv 1(\bmod p)$ 有 k 个解.

*4. (i) 应用定理 3(i)及定理 5 证明 $(x-1)(x-2)\cdots(x-p+1)$ 的展开式中除首项系数及常数项外都能被 p 整除;

(ii) 证明当 $p>3$ 时 $(p-1)!\left(1+\frac{1}{2}+\cdots+\frac{1}{p-1}\right)$ 能被 p^2 整除.

拓展阅读

第五章
二次同余式与平方剩余

本章的目的是较深入地讨论二次同余式. 我们讨论的步骤大致如下:首先把问题归结到讨论形式如

$$x^2 \equiv a(\bmod m)$$

的同余式,从而引入平方剩余与平方非剩余的概念. 再应用数论中常用的函数(勒让德符号及雅可比(Jacobi)符号)去讨论 m 是奇素数的情形,进而讨论一般的情形. 最后我们还应用本章结果解决两个不定方程的问题,并介绍一下与它们有关的、著名的华林问题.

§1　一般二次同余式

二次同余式的一般形状是

$$ax^2+bx+c \equiv 0(\bmod m),\quad a \not\equiv 0(\bmod m). \tag{1}$$

一个二次同余式可能没有解,如 $x^2-3\equiv 0(\bmod 7)$ 就没有解,因此首先要讨论(1)在什么时候有解.

设 m 的标准分解式是 $m=p_1^{\alpha_1}p_2^{\alpha_2}\cdots p_k^{\alpha_k}$,则由第四章 §3 定理 1,(1)有解的充分与必要条件是下列每一个同余式有解:

$$ax^2+bx+c \equiv 0(\bmod p_i^{\alpha_i}),\quad i=1,2,\cdots,k.$$

因此我们转而讨论以素数幂为模的同余式,

$$f(x) \equiv 0(\bmod p^{\alpha}),f(x)=ax^2+bx+c. \tag{2}$$

若 $p^{\alpha} \mid (a,b,c)$,则任一整数都满足(2),即(2)有解. 若 $p^r \parallel (a,b,c)$①,$r<\alpha$,则可以 p^r 遍除 a,b,c 及模 p^{α} 而得一个形如(2)式的同余式,但 $p\nmid(a,b,c)$. 故在(2)中可假定 $p\nmid(a,b,c)$.

(i) 若 $p\mid a,p\mid b$,则 $p\nmid c$,因而同余式

$$f(x) \equiv 0(\bmod p)$$

没有解. 故由第四章 §3 的讨论,(2)没有解.

(ii) 若 $p\mid a,p\nmid b$,则 $f'(x)=2ax+b\equiv 0(\bmod p)$ 无解. 因此根据第四章 §3 定理 2,(2)有解的充分必要的条件是

① 我们用 $p^r \parallel k$ 表示 $p^r \mid k$ 且 $p^{r+1}\nmid k$,并读作 p^r **恰整除** k.

$$ax^2+bx+c\equiv 0\pmod{p}$$

有解. 因为上面的同余式实际就是 $bx+c\equiv 0\pmod{p}$ 而 $(p,b)=1$, 故一定有解, 因此(2)也有解.

(iii) 若 $p\nmid a, p>2$, 则 $(p^\alpha,4a)=1$. 用 $4a$ 乘(2)后再配方, 即得

$$(2ax+b)^2-A\equiv 0\pmod{p^\alpha},\quad A=b^2-4ac. \tag{3}$$

易证(3)与(2)等价. 用 y 代 $2ax+b$ 得

$$y^2-A\equiv 0\pmod{p^\alpha}. \tag{4}$$

我们现在证明:(2)有解的充分必要条件是(4)有解. 由以上讨论, 显然条件是必要的, 所以只须证明条件的充分性. 设(4)有一解 $y=y_0$. 因 $(2a,p^\alpha)=1$, 故

$$2ax+b\equiv y_0\pmod{p^\alpha}$$

有解. 因此(3)有解, 故(2)有解. 这就证明了条件的充分性.

(iv) 至于 $p=2, 2\nmid a$ 的情形的讨论如下: 若 $2\nmid b$, 则 $f'(x)=2ax+b\equiv 0\pmod{2}$ 无解, 与(ii)的讨论一样, 即知(2)有解的充分与必要条件是

$$ax^2+bx+c\equiv 0\pmod{2}$$

有解. 但对任何 x 来说, 由欧拉定理 $x^2\equiv x\pmod{2}$. 故上式与同余式

$$(a+b)x+c\equiv 0\pmod{2}$$

等价. 但 $2\mid(a+b)$, 故(2)式有解的充分必要条件是 $2\mid c$, 若 $2\mid b$, 则可设 $b=2b_1$. 此时由于 $(2^\alpha,a)=1$, 故同余式(2)与同余式

$$(ax)^2+2b_1(ax)+ac\equiv 0\pmod{2^\alpha}$$

等价, 亦即与同余式

$$(ax+b_1)^2-A\equiv 0\pmod{2^\alpha},\quad A=b_1^2-ac \tag{5}$$

等价. 仿(iii)可以证明(5)有解的充分必要条件是

$$y^2-A\equiv 0\pmod{2^\alpha}$$

有解.

总结起来, 判断一般二次同余式有解与否的问题, 一定可以化成判断形如(4)的同余式有解与否的问题, 现在就转而讨论(4). 若 $p^\alpha\mid A$, 则不难求出(4)的一切解. 若 $p^\alpha\nmid A$, 则设 $p^\beta\parallel A$, 而 $A=p^\beta A_1$, $\alpha>\beta\geqslant 0$. 若 $\beta\geqslant 1$, 则必得 $p\mid y$. 设 $p^r\parallel y$, $y=p^rt$, 代入(4)得

$$p^{2r}t^2-p^\beta A_1\equiv 0\pmod{p^\alpha},\quad p\nmid t, p\nmid A_1, \tag{6}$$

由(6)得 $(p^{2r}t^2,p^\alpha)=(p^\beta A_1,p^\alpha)=p^\beta$, 再由第一章 §4 推论 4 得 $\beta=\min(2r,\alpha)$, 故

$$2r=\beta.$$

这说明只有当 β 是偶数时, 才可能有解, 至于当 β 是偶数时, (6)究竟有没有解还要看

$$t^2-A_1\equiv 0\pmod{p^{\alpha-\beta}},\quad (A_1,p^{\alpha-\beta})=1$$

有没有解而定.

由以上讨论我们看到最后的问题就是讨论二次同余式

$$x^2\equiv a\pmod{p^\alpha},\quad (a,p^\alpha)=1$$

有解与否的问题. 或者更一般些, 就是讨论二次同余式

$$x^2\equiv a\pmod{m},\quad (a,m)=1 \tag{7}$$

是否有解, 因此我们引进下面的定义.

定义　若同余式(7)有解,则 a 叫做模 m 的**平方剩余**,若同余式(7)无解,则 a 叫做模 m 的**平方非剩余**.

为了以后叙述方便起见,在本章中用 p 表示大于 2 的素数.

习　题

1. 在(4)式中,若 $p^{\alpha} \mid A$,试求出(4)的一切解来.
2. 证明:同余式

$$ax^2+bx+c\equiv 0(\bmod m),\quad (2a,m)=1$$

有解的充分必要条件是

$$x^2\equiv q(\bmod m),\quad q=b^2-4ac$$

有解,并且前一同余式的一切解可由后一同余式的解导出.

§2　奇素数的平方剩余与平方非剩余

在这一节里我们只讨论奇素数 p 的平方剩余与平方非剩余,即讨论形如

$$x^2\equiv a(\bmod p),\quad (a,p)=1 \tag{1}$$

的同余式的解. 我们证明

定理 1(欧拉判别条件)　若 $(a,p)=1$,则 a 是模 p 的平方剩余的充分与必要条件是

$$a^{\frac{p-1}{2}}\equiv 1(\bmod p); \tag{2}$$

而 a 是模 p 的平方非剩余的充分必要条件是

$$a^{\frac{p-1}{2}}\equiv -1(\bmod p), \tag{3}$$

且若 a 是模 p 的平方剩余,则(1)式恰有二解.

证　(i) 因为 x^2-a 能整除 $x^{p-1}-a^{\frac{p-1}{2}}$,即有一整系数多项式 $q(x)$ 使 $x^{p-1}-a^{\frac{p-1}{2}}=(x^2-a)q(x)$,故

$$x^p-x=x(x^{p-1}-a^{\frac{p-1}{2}})+(a^{\frac{p-1}{2}}-1)x=(x^2-a)xq(x)+(a^{\frac{p-1}{2}}-1)x.$$

若 a 是平方剩余,则(2)成立. 因而由第四章 §4 定理 5 即知 $x^2\equiv a(\bmod p)$ 有二解. 反之若(2)成立,则由同一定理知 a 是平方剩余.

(ii) 由费马定理知,若 $(a,p)=1$,则

$$a^{p-1}\equiv 1(\bmod p).$$

因此

$$(a^{\frac{p-1}{2}}+1)(a^{\frac{p-1}{2}}-1)\equiv 0(\bmod p).$$

由于 p 是奇素数,故(2),(3)两式有一且仅有一成立. 但由(i)知 a 是平方非剩余的充分必要条件是

$$a^{\frac{p-1}{2}} \not\equiv 1(\bmod p).$$

故 a 是平方非剩余的充分必要条件是(3)式成立. **证完**

定理 2 模 p 的既约剩余系中平方剩余与平方非剩余的个数各为$\frac{p-1}{2}$,而且$\frac{p-1}{2}$个平方剩余分别与序列

$$1^2,2^2,\cdots,\left(\frac{p-1}{2}\right)^2 \tag{4}$$

中之一数同余,且仅与一数同余.

证 由定理 1 知平方剩余的个数等于同余式

$$x^{\frac{p-1}{2}} \equiv 1(\bmod p)$$

的解数. 但$(x^{\frac{p-1}{2}}-1) \mid (x^p-x)$,故由第四章 §4 定理 5 知,平方剩余的个数是$\frac{p-1}{2}$,而平方非剩余的个数是$(p-1)-\frac{p-1}{2}=\frac{p-1}{2}$.

今证明定理的第二部分:显然(4)中的数都是平方剩余,且互不同余,因若 $k^2 \equiv l^2(\bmod p)$,$1 \leqslant k < l \leqslant \frac{p-1}{2}$,则 $x^2 \equiv l^2(\bmod p)$ 有四解 $x \equiv \pm k(\bmod p)$,或 $x \equiv \pm l(\bmod p)$,这与定理 1 矛盾. 再由定理的前一部分即知第二部分成立. **证完**

习题

1. 求出模 37 的平方剩余与平方非剩余.
2. (i) 应用前几章的结果证明:模 p 的既约剩余系中一定有平方剩余及平方非剩余存在;
(ii) 证明两个平方剩余的乘积是平方剩余;平方剩余与平方非剩余的乘积是平方非剩余;
(iii) 应用(i),(ii)证明:模 p 的既约剩余系中平方剩余与平方非剩余的个数各为$\frac{p-1}{2}$.
3. 证明:同余式

$$x^2 \equiv a(\bmod p^\alpha),\quad (a,p)=1$$

的解是 $x \equiv \pm PQ'(\bmod p^\alpha)$,其中

$$P=\frac{(z+\sqrt{a})^\alpha+(z-\sqrt{a})^\alpha}{2},\quad Q=\frac{(z+\sqrt{a})^\alpha-(z-\sqrt{a})^\alpha}{2\sqrt{a}},$$

$$z^2 \equiv a(\bmod p),\quad QQ' \equiv 1(\bmod p^\alpha).$$

4. 证明同余式 $x^2+1 \equiv 0(\bmod p)$,$p=4m+1$ 的解是

$$x \equiv \pm 1 \cdot 2 \cdot \cdots \cdot (2m)(\bmod p).$$

§3 勒让德符号

上一节虽然得出平方剩余与平方非剩余的欧拉判别条件,但是这个判别条件当 p

比较大的时候，很难实际运用，本节在引入勒让德符号以后，要给出一个比较便于实际计算的判别方法.

定义　勒让德符号 $\left(\frac{a}{p}\right)$（读作 a 对 p 的勒让德符号）是一个对于给定的奇素数 p 定义在一切整数 a 上的函数，它的值规定如下：

$$\left(\frac{a}{p}\right)=\begin{cases}1, & a\text{ 是模 }p\text{ 的平方剩余},\\ -1, & a\text{ 是模 }p\text{ 的平方非剩余},\\ 0, & p\mid a.\end{cases}$$

由勒让德符号的定义可以看出，如果能够很快地算出它的值，那么也就会立刻知道同余式

$$x^2\equiv a(\bmod p)$$

有解与否，现在我们先讨论勒让德符号的几个简单性质.

首先由定义及 §2 定理 1 立刻得出

$$\left(\frac{a}{p}\right)\equiv a^{\frac{p-1}{2}}(\bmod p).\tag{1}$$

由(1)又立刻得到

$$\left(\frac{1}{p}\right)=1,\tag{2}$$

$$\left(\frac{-1}{p}\right)=(-1)^{\frac{p-1}{2}}.\tag{3}$$

若 $a\equiv a_1(\bmod p)$，则由定义得

$$\left(\frac{a}{p}\right)=\left(\frac{a_1}{p}\right).\tag{4}$$

又由(1)有

$$\left(\frac{a_1a_2\cdots a_n}{p}\right)\equiv(a_1a_2\cdots a_n)^{\frac{p-1}{2}}(\bmod p)\equiv a_1^{\frac{p-1}{2}}a_2^{\frac{p-1}{2}}\cdots a_n^{\frac{p-1}{2}}(\bmod p)$$

$$\equiv\left(\frac{a_1}{p}\right)\left(\frac{a_2}{p}\right)\cdots\left(\frac{a_n}{p}\right)(\bmod p).$$

由定义，$\left|\left(\frac{a_1a_2\cdots a_n}{p}\right)-\left(\frac{a_1}{p}\right)\left(\frac{a_2}{p}\right)\cdots\left(\frac{a_n}{p}\right)\right|\leqslant 2$. 又 $p>2$，故得

$$\left(\frac{a_1a_2\cdots a_n}{p}\right)=\left(\frac{a_1}{p}\right)\left(\frac{a_2}{p}\right)\cdots\left(\frac{a_n}{p}\right).\tag{5}$$

特别地，我们得到了

$$\left(\frac{ab^2}{p}\right)=\left(\frac{a}{p}\right),p\nmid b.\tag{6}$$

(4)式说明要计算 a 对 p 的勒让德符号之值可以用 $a_1\equiv a(\bmod p)$，$0\leqslant a_1<p$ 去代替 a. (5)式说明如果 a 是合数那么可把 a 对 p 的勒让德符号表成 a 的因数对 p 的勒让德符号的乘积；而(6)式说明在计算过程中可以去掉分数线上方不被 p 整除的任何平方因数. 至于(2)式说明 1 永远是平方剩余；(3)式说明当 $p=4m+1$ 时，-1 是平方剩余，当 $p=4m+3$ 时，-1 是平方非剩余.

下面我们再举出几个性质，它们的证明见下节.

定理 1

$$\left(\frac{2}{p}\right)=(-1)^{\frac{p^2-1}{8}};\tag{7}$$

若 $(a,p)=1, 2\nmid a$，则

$$\left(\frac{a}{p}\right)=(-1)^{\sum_{k=1}^{p_1}\left[\frac{ak}{p}\right]},\tag{8}$$

其中 $p_1=\dfrac{p-1}{2}$.

由(7)式立刻得出

推论 当 $p=8m\pm1$ 时，2 是平方剩余，当 $p=8m\pm3$ 时，2 是平方非剩余.

定理 2(二次反转定律) 若 p 及 q 都是奇素数，$(p,q)=1$，则

$$\left(\frac{q}{p}\right)=(-1)^{\frac{p-1}{2}\cdot\frac{q-1}{2}}\left(\frac{p}{q}\right).\tag{9}$$

由(2)—(9)就可以给出一个能实际算出 $\left(\frac{a}{p}\right)$ 的值的方法，因此可以实际地判断 $x^2\equiv a(\mathrm{mod}\,p)$ 是否可解. 我们举例来看.

例 判断同余式

$$x^2\equiv 286(\mathrm{mod}\,563)$$

是否有解.

解 已知 563 为素数，且 $563=70\times8+3$. 故由(5)，(7)即得

$$\left(\frac{286}{563}\right)=\left(\frac{2}{563}\right)\left(\frac{143}{563}\right)=-\left(\frac{143}{563}\right)=-\left(\frac{11}{563}\right)\left(\frac{13}{563}\right),$$

由(9)，(5)，(4)，(7)即得

$$\left(\frac{13}{563}\right)=\left(\frac{563}{13}\right)=\left(\frac{4}{13}\right)=1,\quad \left(\frac{11}{563}\right)=-\left(\frac{563}{11}\right)=-\left(\frac{2}{11}\right)=1,$$

故 $\left(\frac{286}{563}\right)=-1$，因而原同余式无解.

这个方法能够实际应用于计算，但是在计算过程中当需要用反转定律时，就必须将分数线上方分解成标准分解式. 我们知道把一数分解成标准分解式是没有什么一般方法的，因此这个方法对实际计算来说，还有一定程度的缺点.

习 题

1. 用本节方法判断下列同余式是否有解：

(i) $x^2\equiv429(\mathrm{mod}\,563)$；

(ii) $x^2\equiv680(\mathrm{mod}\,769)$；

(iii) $x^2\equiv503(\mathrm{mod}\ 1\ 013)$

(其中 503，563，769，1 013 都是素数).

2. 求出以 -2 为平方剩余的素数的一般表达式；以 -2 为平方非剩余时的素数的一般表达式.

3. 设 n 是正整数，$4n+3$ 及 $8n+7$ 都是素数，说明：

$$2^{4n+3} \equiv 1(\bmod 8n+7).$$

由此证明

$$23 \mid (2^{11}-1),\quad 47 \mid (2^{23}-1),\quad 503 \mid (2^{251}-1).$$

§4　前节定理的证明

为了证明前一节的定理 1 及定理 2，我们先证明

引理　设 $(a,p)=1$，$ak\left(k=1,2,\cdots,\frac{p-1}{2}\right)$ 对模 p 的最小非负剩余是 r_k. 若大于 $\frac{p}{2}$ 的 r_k 的个数是 m，则

$$\left(\frac{a}{p}\right)=(-1)^m.$$

证　设 $a_1,a_2,\cdots,a_t$ 是一切小于 $\frac{p}{2}$ 的 r_k；$b_1,b_2,\cdots,b_m$ 是一切大于 $\frac{p}{2}$ 的 r_k，由假设即得

$$a^{\frac{p-1}{2}}\left(\frac{p-1}{2}\right)!=\prod_{k\leqslant\frac{p-1}{2}} ak \equiv \prod_{i=1}^{t} a_i \prod_{j=1}^{m} b_j(\bmod p). \tag{1}$$

由于 $\frac{p}{2}<b_j<p$，故 $1\leqslant p-b_j<\frac{p}{2}$，且有 $p-b_j\neq a_i$，否则即有一组 i,j，使 $a_i+b_j=p$，亦即有 k_1 及 k_2 使

$$ak_1+ak_2\equiv 0(\bmod p)，因而\ k_1+k_2\equiv 0(\bmod p),$$

而此为不可能的. 于是由(1)及 $t+m=\frac{p-1}{2}$ 即得

$$a^{\frac{p-1}{2}}\left(\frac{p-1}{2}\right)!\equiv(-1)^m\prod_{i=1}^{t} a_i\prod_{j=1}^{m}(p-b_j)$$

$$\equiv(-1)^m\left(\frac{p-1}{2}\right)!(\bmod p),$$

因此

$$\left(\frac{a}{p}\right)\equiv a^{\frac{p-1}{2}}\equiv(-1)^m(\bmod p),$$

故引理获证.　　**证完**

Ⅰ. §3 定理 1 的证明：r_k,a_i,b_j,m 及 t 的意义如引理所规定. 则由第一章 §5 性质Ⅵ知

$$ak=p\left[\frac{ak}{p}\right]+r_k,$$

于是，由引理的证明即得

$$
\begin{aligned}
a\frac{p^2-1}{8} &= p\sum_{k=1}^{\frac{p-1}{2}}\left[\frac{ak}{p}\right]+\sum_{i=1}^{t}a_i+\sum_{j=1}^{m}b_j \\
&= p\sum_{k=1}^{\frac{p-1}{2}}\left[\frac{ak}{p}\right]+\sum_{i=1}^{t}a_i+\sum_{j=1}^{m}(p-b_j)+2\sum_{j=1}^{m}b_j-mp \\
&= p\sum_{k=1}^{\frac{p-1}{2}}\left[\frac{ak}{p}\right]+\sum_{k=1}^{\frac{p-1}{2}}k-mp+2\sum_{j=1}^{m}b_j \\
&= p\sum_{k=1}^{\frac{p-1}{2}}\left[\frac{ak}{p}\right]+\frac{p^2-1}{8}-mp+2\sum_{j=1}^{m}b_j,
\end{aligned}
$$

即

$$
(a-1)\frac{p^2-1}{8}\equiv\sum_{k=1}^{\frac{p-1}{2}}\left[\frac{ak}{p}\right]+m\pmod 2. \tag{2}
$$

若 $a=2$,则 $0\leqslant\left[\frac{ak}{p}\right]\leqslant\left[\frac{p-1}{p}\right]=0$,因而由(2)

$$
m\equiv\frac{p^2-1}{8}\pmod 2;
$$

若 $2\nmid a$,则由(2)

$$
m\equiv\sum_{k=1}^{\frac{p-1}{2}}\left[\frac{ak}{p}\right]\pmod 2.
$$

故由引理知 §3 定理 1 获证. **证完**

Ⅱ. §3 定理 2 的证明:要证明 §3 定理 2 只需证明下式,即

$$
\left(\frac{q}{p}\right)\left(\frac{p}{q}\right)=(-1)^{\frac{p-1}{2}\cdot\frac{q-1}{2}}. \tag{3}
$$

但由 §3 定理 1 知(因为 $2\nmid p,2\nmid q$)

$$
\left(\frac{q}{p}\right)=(-1)^{\sum_{h=1}^{p_1}\left[\frac{qh}{p}\right]},\left(\frac{p}{q}\right)=(-1)^{\sum_{k=1}^{q_1}\left[\frac{pk}{q}\right]},
$$

其中 $p_1=\frac{p-1}{2},q_1=\frac{q-1}{2}$,于是要证明(3),只需证明

$$
\sum_{h=1}^{p_1}\left[\frac{qh}{p}\right]+\sum_{k=1}^{q_1}\left[\frac{pk}{q}\right]=p_1q_1. \tag{4}
$$

我们不妨假定 $p>q$,并用几何的形式来证明(4):

在图 5.4.1 中我们可以看出矩形 $OABC$ 所含的(除去 OA,OC 上的)格子点(即坐标都是整数的点)的个数是 p_1q_1.

另一方面,直线 OK 的方程是 $k=\frac{q}{p}h$,由于 p,q 是互素的二素数,故在线段 OK 上,除 O 点与 K 点外不再有格子点. 因此直线 OK 把矩形 $OABC$ 所含的格子点分成两类:一

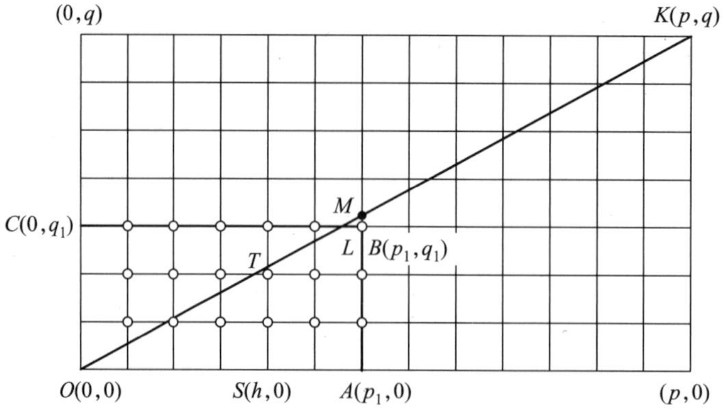

图 5.4.1

类在 OK 上方,一类在 OK 下方. 我们现在证明在 OK 下方的格子点的个数是

$$\sum_{h=1}^{p_1}\left[\frac{qh}{p}\right].$$

我们先看三角形 OAM 内的格子点(OA 上的格子点除外)的个数. 容易看出在直线 ST 上,同时又在三角形 OAM 内的格子点的个数是$\left[\frac{qh}{p}\right]$,故在三角形 OAM 内的格子点数是 $\sum_{h=1}^{p_1}\left[\frac{qh}{p}\right]$. 又由于 M 点的坐标是$\left(p_1,\frac{qp_1}{p}\right)$,因此 BM 之长 $=\frac{p-q}{2p}<1$. 故三角形 BLM 内除 BL 上的格子点外不再有格子点,故在 OK 下方的格子点的个数等于三角形 OAM 内格子点的个数,即为 $\sum_{h=1}^{p_1}\left[\frac{qh}{p}\right]$. 用类似的方法可以证明在 OK 上方的格子点数是 $\sum_{k=1}^{q_1}\left[\frac{pk}{q}\right]$. 故(4) 式获证. 因此定理获证. **证完**

由定理 2 我们还可以直接得出判别一些具体的整数是平方剩余的方法,我们把它们放在习题里当作练习.

习 题

1. 求以 ± 3 为平方剩余的素数的一般表达式,什么素数以 ± 3 为平方非剩余?
2. 求以 3 为最小平方非剩余的素数的一般表达式.

§5 雅可比符号

在 §3 里我们曾经提出勒让德符号的值的计算方法,并且也指出了那个计算方法有它的缺点. 通过本节就可以看出,去掉那个缺点的一个最好的方法就是引进雅可比符号:

定义 雅可比符号$\left(\frac{a}{m}\right)$（读作 a 对 m 的雅可比符号）是一个对于给定的大于 1 的奇数 m 定义在一切整数 a 上的函数，它在 a 上的函数值是

$$\left(\frac{a}{m}\right)=\left(\frac{a}{p_1}\right)\left(\frac{a}{p_2}\right)\cdots\left(\frac{a}{p_r}\right), \tag{1}$$

其中 $m=p_1p_2\cdots p_r$，p_i 是素数，$\left(\frac{a}{p_i}\right)$是 a 对 p_i 的勒让德符号.

应该指出，雅可比符号一方面是勒让德符号的推广，另一方面它与勒让德符号有一点很重要的不同，就是根据勒让德符号的值可以判断同余式是否有解，但是雅可比符号的值一般来说没有这个功用. 例如根据定义

$$\left(\frac{2}{9}\right)=\left(\frac{2}{3}\right)\left(\frac{2}{3}\right)=1,$$

但同余式 $x^2\equiv 2(\bmod 9)$无解. 这一差别读者应该注意.

引入了雅可比符号以后，勒让德符号值的实际计算的问题就基本上解决了，并且简化了. 我们先证明雅可比符号有很多与勒让德符号相同的性质.

首先我们有性质：若 $a\equiv a_1(\bmod m)$，则

$$\left(\frac{a}{m}\right)=\left(\frac{a_1}{m}\right). \tag{2}$$

因为由 $a\equiv a_1(\bmod m)$即得 $a\equiv a_1(\bmod p_i)$，$i=1,2,\cdots,r$，故由(1)

$$\left(\frac{a}{m}\right)=\left(\frac{a}{p_1}\right)\left(\frac{a}{p_2}\right)\cdots\left(\frac{a}{p_r}\right)=\left(\frac{a_1}{p_1}\right)\left(\frac{a_1}{p_2}\right)\cdots\left(\frac{a_1}{p_r}\right)=\left(\frac{a_1}{m}\right).$$

其次有

$$\left(\frac{1}{m}\right)=1, \tag{3}$$

$$\left(\frac{-1}{m}\right)=(-1)^{\frac{m-1}{2}}. \tag{4}$$

为了证明(4)及其他性质，我们先证明

引理 若 $2\nmid m$，$m=p_1p_2\cdots p_r$，则

$$\frac{m-1}{2}=\frac{p_1-1}{2}+\frac{p_2-1}{2}+\cdots+\frac{p_r-1}{2}+2N,$$

$$\frac{m^2-1}{8}=\frac{p_1^2-1}{8}+\frac{p_2^2-1}{8}+\cdots+\frac{p_r^2-1}{8}+2N',$$

其中 N 及 N'是整数.

证

$$\frac{m-1}{2}=\frac{p_1p_2\cdots p_r-1}{2}$$

$$=\frac{\left(1+2\frac{p_1-1}{2}\right)\left(1+2\frac{p_2-1}{2}\right)\cdots\left(1+2\frac{p_r-1}{2}\right)-1}{2}$$

$$= \sum_{i=1}^{r} \frac{p_i - 1}{2} + 2N,$$

$$\frac{m^2 - 1}{8} = \frac{p_1^2 p_2^2 \cdots p_r^2 - 1}{8}$$

$$= \frac{\left(1 + 8\frac{p_1^2 - 1}{8}\right)\left(1 + 8\frac{p_2^2 - 1}{8}\right)\cdots\left(1 + 8\frac{p_r^2 - 1}{8}\right) - 1}{8}$$

$$= \sum_{i=1}^{r} \frac{p_i^2 - 1}{8} + 2N',$$

证完

由引理及(1)即得

$$\left(\frac{-1}{m}\right) = \prod_{i=1}^{r}\left(\frac{-1}{p_i}\right) = (-1)^{\sum_{i=1}^{r}\frac{p_i-1}{2}} = (-1)^{\frac{m-1}{2}}.$$

再次易证

$$\left(\frac{a_1 a_2 \cdots a_n}{m}\right) = \left(\frac{a_1}{m}\right)\left(\frac{a_2}{m}\right)\cdots\left(\frac{a_n}{m}\right), \tag{5}$$

特别地,

$$\left(\frac{ab^2}{m}\right) = \left(\frac{a}{m}\right), (b, m) = 1. \tag{6}$$

因为由定义及§3(5)即得

$$\left(\frac{a_1 a_2 \cdots a_n}{m}\right) = \prod_{i=1}^{r}\left(\frac{\prod_{j=1}^{n} a_j}{p_i}\right) = \prod_{i=1}^{r}\prod_{j=1}^{n}\left(\frac{a_j}{p_i}\right)$$

$$= \prod_{j=1}^{n}\prod_{i=1}^{r}\left(\frac{a_j}{p_i}\right) = \prod_{j=1}^{n}\left(\frac{a_j}{m}\right).$$

又由定义,§3(7)及引理

$$\left(\frac{2}{m}\right) = \prod_{i=1}^{r}\left(\frac{2}{p_i}\right) = (-1)^{\sum_{i=1}^{r}\frac{p_i^2-1}{8}} = (-1)^{\frac{m^2-1}{8}},$$

故

$$\left(\frac{2}{m}\right) = (-1)^{\frac{m^2-1}{8}}. \tag{7}$$

最后我们证明性质:若 m,n 都是大于 1 的奇数,则

$$\left(\frac{n}{m}\right) = (-1)^{\frac{m-1}{2}\cdot\frac{n-1}{2}}\left(\frac{m}{n}\right). \tag{8}$$

若$(m,n)\neq 1$,则$\left(\frac{n}{m}\right) = \left(\frac{m}{n}\right) = 0$,故(8)式成立. 若$(m,n) = 1$,则假定 $n = q_1 q_2 \cdots q_s$,由定义、(5)式及§3(9)式即得

$$\left(\frac{n}{m}\right) = \prod_{i=1}^{r}\left(\frac{n}{p_i}\right) = \prod_{i=1}^{r}\prod_{j=1}^{s}\left(\frac{q_j}{p_i}\right)$$

$$= \prod_{i=1}^{r}\prod_{j=1}^{s}(-1)^{\frac{p_i-1}{2}\cdot\frac{q_j-1}{2}}\left(\frac{p_i}{q_j}\right)$$

$$= (-1)^{\sum_{i=1}^{r}\sum_{j=1}^{s}\frac{p_i-1}{2}\cdot\frac{q_j-1}{2}}\prod_{i=1}^{r}\prod_{j=1}^{s}\left(\frac{p_i}{q_j}\right).$$

但由引理

$$\begin{aligned}\sum_{i=1}^{r}\sum_{j=1}^{s}\frac{p_i-1}{2}\cdot\frac{q_j-1}{2} &= \left(\sum_{i=1}^{r}\frac{p_i-1}{2}\right)\left(\sum_{j=1}^{s}\frac{q_j-1}{2}\right)\\ &= \left(\frac{m-1}{2}+2N_1\right)\left(\frac{n-1}{2}+2N_2\right)\\ &= \frac{m-1}{2}\cdot\frac{n-1}{2}+2N.\end{aligned}$$

故得

$$\left(\frac{n}{m}\right) = (-1)^{\frac{m-1}{2}\cdot\frac{n-1}{2}}\prod_{i=1}^{r}\prod_{j=1}^{s}\left(\frac{p_i}{q_j}\right) = (-1)^{\frac{m-1}{2}\cdot\frac{n-1}{2}}\left(\frac{m}{n}\right),$$

即(8)式获证.

雅可比符号$\left(\frac{a}{m}\right)$的好处就是它一方面具有勒让德符号一样的性质(2)—(8),而在 $r=1$ 时,它的值与勒让德符号的值相等. 另一方面它并没有 m 必须是素数的限制,因此要想计算勒让德符号的值,只需把它看成是雅可比符号来计算. 而在计算雅可比符号的值时,由于不必考虑 m 是不是素数,所以在实际计算上就非常方便,并且利用雅可比符号最后一定能把勒让德符号的值算出来.

例　判断同余式

$$x^2 \equiv 286 \pmod{563}$$

是否有解.

解

$$\begin{aligned}\left(\frac{286}{563}\right) &= \left(\frac{2}{563}\right)\left(\frac{143}{563}\right) = (-1)(-1)^{\frac{143-1}{2}\cdot\frac{563-1}{2}}\left(\frac{563}{143}\right)\\ &= \left(\frac{-9}{143}\right) = \left(\frac{-1}{143}\right) = -1,\end{aligned}$$

故上同余式无解.

至于这种形式的同余式的解法留给读者作为习题(习题 3).

习　题

1. 判断 §3 习题 1 所列各同余式是否有解.

2. 求出下列同余式的解数:

(i) $x^2 \equiv 3\,766 \pmod{5\,987}$; (ii) $x^2 \equiv 3\,149 \pmod{5\,987}$,

其中 5 987 是一素数.

3. (i) 在有解的情况下,应用 §2 定理 1,求同余式

$$x^2 \equiv a \pmod{p}, \quad p = 4m+3$$

的解;

(ii) 在有解的情况下,应用 §2 定理 1 及 §3 定理 1 的推论,求同余式

$$x^2 \equiv a \pmod{p}, \quad p = 8m+5$$

的解;

*(iii) 若同余式

$$x^2 \equiv a \pmod{p}, \quad p = 8m + 1$$

有解,并且已知 N 是模 p 的平方非剩余. 试举出上述同余式的一个解法.

§6　合数模的情形

以上各节我们讨论了奇素数模的同余式

$$x^2 \equiv a \pmod{p}, \quad (a,p) = 1$$

有解的条件,本节将讨论合数模同余式

$$x^2 \equiv a \pmod{m}, \quad (a,m) = 1 \tag{1}$$

有解的条件及解的个数.

由算术基本定理可把 m 写成标准分解式 $m = 2^{\alpha} p_1^{\alpha_1} p_2^{\alpha_2} \cdots p_k^{\alpha_k}$. 又由第四章 §3 定理 1 知(1)有解的充分必要条件是同余式组

$$x^2 \equiv a \pmod{2^{\alpha}}, \quad x^2 \equiv a \pmod{p_i^{\alpha_i}}, \quad i = 1,2,\cdots,k \tag{2}$$

有解,并且在有解的情况下,(1)的解数是(2)中各式解数的乘积,因此我们从讨论同余式

$$x^2 \equiv a \pmod{p^{\alpha}}, \quad \alpha > 0, \quad (a,p) = 1 \tag{3}$$

开始.

定理 1　(3)有解的充分必要条件是 $\left(\dfrac{a}{p}\right) = 1$,并且在有解的情况下,(3)式的解数是 2.

证　若 $\left(\dfrac{a}{p}\right) = -1$,则同余式 $x^2 \equiv a \pmod{p}$ 无解,因而(3)式无解,故条件的必要性获证.

若 $\left(\dfrac{a}{p}\right) = 1$,则由 §2 定理 1,同余式 $x^2 \equiv a \pmod{p}$ 恰有两个解,设 $x \equiv x_1 \pmod{p}$ 是它的一个解,那么由 $(a,p) = 1$ 即得 $(x_1,p) = 1$. 又因为 $2 \nmid p$,故 $(2x_1,p) = 1$. 若令 $f(x) = x^2 - a$,则 $p \nmid f'(x_1)$,由第四章 §3 定理 2 知从 $x \equiv x_1 \pmod{p}$ 可得出(3)的一个惟一的解. 因此由 $x^2 \equiv a \pmod{p}$ 的两解给出(3)的两个解,并且仅有两个,故定理获证.　**证完**

现在我们来讨论同余式

$$x^2 \equiv a \pmod{2^{\alpha}}, \quad \alpha > 0, \quad (2,a) = 1 \tag{4}$$

的解. 首先我们立刻可以看出,当 $\alpha = 1$ 时,(4)永远有解,并且解数是 1. 因此以下只讨论 $\alpha > 1$ 的情形.

定理 2　设 $\alpha > 1$,则(4)有解的必要条件是:(i) 当 $\alpha = 2$ 时,$a \equiv 1 \pmod{4}$;(ii) 当 $\alpha \geqslant 3$ 时,$a \equiv 1 \pmod{8}$.

若上述条件成立,则(4)有解,并且当 $\alpha = 2$ 时,解数是 2;当 $\alpha \geqslant 3$ 时,解数是 4.

证 若 $x\equiv x_1(\bmod 2^\alpha)$ 是(4)的任一解,由 $(a,2)=1$ 即得 $(x_1,2)=1$,因此 $x_1=1+2t_1$,其中 t_1 是整数,由此即得

$$1+4t_1(t_1+1)\equiv a(\bmod 2^\alpha),$$

(i) 当 $\alpha=2$ 时,$2^\alpha=4$,因此

$$a\equiv 1+4t_1(t_1+1)\equiv 1(\bmod 4).$$

(ii) 当 $\alpha\geqslant 3$ 时,则 $1+4t_1(t_1+1)\equiv a(\bmod 8)$,又 $2\mid t_1(t_1+1)$,故

$$a\equiv 1(\bmod 8).$$

故条件的必要性获证.

若当 $\alpha=2$ 时,(i)成立,则 $a\equiv 1(\bmod 2^\alpha)$. 显然 $x\equiv 1,3(\bmod 2^\alpha)$ 都是(4)的解,且仅有此二解.

若当 $\alpha=3$ 时,(ii)成立,则 $a\equiv 1(\bmod 2^\alpha)$. 显然 $x\equiv 1,3,5,7(\bmod 2^\alpha)$ 都是(4)的解,且仅有此四解.

现在进一步讨论 $\alpha>3$ 的情形,容易看出在 $\alpha=3$ 而(ii)成立时,适合

$$x^2\equiv a(\bmod 2^3)$$

的整数是一切奇数,我们把它们写成下列形式:

$$x=\pm(1+4t_3),\quad t_3=0,\pm 1,\pm 2,\cdots. \tag{5}$$

我们来考查(5)中的哪些整数适合同余式 $x^2\equiv a(\bmod 16)$,此时必须

$$(1+4t_3)^2\equiv a(\bmod 16),\quad \text{即 } t_3\equiv\frac{a-1}{8}(\bmod 2).$$

亦即

$$t_3=t_3'+2t_4,\ t_3'=\frac{a-1}{8},$$

故

$$x=\pm(1+4t_3'+8t_4)=\pm(x_4+8t_4),$$
$$x_4=1+4t_3',\ t_4=0,\pm 1,\pm 2,\cdots$$

是适合同余式 $x^2\equiv a(\bmod 16)$ 的一切整数. 用同样的方法可以证明适合同余式 $x^2\equiv a(\bmod 2^5)$ 的一切整数是

$$x=\pm(x_5+16t_5),\ t_5=0,\pm 1,\pm 2,\cdots$$
$$x_5^2\equiv a(\bmod 2^5).$$

仿此即可得出对任一 $\alpha>3$,适合同余式(4)的一切整数是

$$x=\pm(x_\alpha+2^{\alpha-1}t_\alpha),\ t_\alpha=0,\pm 1,\pm 2,\cdots,$$
$$x_\alpha^2\equiv a(\bmod 2^\alpha).$$

这些 x 对模 2^α 来说作成四个解,即

$$x\equiv x_\alpha,\ x_\alpha+2^{\alpha-1},\ -x_\alpha,\ -x_\alpha-2^{\alpha-1}(\bmod 2^\alpha).$$

因为 $x_\alpha+2^{\alpha-1}\equiv x_\alpha\equiv 1(\bmod 4)$, $-x_\alpha-2^{\alpha-1}\equiv -x_\alpha\equiv -1(\bmod 4)$,

$$x_\alpha+2^{\alpha-1}\not\equiv x_\alpha(\bmod 2^\alpha),\ -x_\alpha-2^{\alpha-1}\not\equiv -x_\alpha(\bmod 2^\alpha).$$

证完

例 解 $x^2\equiv 57(\bmod 64)$.

因 $57\equiv 1(\bmod 8)$,故有四解,把 x 写成 $x=\pm(1+4t_3)$,代入原同余式得到$(1+$

$4t_3)^2 \equiv 57(\bmod 16)$. 由此得 $t_3 \equiv 1(\bmod 2)$,故$x = \pm(1+4(1+2t_4)) = \pm(5+8t_4)$是适合 $x^2 \equiv 57(\bmod 16)$的一切整数,再代入同余式得到$(5+8t_4)^2 \equiv 57(\bmod 32)$. 由此得 $t_4 \equiv 0(\bmod 2)$,故 $x = \pm(5+8\cdot 2t_5) = \pm(5+16t_5)$是适合 $x^2 \equiv 57(\bmod 32)$的一切整数. 仿前由$(5+16t_5)^2 \equiv 57(\bmod 64)$得到 $t_5 \equiv 1(\bmod 2)$,故 $x = \pm(5+16(1+2t_6)) = \pm(21+32t_6)$是适合 $x^2 \equiv 57(\bmod 64)$的一切整数,因此

$$x \equiv 21, 53, -21, -53(\bmod 64)$$

是所求的四个解.

由定理 1,2 及第四章 §3 定理 1 即得

定理 3　同余式

$$x^2 \equiv a(\bmod m), m = 2^{\alpha} p_1^{\alpha_1} p_2^{\alpha_2} \cdots p_k^{\alpha_k}, (a, m) = 1$$

有解的必要条件是:当 $\alpha = 2$ 时,$a \equiv 1(\bmod 4)$;当 $\alpha \geqslant 3$ 时,$a \equiv 1(\bmod 8)$并且$\left(\dfrac{a}{p_i}\right) = 1$, $i = 1, 2, \cdots, k$.

若上述条件成立,则有解并且(i)当 $\alpha = 0$ 及 1 时,解数是 2^k;(ii)当 $\alpha = 2$ 时,解数是 2^{k+1};(iii)当 $\alpha \geqslant 3$ 时,解数是 2^{k+2}.

习　题

1. 解同余式 $x^2 \equiv 59(\bmod 125)$,$x^2 \equiv 41(\bmod 64)$.

2. (i) 证明同余式 $x^2 \equiv 1(\bmod m)$与同余式$(x+1)(x-1) \equiv 0(\bmod m)$等价;(ii) 应用(i)举出一个求同余式 $x^2 \equiv 1(\bmod m)$的一切解的方法.

*§7　把奇素数表成二数平方和

这一节将应用本章前几节的理论来解决把奇素数表成二数平方和的问题,更确切地说,给定 p,我们要求出不定方程

$$p = x^2 + y^2, x > 0, y > 0$$

有解的条件,同时我们还将进一步讨论不定方程

$$p = x^2 + ay^2, x > 0, y > 0, a = 2$$

有解的条件. 为了达到这个目的,我们先证明

引理 1　若$(k, p) = 1$,则

$$\sum_{x=0}^{p-1} \left(\frac{x(x+k)}{p}\right) = -1.$$

证　(i) 若$(x, p) = 1$,则由第四章 §1 定理知有一整数 x' 使得 $x'x \equiv 1(\bmod p)$, $0 < x' < p$ 成立,并且易证 x' 是唯一存在的(若 x 过模 p 的既约剩余系,则 x' 过模 p 的最小非负既约剩余系).

(ii) 由(i) 即得

$$\sum_{x=0}^{p-1}\left(\frac{x(x+k)}{p}\right)=\sum_{x=1}^{p-1}\left(\frac{x(x+k)}{p}\right)=\sum_{x=1}^{p-1}\left(\frac{x'^{2}x(x+k)}{p}\right)$$
$$=\sum_{x'=1}^{p-1}\left(\frac{1+kx'}{p}\right)=\sum_{x'=0}^{p-1}\left(\frac{1+kx'}{p}\right)-1.$$

因为$(k,p)=1$,故$1+kx'$过模p的完全剩余系. 故由 §2 定理2 及勒让德符号的定义即得

$$\sum_{x'=0}^{p-1}\left(\frac{1+kx'}{p}\right)=0.$$

因此引理获证.

证完

引理 2 设p是形如$4m+1$的素数,$(k,p)=1$,

$$S(k)=\sum_{x=0}^{p-1}\left(\frac{x(x^{2}+k)}{p}\right),$$

则(i)$S(k)$是偶数;(ii)$S(kt^{2})=\left(\frac{t}{p}\right)S(k)$.

证 (i) 因为$\left(\frac{0}{p}\right)=0$,故

$$S(k)=\sum_{x=1}^{p-1}\left(\frac{x(x^{2}+k)}{p}\right)=\sum_{x=1}^{\frac{p-1}{2}}\left(\frac{x(x^{2}+k)}{p}\right)+\sum_{x=1}^{\frac{p-1}{2}}\left(\frac{(p-x)((p-x)^{2}+k)}{p}\right),$$

由于$p=4m+1$,因此$\left(\frac{-1}{p}\right)=1$. 又因$(p-x)((p-x)^{2}+k)\equiv -x(x^{2}+k)(\bmod p)$,故

$$\left(\frac{(p-x)((p-x)^{2}+k)}{p}\right)=\left(\frac{x(x^{2}+k)}{p}\right),$$

因而

$$S(k)=2\sum_{x=1}^{2m}\left(\frac{x(x^{2}+k)}{p}\right),2m=\frac{p-1}{2},$$

即$S(k)$是偶数.

(ii) 若$t\equiv 0(\bmod p)$,则$\left(\frac{t}{p}\right)S(k)=0$,

$$S(kt^{2})=\sum_{x=0}^{p-1}\left(\frac{x}{p}\right)=0,$$

故$S(kt^{2})=\left(\frac{t}{p}\right)S(k)$.

若$t\not\equiv 0(\bmod p)$,则$(t,p)=1$,因而x与xt都是过模p的完全剩余系. 故

$$S(kt^{2})=\sum_{x=0}^{p-1}\left(\frac{x(x^{2}+kt^{2})}{p}\right)=\sum_{x=0}^{p-1}\left(\frac{xt((xt)^{2}+kt^{2})}{p}\right)$$
$$=\left(\frac{t^{3}}{p}\right)\sum_{x=0}^{p-1}\left(\frac{x(x^{2}+k)}{p}\right)=\left(\frac{t}{p}\right)S(k).$$

证完

引理 3 若$\left(\frac{r}{p}\right)=1,\left(\frac{n}{p}\right)=-1$,则$r\cdot 1^{2},r\cdot 2^{2},\cdots,r\cdot\left(\frac{p-1}{2}\right)^{2},n\cdot 1^{2},n\cdot 2^{2},\cdots,$

$n\cdot\left(\frac{p-1}{2}\right)^2$ 为模 p 的一个既约剩余系.

证　显然 $(rt^2,p)=1,(nt^2,p)=1,0<t<\frac{p-1}{2}$. 又 $rt_1^2\not\equiv rt_2^2\pmod{p},0<t_1<t_2<\frac{p-1}{2},nt_1^2\not\equiv nt_2^2\pmod{p},0<t_1<t_2<\frac{p-1}{2}$,并且 $nt_1^2\not\equiv rt_2^2\pmod{p},0<t_1,t_2<\frac{p-1}{2}$. 因为 n 是平方非剩余,因而 nt_1^2 是平方非剩余,而 r 是平方剩余,因而 rt_2^2 是平方剩余. 故 $nt_1^2\not\equiv rt_2^2\pmod{p}$. 而上述的数共有 $p-1$ 个,故由第三章 §3 定理 2 知引理成立. **证完**

定理 1　若 p 是 $4m+1$ 形状的素数,则

$$p=\left(\frac{1}{2}S(r)\right)^2+\left(\frac{1}{2}S(n)\right)^2,$$

其中 $S(k)$ 即引理 2 中所定义的,而 $\left(\frac{r}{p}\right)=1,\left(\frac{n}{p}\right)=-1$.

证　令 $p-1=2p_1$,则由引理 2(ii) 及引理 3

$$\begin{aligned}p_1(S(r))^2+p_1(S(n))^2&=\sum_{t=1}^{p_1}(S(rt^2))^2+\sum_{t=1}^{p_1}(S(nt^2))^2\\&=\sum_{k=1}^{p-1}(S(k))^2=\sum_{k=1}^{p-1}\sum_{y=0}^{p-1}\sum_{x=0}^{p-1}\left(\frac{xy(x^2+k)(y^2+k)}{p}\right)\\&=\sum_{x=1}^{p-1}\sum_{y=1}^{p-1}\sum_{k=1}^{p-1}\left(\frac{xy(x^2+k)(y^2+k)}{p}\right).\end{aligned}$$

当 $y\neq x$ 或 $p-x$,则 $y^2\not\equiv x^2\pmod{p}$. 此时令 $y^2+k=z$,则 $(x^2+k)(y^2+k)=z(z+(x^2-y^2))$,而 $(x^2-y^2,p)=1$. 由引理 1 即知

$$\begin{aligned}&\sum_{k=1}^{p-1}\left(\frac{xy(x^2+k)(y^2+k)}{p}\right)\\&=\left(\frac{xy}{p}\right)\left[\sum_{k=0}^{p-1}\left(\frac{(x^2+k)(y^2+k)}{p}\right)-1\right]\\&=\left(\frac{xy}{p}\right)\left[\sum_{z=0}^{p-1}\left(\frac{z(z+(x^2-y^2))}{p}\right)-1\right]=-2\left(\frac{xy}{p}\right).\end{aligned}$$

当 $y=x$ 或 $p-x$ 时,$y^2\equiv x^2\pmod{p}$,则

$$\sum_{k=1}^{p-1}\left(\frac{xy(x^2+k)(y^2+k)}{p}\right)=\left(\frac{xy}{p}\right)\sum_{k=1}^{p-1}\left(\frac{x^2+k}{p}\right)^2=(p-2)\left(\frac{xy}{p}\right),$$

因为在和式 $\sum_{k=1}^{p-1}\left(\frac{x^2+k}{p}\right)^2$ 中有且仅有一 k,使得 $x^2+k\equiv 0\pmod{p}$ 成立. 故

$$\begin{aligned}p_1(S(r))^2+p_1(S(n))^2&=\sum_{\substack{x=1\\x^2\not\equiv y^2\pmod{p}}}^{p-1}\sum_{y=1}^{p-1}\left[-2\left(\frac{xy}{p}\right)\right]+\sum_{\substack{x=1\\x^2\equiv y^2\pmod{p}}}^{p-1}\sum_{y=1}^{p-1}(p-2)\left(\frac{xy}{p}\right)\\&=-2\sum_{x=1}^{p-1}\sum_{y=1}^{p-1}\left(\frac{xy}{p}\right)+p\sum_{\substack{x=1\\x^2\equiv y^2\pmod{p}}}^{p-1}\sum_{y=1}^{p-1}\left(\frac{xy}{p}\right)\end{aligned}$$

$$= -2\left(\sum_{x=1}^{p-1}\left(\frac{x}{p}\right)\right)\left(\sum_{y=1}^{p-1}\left(\frac{y}{p}\right)\right) + p\sum_{\substack{x=1\\y=x}}^{p-1}\sum_{y=1}^{p-1}\left(\frac{xy}{p}\right) + p\sum_{\substack{x=1\\y=p-x}}^{p-1}\sum_{y=1}^{p-1}\left(\frac{xy}{p}\right).$$

但

$$\sum_{x=1}^{p-1}\left(\frac{x}{p}\right) = 0,$$

$$\left(\frac{xy}{p}\right) = \begin{cases}\left(\frac{x^2}{p}\right) = 1, & y = x,\\ \left(\frac{-x^2}{p}\right) = 1, & y = p - x(\text{因 } p = 4m+1).\end{cases}$$

故由上式得

$$p_1(S(r))^2 + p_1(S(n))^2 = 2p(p-1) = 4pp_1.$$

由引理 2(i) 知

$$p = \left(\frac{1}{2}S(r)\right)^2 + \left(\frac{1}{2}S(n)\right)^2,$$

而$\frac{1}{2}S(r)$, $\frac{1}{2}S(n)$ 为整数. **证完**

推论 不定方程

$$p = x^2 + y^2$$

有正整数解的充分必要条件是 $p = 4m+1$(证明留给读者).

定理 2 不定方程

$$p = x^2 + 2y^2 \tag{1}$$

有正整数解的充分必要条件是$\left(\frac{-2}{p}\right) = 1$,即 $p = 8m+1$ 或 $8m+3$.

证 (i) 条件的必要性. 若(1) 有正整数解,则$(x,p) = (y,p) = 1$. 于是有一整数 y' 使得 $yy' \equiv 1(\bmod p)$ 成立,由此即得

$$(x^2 + 2y^2)y'^2 \equiv (x \cdot y')^2 + 2 \equiv 0(\bmod p),$$

即$\left(\frac{-2}{p}\right) = 1$.

(ii) 条件的充分性. 若$\left(\frac{-2}{p}\right) = 1$,则同余式 $x^2 + 2 \equiv 0(\bmod p)$, $|x| \leqslant \frac{p}{2}$,有解. 此时

$$0 < 2 + x^2 \leqslant 2 + \frac{p^2}{4} < p^2.$$

故有正整数 m, x, y 使得

$$x^2 + 2y^2 = mp, 0 < m < p \tag{2}$$

成立. 设 m_0 是使(2) 成立的最小正整数,今将证 $m_0 = 1$.

假定 $m_0 > 1$,由绝对最小完全剩余系的性质立即可知有二整数 x_1, y_1,使得

$$x \equiv x_1(\bmod m_0),\quad y \equiv y_1(\bmod m_0),\quad |x_1| \leqslant \frac{1}{2}m_0,\quad |y_1| \leqslant \frac{1}{2}m_0, \tag{3}$$

并且 $|x_1|$, $|y_1|$ 不全为 0. 否则 $x_1 = 0, y_1 = 0$,因而 $m_0 \mid x, m_0 \mid y, m_0^2 \mid x^2 + 2y^2$,即得

$m_0 \mid p$. 但 $m_0 < p$，于是 $m_0 = 1$，而与 $m_0 > 1$ 矛盾. 由(3)即得

$$0 < x_1^2 + 2y_1^2 \leqslant \left(\frac{1}{4} + \frac{2}{4}\right)m_0^2 < m_0^2,$$

$$x_1^2 + 2y_1^2 \equiv x^2 + 2y^2 \equiv 0 \pmod{m_0}.$$

故 $x_1^2 + 2y_1^2 = m_1 m_0$，$0 < m_1 < m_0$，因此由(2)即得

$$m_0^2 m_1 p = (x^2 + 2y^2)(x_1^2 + 2y_1^2) = (xx_1 + 2yy_1)^2 + 2(xy_1 - x_1 y)^2.$$

又由(3)，

$$xx_1 + 2yy_1 \equiv x_1^2 + 2y_1^2 \equiv 0 \pmod{m_0},$$

$$xy_1 - x_1 y \equiv x_1 y_1 - x_1 y_1 \equiv 0 \pmod{m_0}.$$

故 $m_1 p = x^2 + 2y^2$ 有非负整数解 $\dfrac{|xx_1 + 2yy_1|}{m_0}$，$\dfrac{|xy_1 - x_1 y|}{m_0}$，且都不为零. 因为不然的话，则有一数为零，因而 $m_1 p$ 为一平方数或平方数的 2 倍，由 $0 < m_1 < p$ 及 p 是素数知道这是不可能的，故 m_1 也使得(2)成立，这与 m_0 的定义矛盾，故 $m_0 = 1$，而定理获证.

证完

习　题

1. (i) 应用定理 1 证明推论；(ii) 应用证明定理 2 的方法证明推论.

2. 证明：不定方程 $p = x^2 + 3y^2$ 有解的充分必要条件是 $\left(\frac{-3}{p}\right) = 1$.

3. 设 $\varepsilon = \pm 1$，$\eta = \pm 1$，而 T 是使得 $\left(\frac{x}{p}\right) = \varepsilon$，$\left(\frac{x+1}{p}\right) = \eta$ 成立的 $x\,(x = 1, 2, \cdots, p-2)$ 的个数，证明：

$$T = \frac{1}{4}\left(p - 2 - \varepsilon\left(\frac{-1}{p}\right) - \eta - \varepsilon - \eta\right),$$

试就 ε, η 的值可能出现的四种情况解释这个结果的意义.

*§8　把正整数表成平方和

上一节我们讨论了把一素数表成两个整数的平方和的问题. 在这一节里我们一方面要把素数这一限制取消，而讨论任一正整数表成两个整数的平方和的条件；另一方面要证明每一个正整数能够表成四个整数的平方和. 后一结果就是著名的拉格朗日(Lagrange)定理. 此外，我们还要简单地介绍一下堆垒数论中一个著名的问题，即华林问题.

设 n 是任一正整数，由算术基本定理很容易知道，能够把 n 写成一个平方数与一个没有平方因数的整数的乘积，即

$$n = n_1^2 n_2, \tag{1}$$

其中 n_2 没有平方因数. 因此我们要讨论把正整数表成平方和的问题，关键在于讨论没有平方因数的正整数.

定理1 设 $n = n_1^2 n_2, n > 0$，且 n_2 没有平方因数，则 n 能表成两个整数的平方和的充分必要条件是 n_2 没有形状是 $4m+3$ 的素因数.

证 (i) 设 m_1, m_2 是能写成两个整数的平方和的两个正整数，即

$$m_1 = x_1^2 + y_1^2, m_2 = x_2^2 + y_2^2,$$

则由直接计算就可以知道

$$m_1 m_2 = (x_1^2 + y_1^2)(x_2^2 + y_2^2) = (x_1x_2 + y_1y_2)^2 + (x_1y_2 - x_2y_1)^2, \tag{2}$$

即 $m_1 m_2$ 也能表成两个整数的平方和.

(ii) 条件的充分性. 若 n_2 没有形状是 $4m+3$ 的素因数，则 n_2 的素因数只有 2 及形状是 $4m+1$ 的素数. 由 $2 = 1^2 + 1^2$ 及 §7 定理 1 即知 n_2 的每一素因数都能表成两个整数的平方和. 由(i) 即知 n_2 能表成两个整数的平方和，因此 n 能表成两个整数的平方和.

(iii) 条件的必要性. 若 n_2 中有一个形状是 $4m+3$ 的素因数，不妨记作 $p = 4m+3$，则有一正整数 r，使得 $p^r \parallel n$. 由 $n = n_1^2 n_2$ 及 n_2 没有平方因数即得 $2 \nmid r$.

假定 n 能表成两个整数的平方和，即

$$n = x^2 + y^2,$$

令 $(x,y) = d$，则 $x = Xd, y = Yd, (X,Y) = 1, n = d^2(X^2 + Y^2)$. 因 $2 \nmid r$，故 $p \mid X^2 + Y^2$. 并且 $p \nmid X$，因为不然的话，$p \mid X, p \mid Y$，而 $(X,Y) \neq 1$. 故

$$X^2 + Y^2 \equiv 0 \pmod p, (p,X) = 1.$$

由第四章 §1 定理，即知有一整数 X'，使得 $XX' \equiv 1 \pmod p$，因而

$$(YX')^2 \equiv -1 \pmod p,$$

即 $\left(\frac{-1}{p}\right) = 1$. 但由 §3(3) 知 $\left(\frac{-1}{p}\right) = (-1)^{2m+1} = -1$，故得出矛盾. **证完**

为了证明每一正整数能表成四个整数的平方和，我们先证明

引理 若 n_1, n_2 是正整数，并且都能表成四个整数的平方和，则 $n_1 n_2$ 也能表成四个整数的平方和.

证 设 $n_1 = x_1^2 + x_2^2 + x_3^2 + x_4^2, n_2 = y_1^2 + y_2^2 + y_3^2 + y_4^2$，则

$$\begin{aligned} n_1 n_2 &= (x_1^2 + x_2^2 + x_3^2 + x_4^2)(y_1^2 + y_2^2 + y_3^2 + y_4^2) \\ &= (x_1y_1 + x_2y_2 + x_3y_3 + x_4y_4)^2 + (x_1y_2 - x_2y_1 + x_3y_4 - x_4y_3)^2 + \\ &\quad (x_1y_3 - x_3y_1 + x_4y_2 - x_2y_4)^2 + (x_1y_4 - x_4y_1 + x_2y_3 - x_3y_2)^2. \end{aligned}$$

证完

由引理立刻可以看出问题的关键在于证明下面的

定理2 每一素数都能表成四个整数的平方和.

证 因为 $2 = 1^2 + 1^2 + 0 + 0$，故对于素数 2 的情形，定理成立. 设 $p \neq 2$，我们先证明

(i) 存在整数 x, y, m，使得

$$1 + x^2 + y^2 = mp, \quad 0 < m < p \tag{3}$$

成立. 考虑下列 $p+1$ 个整数

$$0^2, 1^2, 2^2, \cdots, \left(\frac{p-1}{2}\right)^2, -1, -1-1^2, -1-2^2, \cdots, -1-\left(\frac{p-1}{2}\right)^2,$$

因为对模 p 来说，只有 p 个剩余. 故有两个整数 x, y 存在，使得

$$x^2 \equiv -1-y^2 \pmod{p}, \quad 0 \leqslant x \leqslant \frac{p-1}{2}, 0 \leqslant y \leqslant \frac{p-1}{2}.$$

因此 $1+x^2+y^2=mp$，而 $0<1+x^2+y^2<1+2\left(\frac{p}{2}\right)^2<p^2$，故 $0<m<p$.

(ii) 由(i)我们知道 p 有一个正的倍数能表成四个整数的平方和. 因此 p 有一个最小的正倍数能表成四个整数的平方和，我们把它写成 m_0p，则

$$m_0p = x_1^2+x_2^2+x_3^2+x_4^2, 0<m_0<p. \tag{4}$$

今将证 $m_0=1$.

首先我们证明 m_0 是奇数. 假定 m_0 是偶数，则 $x_1^2+x_2^2+x_3^2+x_4^2$ 是偶数. 此时有三种情形：(a) x_1,x_2,x_3,x_4 都是偶数，(b) 都是奇数，(c) 有两个是偶数，两个是奇数，不妨假定 x_1,x_2 是偶数，x_3,x_4 是奇数. 那么不论是哪一种情形，

$$x_1+x_2, x_1-x_2, x_3+x_4, x_3-x_4$$

都是偶数. 因此

$$\frac{1}{2}m_0p = \left(\frac{x_1+x_2}{2}\right)^2+\left(\frac{x_1-x_2}{2}\right)^2+\left(\frac{x_3+x_4}{2}\right)^2+\left(\frac{x_3-x_4}{2}\right)^2,$$

即 $\frac{1}{2}m_0p$ 能表成四个整数的平方和. 这与 m_0 的定义矛盾，故 m_0 是奇数.

假定 $m_0>1$，则 $m_0 \geqslant 3$，且 $m_0 \nmid (x_1,x_2,x_3,x_4)$. 因为不然的话，由(4)式即得 $m_0^2 \mid m_0p$，因而 $m_0 \mid p$，这与 $1<m_0<p$ 矛盾. 故存在不全为零的四个整数 y_1,y_2,y_3,y_4，使得

$$y_i \equiv x_i \pmod{m_0}, \quad |y_i| < \frac{1}{2}m_0, i=1,2,3,4 \tag{5}$$

成立. 因此

$$0 < y_1^2+y_2^2+y_3^2+y_4^2 < 4\left(\frac{1}{2}m_0\right)^2 = m_0^2,$$

$$y_1^2+y_2^2+y_3^2+y_4^2 \equiv x_1^2+x_2^2+x_3^2+x_4^2 \equiv 0 \pmod{m_0},$$

即

$$y_1^2+y_2^2+y_3^2+y_4^2 = m_0m_1, \quad 0<m_1<m_0. \tag{6}$$

由引理及(4)，(6)两式即知有四个整数 z_1,z_2,z_3,z_4 使得

$$m_0^2m_1p = z_1^2+z_2^2+z_3^2+z_4^2, \tag{7}$$

并且由引理及(4)，(5)两式

$$z_1 = \sum_{i=1}^{4} x_iy_i \equiv \sum_{i=1}^{4} x_i^2 \equiv 0 \pmod{m_0},$$

$$z_2 = x_1y_2-x_2y_1+x_3y_4-x_4y_3 \equiv 0 \pmod{m_0},$$

$$z_3 = x_1y_3-x_3y_1+x_4y_2-x_2y_4 \equiv 0 \pmod{m_0},$$

$$z_4 = x_1y_4-x_4y_1+x_2y_3-x_3y_2 \equiv 0 \pmod{m_0}.$$

故　$z_i=m_0t_i (i=1,2,3,4)$. 代入(7)式即得

$$m_1p = t_1^2+t_2^2+t_3^2+t_4^2,$$

这与 m_0 的定义矛盾. 故 $m_0=1$，而定理获证. **证完**

由引理、定理 2 及 $1=1^2+0^2+0^2+0^2$ 即得

定理 3(拉格朗日) 每一正整数都能表成四个整数的平方和.

定理 3 只是解决了所谓华林问题的一个特例. 我们现在介绍一下华林问题:华林在 1770 年提出每一个正整数是 4 个整数的平方和,是 9 个整数的立方和,是 19 个整数的四方和,等等. 从他的话看来,他相信下述的结论是正确的:

对于一个给定的正整数 k,存在一个整数 $s=s(k)$ 使得每一正整数 n 能够表成 s 个非负整数的 k 方和.

但是华林自己并没有能够证明这个断言是正确的,而这个断言就是堆垒数论里著名的华林问题. 首先解决华林问题的是希尔伯特,他在 1909 年证明了对于每一个 k 都可以找到 $s=s(k)$,使每一正整数都能表成 s 个非负整数的 k 方和.

进一步我们要问究竟最小的 s 是什么. 通常用 $g(k)$ 代表最小的 s,于是每一个正整数都可以表成 $g(k)$ 个非负整数的 k 方和. 但至少有一个正整数不能表成 $g(k)-1$ 个非负整数的 k 方和.

由定理 3 知道 $g(2)\leqslant 4$,另一方面可以验证 $7=2^2+3\times 1^2$ 不能用三个平方和去表示,故 $g(2)=4$. 可以证明 $g(3)=9$,也可以证明充分大的正整数可以表成 7 个非负整数的立方和,由这个事实看来,$g(3)=9$ 这个数字并没有太大的意义. 也就是说,“多少立方和能表一切正整数”的问题并不如“多少立方和能表出充分大的正整数”的问题更有意义.

因此,我们用 $G(k)$ 代表对于充分大的正整数能表成 s 个 k 方和的 s 的最小值. 这样我们可以证明 $G(2)=4$. 而对于 $G(3)$ 就只知道,$G(3)\geqslant 4$ 及 $G(3)\leqslant 7$(林尼克(Линник)),但我们却知道 $G(4)=16$(达文波特(Davenport)). 对于其他的 $G(k)$,还没有最后的结果. 继希尔伯特之后,首先对 $G(k)$ 得出结果的是哈代(Hardy)与利特尔伍德(Littlewood). 他们证明了

$$G(k)\leqslant(1+\varepsilon(k))k2^{k-2},$$

其中 $\varepsilon(k)\to 0$,当 $k\to\infty$. 维诺格拉多夫(И. М. Виноградов)大大地改进了上面的结果,他先证明了

$$G(k)<6k\ln k+(4+\ln 216)k,$$

后来又证明了

$$G(k)<k(3\ln k+11).$$

运用他的方法,还可以证明当 $k\geqslant 6$ 成立时,

$$g(k)=2^k+\left[\left(\frac{3}{2}\right)^k\right]-2.$$

(迪克森(Dickson),皮莱(Pillai),尼文(Niven)). 陈景润还证明了:$g(5)=37$,$19\leqslant g(4)\leqslant 27$. 这样对于 $g(k)$,只有 $g(4)$ 没有求出. 对于 $G(k)$,哈代与利特尔伍德还作了下面的猜测:当 $k=2^m$,$m>1$ 时,$G(k)=4k$;而 $k\neq 2^m$,$m>1$ 时,$G(k)\leqslant 2k+1$. 直到现在,除 $k=2,4$ 以外,还没有人能够断定这个猜测的对与不对.

应该指出,我国数学家华罗庚在研究华林问题中用 s 个 k 方和表 n 的表法数目的渐近公式得到了比哈代与利特尔伍德要好的结果. 华罗庚在等幂和的问题方面还得到以下结果:设 $M(k)$ 表示能使下列不定方程组有解的 s 的最小值:

$$x_1^h+x_2^h+\cdots+x_s^h=y_1^h+y_2^h+\cdots+y_s^h\quad(h=1,2,\cdots,k),$$
$$x_1^{k+1}+x_2^{k+1}+\cdots+x_s^{k+1}\neq y_1^{k+1}+y_2^{k+1}+\cdots+y_s^{k+1}.$$

则

$$M(k)\leqslant(k+1)\left(\left[\frac{\ln\frac{1}{2}(k+2)}{\ln\left(1+\frac{1}{k}\right)}\right]+1\right)\sim k^2\ln k.$$

这个结果直到现在还是最好的①. 他又在 1952 年证明 $s>s_0$(其中 s_0 是 k 的一个函数, $s_0\sim 3k^2\ln k$)时可以得到上列方程组的解数的渐近公式.

习　题

试证:$G(2)=4$.

拓展阅读

① 我们用 $f(x)\sim g(x)$ 表示 $\lim\limits_{x\to\infty}\frac{f(x)}{g(x)}=1$.

第六章 原根与指标

在上一章里面,我们讨论了如何判断同余式 $x^2 \equiv a(\bmod m)$ 有解与否的问题,本章将进一步讨论同余式

$$x^n \equiv a(\bmod m) \tag{1}$$

在什么条件下有解. 在讨论过程中要引进原根与指标这两个概念,这两个概念在数论里是很有用的. 本章通过原根与指标的研究,最后要把(1)式对某些特殊的 m 有解的条件利用指标表达出来,在本章末节还要顺便讨论另一个在数论里具重要性的概念,就是所谓的特征函数.

§1 指数及其基本性质

由欧拉定理知道:若 $(a,m)=1, m>1$ 则 $a^{\varphi(m)} \equiv 1(\bmod m)$. 这就是说,若 $(a,m)=1, m>1$,则存在一个正整数 γ 满足 $a^{\gamma} \equiv 1(\bmod m)$,因此也存在满足上述要求的最小正整数. 故有

定义 若 $m>1,(a,m)=1$,则使得同余式

$$a^{\gamma} \equiv 1(\bmod m)$$

成立的最小正整数 γ 叫做 a 对模 m 的**指数**.

若 a 对模 m 的指数是 $\varphi(m)$,则 a 叫做模 m 的一个**原根**.

例 2 对模 7 的指数是 3,对模 11 的指数是 10. 因此 2 是模 11 的一个原根,而不是模 7 的原根.

5 是模 3 及模 6 的原根,同时还是模 $3^2, 2\cdot 3^2$ 的原根,因为

$$5^2 \equiv 7(\bmod 3^2), \quad 5^3 \equiv -1(\bmod 3^2), \quad 5^4 \equiv -5(\bmod 3^2),$$
$$5^5 \equiv -7(\bmod 3^2), \quad 5^6 \equiv 1(\bmod 3^2),$$

而 $\varphi(3^2)=6$.

原根是否存在,以及模 m 的原根有多少个这两个问题,留待以下几节讨论. 这一节我们先讨论指数的基本性质.

定理 1 若 a 对模 m 的指数是 δ,则 $1=a^0, a^1, \cdots, a^{\delta-1}$ 对模 m 两两不同余.

证 我们用反证法证明. 假定有两个整数 k, l 满足条件

$$a^l \equiv a^k(\bmod m), \quad 0 \leqslant k < l < \delta,$$

因 $(a,m)=1$,故得 $a^{l-k} \equiv 1(\bmod m), 0 < l-k < \delta$. 这与 δ 是 a 对模 m 的指数矛盾,故定

理获证. **证完**

定理 2　若 a 对模 m 的指数是 δ，则 $a^{\gamma}\equiv a^{\gamma'}(\bmod m)$ 成立的充分必要条件是 $\gamma\equiv\gamma'(\bmod \delta)$，特别地，$a^{\gamma}\equiv 1(\bmod m)$ 成立的充分必要条件是 $\delta\mid\gamma$.

证　由带余式除法，可设 $\gamma=\delta q+r,\gamma'=\delta q'+r',0\leqslant r<\delta,0\leqslant r'<\delta$. 由于 $a^{\delta}\equiv 1(\bmod m)$，故

$$a^{\gamma}=(a^{\delta})^{q}a^{r}\equiv a^{r}(\bmod m),$$
$$a^{\gamma'}=(a^{\delta})^{q'}a^{r'}\equiv a^{r'}(\bmod m).$$

因此，$a^{\gamma}\equiv a^{\gamma'}(\bmod m)$ 的充分必要条件是 $a^{r}\equiv a^{r'}(\bmod m)$. 但由定理 1 及 $0\leqslant r,r'<\delta$ 即知：若 $a^{r}\equiv a^{r'}(\bmod m)$，则 $r=r'$，反之若 $r=r'$，则 $a^{r}\equiv a^{r'}(\bmod m)$. 故知 $a^{\gamma}\equiv a^{\gamma'}(\bmod m)$ 的充分必要条件是 $r=r'$，即 $\gamma\equiv\gamma'(\bmod \delta)$. **证完**

由定理 2 及欧拉定理立刻得出

推论 1　若 a 对模 m 的指数是 δ，则 $\delta\mid\varphi(m)$.

推论 2　设 $0<a<b,(a,b)=1,b=2^{\alpha}5^{\beta}b_1,(b_1,10)=1,b_1\neq 1$，若将有理数 $\frac{a}{b}$ 化成循环小数，则此循环小数的循环节的长度 $\delta\mid\varphi(b_1)$.

证　由第三章 §4 定理 2、3 的证明可以看出此循环小数的循环节长度是使

$$10^{t}\equiv 1(\bmod b_1)$$

成立的最小正整数 δ，这就是说循环节的长度是 10 对模 b_1 的指数，故 $\delta\mid\varphi(b_1)$. **证完**

定理 3　若 x 对模 m 的指数是 $ab,a>0,b>0$，则 x^{a} 对模 m 的指数是 b.

证　因为 $(x,m)=1$，故 $(x^{a},m)=1$. 因此 x^{a} 对模 m 的指数是存在的. 设 x^{a} 对模 m 的指数是 δ，则 $(x^{a})^{\delta}\equiv 1(\bmod m)$. 由定理 2，$ab\mid a\delta$，因而 $b\mid\delta$.

另一方面，ab 是 x 对模 m 的指数，因此 $(x^{a})^{b}\equiv 1(\bmod m)$，而 δ 是 x^{a} 对模 m 的指数，故由定理 2，$\delta\mid b$. 又 b,δ 都是正整数，故 $\delta=b$. **证完**

定理 4　若 x 对模 m 的指数是 a，y 对模 m 的指数是 b，并且 $(a,b)=1$，则 xy 对模 m 的指数是 ab.

证　因为 $(x,m)=(y,m)=1$，故 $(xy,m)=1$，因此 xy 对模 m 的指数是存在的. 设 xy 对模 m 的指数是 δ，则 $(xy)^{\delta}\equiv 1(\bmod m)$，由此即得

$$1\equiv(xy)^{b\delta}\equiv x^{b\delta}y^{b\delta}\equiv x^{b\delta}(\bmod m).$$

由定理 2 即得 $a\mid b\delta$. 但 $(a,b)=1$，故 $a\mid\delta$. 同样可以证明 $b\mid\delta$. 再由 $(a,b)=1$ 即得 $ab\mid\delta$.

另一方面 $(xy)^{ab}=(x^{a})^{b}(y^{b})^{a}\equiv 1(\bmod m)$. 由定理 2 知，$\delta\mid ab$，又因为 $ab>0,\delta>0$，故 $\delta=ab$. **证完**

习　题

1. 设 p 是奇素数，a 是大于 1 的整数. 证明：

(i) $a^{p}-1$ 的奇素因数是 $a-1$ 的因数或是形如 $2px+1$ 的整数，其中 x 是整数；

(ii) $a^{p}+1$ 的奇素因数是 $a+1$ 的因数或是形如 $2px+1$ 的整数，其中 x 是整数.

2. 设 a 对模 m 的指数是 δ,试证 a^{λ} 对模 m 的指数是 $\frac{\delta}{(\lambda,\delta)}$.

§2 原根存在的条件

任给一模 m,原根是不一定存在的. 实际上,只有在 m 是 $2,4,p^{\alpha},2p^{\alpha}$($p$ 是奇素数)四者之一时原根才存在,这就是本节要证明的主要结果.

我们先讨论 m 是奇素数的情形,并在本章以后各节中用 p 代表奇素数.

定理 1 若 p 是奇素数,则模 p 的原根是存在的.

证 在模 p 的既约剩余系 $1,2,\cdots,p-1$ 里,每一整数对模 p 都有它自己的指数. 从这 $p-1$ 个指数中取出所有不同的指数,记作

$$\delta_1,\delta_2,\cdots,\delta_r. \tag{1}$$

令 $\tau=[\delta_1,\delta_2,\cdots,\delta_r]$,今将证明:(i) 有一数 g,它对模 p 的指数是 τ;(ii) $\tau=p-1$. 如果这两点被证明了,那么 g 便是模 p 的一个原根而定理获证.

(i) 设 $\tau=q_1^{\alpha_1}q_2^{\alpha_2}\cdots q_k^{\alpha_k}$ 是 τ 的标准分解式,则对每一 $s(s=1,2,\cdots,k)$ 来说,在(1)里一定有一 δ 使得 $\delta=aq_s^{\alpha_s}$. 由(1)的意义知有一整数,它对模 p 的指数是 δ. 设这个整数是 x,则由 §1 定理 3 知 $x_s=x^a$ 对模 p 的指数是 $q_s^{\alpha_s}$. 故在 $1,2,\cdots,p-1$ 里有 k 个数x_1',$x_2',\cdots,x_k'$,使 $x_s'(s=1,2,\cdots,k)$对模 p 的指数是 $q_s^{\alpha_s}$.

令 $g=x_1'x_2'\cdots x_k'$,则由 §1 定理 4 即知 g 对模 p 的指数是 τ.

(ii) 因为 $\delta_s(s=1,2,\cdots,r)$是 τ 的因数,而 $1,2,\cdots,p-1$ 中任一数的指数都在(1)中出现,故 $x^{\tau}\equiv1\pmod{p}$,$x=1,2,\cdots,p-1$,即同余式 $x^{\tau}\equiv1\pmod{p}$至少有 $p-1$ 个解. 由第四章 §4 定理 4 知 $p-1\leqslant\tau$.

但由 §1 推论 1 知 $\delta_s\mid(p-1)$,$s=1,2,\cdots,r$,故 $\tau\mid(p-1)$. 由此即得 $\tau\leqslant p-1$. 故 $\tau=p-1$. **证完**

我们应用定理 1 来讨论 $m=p^{\alpha}$ 或 $2p^{\alpha}$ 时的情形.

定理 2 设 g 是模 p 的一个原根,则存在一整数 t_0,使得由等式$(g+pt_0)^{p-1}=1+pu_0$ 所确定的 u_0 不能被 p 整除,并且对应于这个 t_0 的 $g+pt_0$ 就是模 p^{α} 的原根,其中 α 是大于 1 的任何整数. 即对任一正整数 α 来说,模 p^{α} 的原根存在.

证 由欧拉定理即得 $g^{p-1}\equiv1\pmod{p}$,也就是说存在一整数 T_0,使得下列两等式成立:

$$g^{p-1}=1+pT_0,$$
$$(g+pt)^{p-1}=1+p(T_0-g^{p-2}t+pT)=1+pu, \tag{2}$$

其中 $u=T_0-g^{p-2}t+pT$,T 是 t 的整系数多项式. 显然对任何整数 t 来说,$u\equiv T_0-g^{p-2}t\pmod{p}$. 又由(2),$(g^{p-2},p)=1$. 故此时同余式 $g^{p-2}t-T_0\equiv0\pmod{p}$只有一解,因而存在一 t_0,使 $g^{p-2}t_0-T_0\not\equiv0\pmod{p}$. 故 t_0 所对应的 u_0(即由$(g+pt_0)^{p-1}=1+pu_0$ 所确定的 u_0)不被 p 整除.

对于满足上述要求的那个 t_0,我们还有

$$(g+pt_0)^{p(p-1)}=(1+pu_0)^p=1+p^2u_1, \tag{3}$$

其中

$$u_1=u_0+\binom{p}{2}u_0^2+\binom{p}{3}pu_0^3+\cdots+p^{p-2}u_0^p\equiv u_0 \pmod{p},$$

因而 p 不能整除 u_1. 同样可得

$$\begin{aligned}(g+pt_0)^{p^2(p-1)}&=(1+p^2u_1)^p=1+p^3u_2,\\(g+pt_0)^{p^3(p-1)}&=(1+p^3u_2)^p=1+p^4u_3,\\&\cdots\end{aligned} \tag{4}$$

其中 $u_0\equiv u_1 \pmod{p}\equiv u_2 \pmod{p}\equiv u_3 \pmod{p}\equiv\cdots$, 即 $p\nmid u_s, s=1,2,3,\cdots$.

设 $g+pt_0$ 对模 p^α 的指数是 δ, 则

$$(g+pt_0)^\delta\equiv 1 \pmod{p^\alpha}. \tag{5}$$

由此即得 $(g+pt_0)^\delta\equiv 1 \pmod{p}$. 但 $g+pt_0$ 是模 p 的一个原根, 故 $(p-1)\mid\delta$. 另一方面由 δ 的定义知 $\delta\mid\varphi(p^\alpha)$, 即 $\delta\mid p^{\alpha-1}(p-1)$, 故, $\delta=p^{r-1}(p-1)$, 其中 r 是 $1,2,\cdots,\alpha$ 中某一数. 将此结果代入(5)式, 再由(2), (3)及(4)即得

$$1+p^ru_{r-1}\equiv 1 \pmod{p^\alpha},\quad 即\ p^ru_{r-1}\equiv 0 \pmod{p^\alpha}.$$

但 $p\nmid u_{r-1}$, 故得 $p^r\equiv 0 \pmod{p^\alpha}$, 由此 $\alpha\leqslant r$, 故 $r=\alpha$, 即 $\delta=\varphi(p^\alpha)$. **证完**

定理 3 设 $\alpha\geqslant 1$, g 是模 p^α 的一个原根, 则 g 与 $g+p^\alpha$ 中的奇数是模 $2p^\alpha$ 的一个原根.

证 我们先证明(i)每一奇数 x 若适合同余式 $x^\gamma\equiv 1 \pmod{p^\alpha}$ 及 $x^\gamma\equiv 1 \pmod{2p^\alpha}$ 中的任一个时, 则必适合另一个.

若 x 适合同余式 $x^\gamma\equiv 1 \pmod{2p^\alpha}$, 显然 x 适合同余式 $x^\gamma\equiv 1 \pmod{p^\alpha}$. 反之若 x 适合 $x^\gamma\equiv 1 \pmod{p^\alpha}$, 由 $2\nmid x$ 即得 $2\nmid x^\gamma$, 因而 $x^\gamma\equiv 1 \pmod{2}$, 但 $(2,p^\alpha)=1$, 故得 $x^\gamma\equiv 1 \pmod{2p^\alpha}$.

(ii) 若 g 是奇数, 则

$$g^{\varphi(p^\alpha)}\equiv 1 \pmod{p^\alpha},\quad g^r\not\equiv 1 \pmod{p^\alpha},\quad 0<r<\varphi(p^\alpha).$$

由(i)及 $\varphi(p^\alpha)=\varphi(2p^\alpha)$ 即得

$$g^{\varphi(2p^\alpha)}\equiv 1 \pmod{2p^\alpha},\quad g^r\not\equiv 1 \pmod{2p^\alpha},\quad 0<r<\varphi(2p^\alpha).$$

故 g 是模 $2p^\alpha$ 的一个原根.

(iii) 对 $g+p^\alpha$ 是奇数的情形, 其证法与(ii)完全相同. **证完**

定理 4 模 m 的原根存在的充分必要条件是 m 等于 $2,4,p^\alpha$ 或 $2p^\alpha$, 其中 p 是奇素数.

证 (i) 当 $n\geqslant 3$ 时, 同余式

$$a^{2^{(n-2)}}\equiv 1 \pmod{2^n},\quad (a,2^n)=1 \tag{6}$$

永远成立. 因为 $a=2a_1+1$, 故

$$\begin{aligned}a^2&=4a_1(a_1+1)+1\equiv 1 \pmod{2^3},\\a^{2^2}&=(1+8t_1)^2=1+16(t_1+4t_1^2)\equiv 1 \pmod{2^4}.\end{aligned}$$

若 $a^{2^{((n-1)-2)}}\equiv 1(\bmod 2^{n-1})$，则

$$a^{2^{(n-2)}}=(1+2^{n-1}t_{n-3})^2=1+2^n(t_{n-3}+2^{n-2}t_{n-3}^2)\equiv 1(\bmod 2^n).$$

故由归纳法，(6) 永远成立.

(ii) 设 $m=2^n p_1^{\alpha_1}p_2^{\alpha_2}\cdots p_k^{\alpha_k}$ 是 m 的标准分解式，若 $(a,m)=1$，则 $(a,2^n)=1$，$(a,p_i^{\alpha_i})=1$. 由欧拉定理及 (i) 即得

$$a^{\varphi(p_i^{\alpha_i})}\equiv 1(\bmod p_i^{\alpha_i}),i=1,2,\cdots,k;\tag{7}$$

$$a^{\varphi(2^n)}\equiv 1(\bmod 2^n)，当\ n\leqslant 2;\quad a^{\frac{1}{2}\varphi(2^n)}\equiv 1(\bmod 2^n)，当\ n\geqslant 3.\tag{8}$$

令

$$\tau=\begin{cases}\varphi(2^n), & n\leqslant 2,\\ \dfrac{1}{2}\varphi(2^n), & n\geqslant 3,\end{cases}$$

$$h=[\tau,\varphi(p_1^{\alpha_1}),\varphi(p_2^{\alpha_2}),\cdots,\varphi(p_k^{\alpha_k})],$$

则由 (7)，(8) 及第三章 §1 性质辛即得

$$a^h\equiv 1(\bmod m).$$

既然上式对于所有与 m 互素的 a 都成立，故若 $h<\varphi(m)$，则由原根的定义，模 m 的原根是不存在的. 因此我们要讨论，何时 h 可能等于 $\varphi(m)$.

当 $n\geqslant 3$ 时，

$$h\leqslant \tau\prod_{i=1}^{k}\varphi(p_i^{\alpha_i})=\frac{1}{2}\varphi(m)<\varphi(m);$$

当 $k>1$ 时，由 $2\nmid p_1$，$2\nmid p_2$ 即知 $2\mid\varphi(p_1^{\alpha_1})$，$2\mid\varphi(p_2^{\alpha_2})$. 因此

$$[\varphi(p_1^{\alpha_1}),\varphi(p_2^{\alpha_2})]<\varphi(p_1^{\alpha_1})\varphi(p_2^{\alpha_2}),$$

$$h<\varphi(2^n)\prod_{i=1}^{k}\varphi(p_i^{\alpha_i})=\varphi(m);$$

当 $n=2,k=1$ 时，$\varphi(2^n)=2$，$2\mid\varphi(p_1^{\alpha_1})$，而

$$h=\varphi(p_1^{\alpha_1})<\varphi(2^n)\varphi(p_1^{\alpha_1})=\varphi(m).$$

故只有在

$$\begin{cases}n=1,\\k=0;\end{cases}\quad\begin{cases}n=2,\\k=0;\end{cases}\quad\begin{cases}n=0,\\k=1;\end{cases}\quad\begin{cases}n=1,\\k=1\end{cases}$$

四种情形下，h 才可能等于 $\varphi(m)$，即只有在 m 是 $2,4,p^\alpha,2p^\alpha$ 四种数中的一个时，模 m 的原根才可能存在，故条件的必要性获证.

(iii) 当 $m=2$ 时，$\varphi(2)=1$. 此时 1 是模 2 的原根，当 $m=4$ 时，$\varphi(4)=2$，此时 3 是模 4 的原根. 当 $m=p^\alpha$ 或 $2p^\alpha$ 时，由定理 1，2，3 知模 m 的原根是存在的，故条件的充分性获证. **证完**

在定理 4 的证明中我们已经找出了模 2 及模 4 的一个原根. 我们证明了下面的定理以后，还可以给出一个求模 p^α 及模 $2p^\alpha$ 的原根的方法.

定理 5 设 $m>1$，$\varphi(m)$ 的所有不同素因数是 $q_1,q_2,\cdots,q_k$，$(g,m)=1$，则 g 是模 m 的一个原根的充分必要条件是

$$g^{\varphi(m)/q_i} \not\equiv 1 \pmod{m}, \quad i=1,2,\cdots,k. \tag{9}$$

证 (i) 若 g 是模 m 的原根. 则 g 对模 m 的指数是 $\varphi(m)$. 但 $0<\dfrac{\varphi(m)}{q_i}<\varphi(m)$, $i=1,2,\cdots,k$,故

$$g^{\varphi(m)/q_i} \not\equiv 1 \pmod{m}, \quad i=1,2,\cdots,k.$$

(ii) 若(9)式成立. 设 g 对模 m 的指数是 δ,我们用反证法证明 $\delta=\varphi(m)$.

假定 $\delta<\varphi(m)$,则由 §1 推论 1 知 $\delta \mid \varphi(m)$. 因此$\dfrac{\varphi(m)}{\delta}$是大于 1 的整数,且有一 $q_i \left| \dfrac{\varphi(m)}{\delta}\right.$,即$\dfrac{\varphi(m)}{\delta}=q_i u$,亦即$\dfrac{\varphi(m)}{q_i}=\delta u$. 故

$$g^{\varphi(m)/q_i}=(g^{\delta})^u \equiv 1 \pmod{m}.$$

这与(9)式矛盾,故 $\delta=\varphi(m)$,即 g 是模 m 的一个原根. **证完**

由定理 5 我们知道要想找出模 $m=p^{\alpha}$ 的原根,可先求出$\varphi(p^{\alpha})$的一切不同的素因数,然后找出一个与 m 互素并且满足(9)式的 g 来,那么 g 便是所要求的. 我们看几个例子.

例 1 设 $m=41$,则 $\varphi(m)=\varphi(41)=2^3\cdot 5$, $q_1=2$, $q_2=5$,因此$\dfrac{\varphi(m)}{q_1}=20$, $\dfrac{\varphi(m)}{q_2}=8$. 故 g 是模 41 的原根的充分必要条件是

$$g^8 \not\equiv 1 \pmod{41}, \quad g^{20} \not\equiv 1 \pmod{41}, \quad 41 \nmid g. \tag{10}$$

我们用 1,2,3,4,…逐一验算得到

$$1^8 \equiv 1 \pmod{41}, \begin{cases} 2^8 \equiv 10 \pmod{41}, \\ 2^{20} \equiv 1 \pmod{41}, \end{cases} 3^8 \equiv 1 \pmod{41},$$

$$\begin{cases} 4^8 \equiv 18 \pmod{41}, \\ 4^{20} \equiv 1 \pmod{41}, \end{cases} \quad \begin{cases} 5^8 \equiv 18 \pmod{41}, \\ 5^{20} \equiv 1 \pmod{41}, \end{cases} \quad \begin{cases} 6^8 \equiv 10 \not\equiv 1 \pmod{41}, \\ 6^{20} \equiv 40 \not\equiv 1 \pmod{41}, \end{cases}$$

故 6 是模 41 的一个原根.

例 2 设 $m=41^2=1\ 681$. 此时模 m 的原根是可以用定理 5 提出的方法来找的. 但此时应用定理 2 去找似乎更简便些.

由例 1 知 6 是模 41 的原根,并且由实际计算可知

$$6^{40} \equiv 124 \pmod{41^2}$$

故

$$6^{40}=1+41(3+41l), \quad l \text{ 是正整数},$$

$$(6+41t)^{40}=1+41(3+41l-6^{39}t+41T)=1+41u,$$

其中 $u=3+41l-6^{39}t+41T$, T 是 t 的整系数多项式. 当 $t=0$ 时 $41 \nmid u$. 故由定理 2 知 6 是模 41^2 的一个原根. 并且由定理 2 知 6 是模 $41^{\alpha}(\alpha>1)$的一个原根.

例 3 设 $m=2\times 41^2=3\ 362$. 此时模 m 的原根是可以用定理 5 提出的方法找到的. 但是由定理 3 及例 2 立刻知道 $6+41^2=1\ 687$是模 3 362 的一个原根.

读者应该注意,定理 5 所提供找原根的方法并不永远可以用来作实际计算. 原因在对于 $\varphi(m)$的一切不同素因数没有一个一般的实际的求法,其次还应该注意,即使

$\varphi(m)$的一切不同素因数可以求出时,(9)式的验算也常常是非常繁杂的,因此应该说这个方法有很大的缺点.

注:在第三章 §5 中已经提到,在公开密钥方案中,离散对数方案是目前有效的方案之一,现在我们在这里对一种具体的公开密钥和数字签名方案作一简单介绍. 设 p 是一个位数很大的素数,模 p 的剩余类环 F_p(参看第三章 §2 最后的注)是一域,从而所有非零元 F_p^* 对集乘法作成一可换群. 所谓离散对数问题就是:取 F_p^* 的两个元素 g 和 $h=g^x$,由 g 和 h 求整数 $x(0\leqslant x\leqslant p-1)$(当 g 为原根时,x 就是下节的 $\operatorname{ind}h$). 目前在计算上,对于阶数(即 §1 中的指数)很大的元 g 来说,离散对数问题是一个很难解决的问题. 为简单起见,下面记 $F_p^*=G$.

(1) 1985 年盖莫尔(E. L. Gamal)用离散对数给出如下的公开密钥方案:设正整数 x_B 由 B 保密,公开 g 和 $h_B=g^{x_B}$,其中 g 为 G 的原根. A 将信息 $m\in G$ 传给 B 时,随机选取 $k,1\leqslant k\leqslant p-1$,计算出 $a=g^k,b=h_B^k m$,将数组(a,b)传给 B. B 通过关系 $ba^{-x_B}=h_B^k mg^{-kx_B}=m$ 恢复信息 m. 这就是说,如果外人不知道 x_B,那么即令他截获了(a,b),要想知道信息 m,就必须解决离散对数问题:由 g 和 h_B 求 x_B. 由上面所述理由,这在限期内是做不到的,因此 x_B 是一个有效的解钥.

(2) 盖莫尔 1985 年还用离散对数构造了数字签名方案. 假设 B 要把信息 $m\in R_{p-1}$(模 $p-1$ 的剩余类环)传给 A,二人事先约定一个一一映射 $f:G\to R_{p-1}$. 公开 G,g 和 $h=g^{x_B}$,其中 g 是模 p 的原根,而 x_B 为 B 自己的解钥. 数字签名的方法是:B 随机选取 k,$(k,p-1)=1,1\leqslant k\leqslant p-2$,计算 $a=g^k$,并且求出同余式

$$m\equiv x_B f(a)+bk\pmod{p-1}$$

的一个解 $b\in R_{p-1}$,然后将(a,b)(B 的签名)和信息 m 一起传给 A. A 计算出 $h^{f(a)}a^b$,如果它等于 g^m,就确认了信息来自 B,因为外人不知道 x_B,从而无法算出 b.

以上只是讨论了一种具体的应用离散对数构造公开密钥方案和数字签名方案,也是目前可以采用的一种方案. 至于一般情形,所谓离散对数问题,不过是对一个有限可换群 G 和 G 中两个元素 g 和 $h=g^x$,由 g 和 h 求整数 $x(1\leqslant x\leqslant|G|)$的问题. 对公开密钥和签名方案都有相应的讨论.

§3 指标及 n 次剩余

在 $m=p^\alpha$ 或 $2p^\alpha$ 的情形下,模 m 的原根是存在的,本节就在这两种情形下引进指标的概念,并推出它的基本性质. 进一步我们要应用指标的性质来研究同余式

$$x^n\equiv a\pmod{m},\quad (a,m)=1 \tag{1}$$

有解的条件及解数,并且求出模 m 的原根的个数.

在本节里(除特殊声明外)假定 m 是 p^α 或 $2p^\alpha$,$c=\varphi(m)$,g 是模 m 的一个原根.

定理 1 若 γ 通过模 c 的最小非负完全剩余系,则 g^γ 通过模 m 的一个既约剩余系.

证　因为 g 是模 m 的一个原根，故由原根的定义及§1定理1知

$$g^0,g^1,g^2,\cdots,g^{c-1}. \qquad (2)$$

这 c 个数是对模 m 两两不同余的. 又因 $(g,m)=1$，故得 $(g^{\gamma},m)=1,\gamma=0,1,\cdots,c-1$，而 $c=\varphi(m)$. 由第三章§3即知(2)是模 m 的一个既约剩余系.　**证完**

有了定理1，我们可以对于每一个与模 m 互素的数引进指标的概念. 指标的概念与对数的概念很相像，而原根相当于对数的底.

定义1　设 a 是一整数，若对模 m 的一个原根 g，有一整数 γ 存在，使得

$$a\equiv g^{\gamma}(\bmod m),\quad \gamma\geqslant 0$$

成立，则 γ 叫做以 g 为底的 a 对模 m 的一个**指标**.

由定义我们可以看出，一般来说，a 的指标不仅与模有关，而且与原根也有关. 例如，2，3都是模5的原根；例如，1是以3为底的3对模5的一个指标，3是以2为底的3对模5的一个指标. 由定理1立刻知道任一与模 m 互素的整数 a，对于模 m 的任一原根 g 来说，a 的指标是存在的. 若 $(a,m)\neq 1$，则对模 m 的任一原根 g 来说，a 的指标是不存在的. 我们还有

定理2　若 a 是一个与 m 互素的整数，g 是模 m 的一个原根，则对模 m 来说，a 有一个以 g 为底的指标 γ'，$0\leqslant\gamma'<c$；并且以 g 为底的 a 对模 m 的一切指标是满足条件

$$\gamma\equiv\gamma'(\bmod c),\quad \gamma\geqslant 0$$

的一切整数. a 的以 g 为底的指标的模 c 最小非负剩余记作 $\mathrm{ind}_g a$（或 $\mathrm{ind}a$）

证　因为 $(a,m)=1$，故由定理1，存在一整数 γ'，$0\leqslant\gamma'<c$，使得

$$a\equiv g^{\gamma'}(\bmod m).$$

若 $g^{\gamma}\equiv a(\bmod m)$，则 $g^{\gamma}\equiv g^{\gamma'}(\bmod m)$. 但 g 是模 m 的一个原根，因此 g 对模 m 的指数是 c. 由§1定理2，$\gamma\equiv\gamma'(\bmod c)$，即 a 的任一指标都是满足定理条件的整数. 反之，若 $\gamma\equiv\gamma'(\bmod c)$，$\gamma\geqslant 0$，则由§1定理2

$$g^{\gamma}\equiv g^{\gamma'}\equiv a(\bmod m),$$

即满足定理条件的整数 γ 都是 a 的指标. 故定理获证.　**证完**

定理3　设 g 是模 m 的一个原根，γ 是一个非负整数，则以 g 为底，对模 m 有同一指标 γ 的一切整数是模 m 的一个与模互素剩余类.

证　显然 $\mathrm{ind}_g g^{\gamma}=\gamma$，且 $(g^{\gamma},m)=1$，由定义，$\mathrm{ind}_g a=\gamma$ 的充分必要条件是 $a\equiv g^{\gamma}(\bmod m)$. 故以 g 为底对模 m 有同一指标 γ 的一切整数就是 g^{γ} 所在的与模互素的剩余类.　**证完**

下面我们证明一个与对数完全相像的指标的性质.

定理4　若 $a_1,a_2,\cdots,a_n$ 是与 m 互素的 n 个整数，则

$$\mathrm{ind}(a_1a_2\cdots a_n)\equiv\mathrm{ind}a_1+\mathrm{ind}a_2+\cdots+\mathrm{ind}a_n(\bmod c);$$

特别地，

$$\mathrm{ind}a^n\equiv n\,\mathrm{ind}a(\bmod c).$$

证　由指标的定义

$$a_i\equiv g^{\mathrm{ind}a_i}(\bmod m),\quad i=1,2,\cdots,n.$$

由此

$$a_1a_2\cdots a_n\equiv g^{\mathrm{ind}a_1+\mathrm{ind}a_2+\cdots+\mathrm{ind}a_n}\ (\mathrm{mod}\ m).$$

故由定理 1 即得

$$\mathrm{ind}(a_1a_2\cdots a_n)\equiv \mathrm{ind}a_1+\mathrm{ind}a_2+\cdots+\mathrm{ind}a_n\ (\mathrm{mod}\ c).$$

令 $a_1=a_2=\cdots=a_n=a$，则由上式即得

$$\mathrm{ind}a^n\equiv n\,\mathrm{ind}a\ (\mathrm{mod}\ c).$$

证完

利用指标可以解同余式(1)，正像利用对数可以求 n 次方根一样. 但我们要预先对于模 m 造出以某一原根为底的两个指标表来：一个是用来由一数求它的指标；另一个是用来由指标求它所对应的数. 在表中出现的数，只是模 m 的最小非负既约剩余；而出现的指标只是模 $\varphi(m)$ 的最小非负剩余，我们看一个例子.

例 1 作模 $p=41$ 的两个指标表. 由上一节(§2)例 1 知 6 是模 41 的一个原根. 因此我们把 6 作为底，由实际计算对模 41 得到下列各式：

$$\begin{array}{lllll}
6^0\equiv 1, & 6^8\equiv 10, & 6^{16}\equiv 18, & 6^{24}\equiv 16, & 6^{32}\equiv 37,\\
6^1\equiv 6, & 6^9\equiv 19, & 6^{17}\equiv 26, & 6^{25}\equiv 14, & 6^{33}\equiv 17,\\
6^2\equiv 36, & 6^{10}\equiv 32, & 6^{18}\equiv 33, & 6^{26}\equiv 2, & 6^{34}\equiv 20,\\
6^3\equiv 11, & 6^{11}\equiv 28, & 6^{19}\equiv 34, & 6^{27}\equiv 12, & 6^{35}\equiv 38,\\
6^4\equiv 25, & 6^{12}\equiv 4, & 6^{20}\equiv 40, & 6^{28}\equiv 31, & 6^{36}\equiv 23,\\
6^5\equiv 27, & 6^{13}\equiv 24, & 6^{21}\equiv 35, & 6^{29}\equiv 22, & 6^{37}\equiv 15,\\
6^6\equiv 39, & 6^{14}\equiv 21, & 6^{22}\equiv 5, & 6^{30}\equiv 9, & 6^{38}\equiv 8,\\
6^7\equiv 29, & 6^{15}\equiv 3, & 6^{23}\equiv 30, & 6^{31}\equiv 13, & 6^{39}\equiv 7.
\end{array}$$

因此可以列表如下：其中第一纵行是十位数字，第一横行是个位数字，第一个表是用来由数查它的指标，而第二表是用来由指标查出它所对应的数的.

	0	1	2	3	4	5	6	7	8	9
0		0	26	15	12	22	1	39	38	30
1	8	3	27	31	25	37	24	33	16	9
2	34	14	29	36	13	4	17	5	11	7
3	23	28	10	18	19	21	2	32	35	6
4	20									

	0	1	2	3	4	5	6	7	8	9
0	1	6	36	11	25	27	39	29	10	19
1	32	28	4	24	21	3	18	26	33	34
2	40	35	5	30	16	14	2	12	31	22
3	9	13	37	17	20	38	23	15	8	7

例如由第一表知道 30 的指标是 23，即 $\mathrm{ind}\,30=23$；15 的指标是 37，即 $\mathrm{ind}15=37$.

由第二表知道指标是 33 的数是 17，即 $33=\mathrm{ind}17$；指标是 15 的数是 3，即 $15=\mathrm{ind}3$.

现在应用指标来研究同余式(1)有解的条件，我们先引进 n 次剩余与 n 次非剩余的概念.

定义 2　设 m 是任一正整数，若同余式(1)有解，则 a 叫做对模 m 的一个 n **次剩余**，若同余式(1)无解，则 a 叫做对模 m 的 n **次非剩余**.

定理 5　若 $(n,c)=d,(a,m)=1$，则

(i) 同余式

$$x^n \equiv a(\bmod m) \tag{3}$$

有解(即 a 是对模 m 的 n 次剩余)的充分必要条件是 $d \mid \operatorname{ind}a$；并且在有解的情况下，解数是 d；

(ii) 在模 m 的一个既约剩余系中，n 次剩余的个数是 $\frac{c}{d}$.

证　我们先证明同余式(3)是与同余式

$$n\operatorname{ind}x \equiv \operatorname{ind}a(\bmod c) \tag{4}$$

等价的. 若(3)式有解，设为 $x \equiv x_0(\bmod m)$，则 $x_0^n \equiv a(\bmod m)$. 由定理 4 即得

$$n\operatorname{ind}x_0 \equiv \operatorname{ind}x_0^n \equiv \operatorname{ind}a(\bmod c).$$

反之，若有一整数 x_0 适合(4)，则由定理 4 及定理 3 即得

$$x_0^n \equiv a(\bmod m),$$

即 $x \equiv x_0(\bmod m)$ 是(3)的解.

(i) 由定理 1，对任一整数 X，同余式

$$X \equiv \operatorname{ind}x(\bmod c)$$

永远有解 x，故(4)式有解的充分必要条件是

$$nX \equiv \operatorname{ind}a(\bmod c) \tag{5}$$

有解. 但由第四章 §1 定理知上式有解的充分必要条件是 $d \mid \operatorname{ind}a$. 故(3)有解的充分必要条件是 $d \mid \operatorname{ind}a$.

若(3)有解，则 $d \mid \operatorname{ind}a$，因此由第四章 §1 定理知(5)式有 d 个解. 故(4)式及(3)式有 d 个解.

(ii) 由(i)知对模 m 的 n 次剩余的个数是序列

$$0,1,2,\cdots,c-1$$

中 d 的倍数的个数，故 n 次剩余的个数是 $\frac{c}{d}$.　**证完**

推论　a 是对模 m 的 n 次剩余的充分必要条件是

$$a^{\frac{c}{d}} \equiv 1(\bmod m),\quad d=(n,c).$$

证　由定理 5 知 a 是 n 次剩余的充分必要条件是 $\operatorname{ind}a \equiv 0(\bmod d)$. 由第三章 §1 性质庚及 $d \mid c$ 即知这个条件就是

$$\frac{c}{d}\operatorname{ind}a \equiv 0(\bmod c),$$

也就是 $a^{\frac{c}{d}} \equiv 1(\bmod m)$.　**证完**

例 2　在同余式

$$x^8 \equiv 23(\bmod 41) \tag{6}$$

中，$n=8,c=\varphi(41)=40$. 故 $d=(8,40)=8$. 又 $\operatorname{ind}23=36$，因 $8 \nmid 36$，故(6)无解.

例 3　在同余式

$$x^{12}\equiv 37(\mathrm{mod}\,41)\tag{7}$$

中，$d=(12,40)=4$，又 $\mathrm{ind}37=32$. 因 $4\mid\mathrm{ind}37$，故由定理 5 知(7)式有 4 解. 又由定理 5 的证明，(7)与同余式

$$12\mathrm{ind}x\equiv\mathrm{ind}37(\mathrm{mod}\,40)$$

即

$$3\mathrm{ind}x\equiv 8(\mathrm{mod}\,10)$$

等价. 由第四章 § 1 知有四解

$$\mathrm{ind}x\equiv 6,16,26,36(\mathrm{mod}\,40).$$

查指标表即得同余式(7)的四解是

$$x\equiv 39,18,2,23(\mathrm{mod}\,41).$$

例 4 由实际计算可知在模 41 的最小非负完全剩余系中，对模 41 的 4 次剩余（由定理 5 知道也是 12 次，28 次，36 次，……剩余）是

$$1,4,10,16,18,23,25,31,37,40,$$

即对模 41 的 4 次剩余的个数是 10. 而由定理 5 也可以知道对模 41 的 4 次剩余的个数是 $\dfrac{40}{(40,4)}=10$.

定理 6 若 $(a,m)=1$，则 a 对模 m 的指数 $\delta=\dfrac{c}{(\mathrm{ind}a,c)}$. 特别地，$a$ 是模 m 的一个原根的充分必要条件是 $(\mathrm{ind}a,c)=1$.

证 因为 δ 是 a 对模 m 的指数，故 $a^{\delta}\equiv 1(\mathrm{mod}\,m)$. 由定理 4 知

$$\delta\mathrm{ind}a\equiv 0(\mathrm{mod}\,c).$$

但由 § 1 推论 1 知 $\delta\mid c$，再由第三章 § 1 性质庚即得

$$\mathrm{ind}a\equiv 0\left(\mathrm{mod}\,\frac{c}{\delta}\right),$$

即 $\dfrac{c}{\delta}\,\Big|\,\mathrm{ind}a$，而 $\dfrac{c}{\delta}\,\Big|\,c$，故 $\dfrac{c}{\delta}$ 是 $\mathrm{ind}a$ 与 c 的一个公因数. 因此 $\dfrac{c}{\delta}\leqslant(\mathrm{ind}a,c)$，即

$$\frac{c}{(\mathrm{ind}a,c)}\leqslant\delta.\tag{8}$$

命 $d=(\mathrm{ind}a,c)$，则 $\mathrm{ind}a\equiv 0(\mathrm{mod}\,d)$. 由 $d\mid c$ 及第三章 § 1 性质庚即得

$$\frac{c}{d}\mathrm{ind}a\equiv 0(\mathrm{mod}\,c).$$

再由定理 3，4 即得 $a^{\frac{c}{d}}\equiv 1(\mathrm{mod}\,m)$. 但 δ 是满足同余式 $a^{t}\equiv 1(\mathrm{mod}\,m)$ 的最小正整数，故 $\delta\leqslant\dfrac{c}{d}=\dfrac{c}{(\mathrm{ind}a,c)}$. 由此不等式及(8)即得

$$\delta=\frac{c}{(\mathrm{ind}a,c)}.\tag{9}$$

若 a 是模 m 的一个原根，则 $\delta=c$. 故由(9)即得 $(\mathrm{ind}a,c)=1$. 反之，若 $(\mathrm{ind}a,c)=1$，则 a 对模 m 的指数是 c，即 a 是模 m 的原根. **证完**

注：由证明可以看出，不论以模 m 的哪一个原根为底，定理 6 的结论还是一样的.

定理 7 在模 m 的既约剩余系中，指数是 δ 的整数的个数是 $\varphi(\delta)$，特别地，在模 m

的既约剩余系中,原根的个数是 $\varphi(c)$.

证　设在模 m 的既约剩余系中,指数是 δ 的整数的个数是 T,则由定理 6 知,T 等于在模 m 的既约剩余系中满足条件

$$(\mathrm{ind}a, c) = \frac{c}{\delta}$$

的 a 的个数. 由于当 x 通过模 m 的既约剩余系时,$\mathrm{ind}x$ 通过模 c 的完全剩余系,故 T 等于满足条件

$$(y, c) = \frac{c}{\delta}, \quad 0 \leqslant y < c$$

的整数 y 的个数. 令 $y = \frac{c}{\delta}u$,则 T 等于满足条件

$$(u, \delta) = 1, \quad 0 < u < \delta$$

的整数 u 的个数,故 $T = \varphi(\delta)$.

特别地,在模 m 的既约剩余系中,指数是 c 的整数的个数是 $\varphi(c)$,由原根的定义即知原根的个数是 $\varphi(c)$. **证完**

例 5　在模 41 的既约剩余系中,指数是 10 的数 a 满足条件

$$(\mathrm{ind}a, 40) = \frac{40}{10} = 4,$$

即

$$a = 4, 23, 25, 31,$$

这些数的个数是 $4 = \varphi(10)$.

例 6　在模 41 的既约剩余系中,原根是适合条件

$$(\mathrm{ind}a, 40) = 1$$

的数 a,即

$$\mathrm{ind}a = 1, 3, 7, 9, 11, 13, 17, 19, 21, 23, 27, 29, 31, 33, 37, 39,$$
$$a = 6, 11, 29, 19, 28, 24, 26, 34, 35, 30, 12, 22, 13, 17, 15, 7,$$

而这些数的个数 $16 = \varphi(40)$.

习　题

1. 设 $q_1, q_2, \cdots, q_s$ 是 $\varphi(m)$ 的一切不同的素因数,证明 g 是模 m 的一个原根的充分必要条件是 g 是对模 m 的 $q_i(i = 1, 2, \cdots, s)$ 次非剩余.

2. 证明 10 是模 17 及模 257(素数)的原根. 并由此证明把 $\frac{1}{17}, \frac{1}{257}$ 化成循环小数时,循环节的长度分别是 16 及 256.

3. 试利用指标表解同余式

$$x^{15} \equiv 14(\mathrm{mod}41).$$

4. 设模 $m(m > 2)$ 的原根是存在的,试证对模 m 的任一原根来说,-1 的指标总是 $\frac{1}{2}\varphi(m)$.

5. 设 g, g_1 是模 m 的两个原根,试证:

(i) $\mathrm{ind}_{g_1} g \cdot \mathrm{ind}_g g_1 \equiv 1(\mathrm{mod}\varphi(m))$;

(ii) $\mathrm{ind}_g a \equiv \mathrm{ind}_g g_1 \mathrm{ind}_{g_1} a(\bmod \varphi(m))$.

§4　模 2^α 及合数模的指标组

我们在上节里研究了指标的基本性质及其对 n 次剩余的应用. 但是指标的概念有赖于模 m 的原根的存在,而我们由 §2 知道在一般情况下模 m 的原根是不存在的. 这一节的目的就是要在一般情况下,引进指标组的概念.

首先由 §2 我们知道:当 $\alpha \geqslant 3$ 时,模 2^α 的原根是不存在的,并且由 §2 定理 4 的证明里可以看出任一与 $2^\alpha(\alpha \geqslant 3)$ 互素的整数 a 适合同余式

$$a^{2^{\alpha-2}} \equiv 1(\bmod 2^\alpha). \tag{1}$$

我们进一步问:是否存在一个整数 a,它对模 $2^\alpha(\alpha \geqslant 3)$ 的指数是 $2^{\alpha-2}$? 这个问题的答复是肯定的,就是下面的定理.

定理 1　设 $\alpha \geqslant 3$,则 5 对模 2^α 的指数是 $2^{\alpha-2}$,并且

$$\pm 5^0, \pm 5^1, \cdots, \pm 5^{2^{\alpha-2}-1} \tag{2}$$

是模 2^α 的一个既约剩余系.

证　设 5 对模 2^α 的指数是 δ. 由(1)及 §1 定理 2 即得

$$\delta \mid 2^{\alpha-2},$$

亦即 $\delta = 2^n, 0 \leqslant n \leqslant \alpha - 2$. 故要证 $\delta = 2^{\alpha-2}$,只需证明

$$5^{2^m} \not\equiv 1(\bmod 2^\alpha), \quad 0 \leqslant m < \alpha - 2 \tag{3}$$

就够了.

我们先证明对任意非负整数 m,等式

$$5^{2^m} = 1 + 2^{m+2} + 2^{m+3} u_m, \tag{4}$$

成立,其中 u_m 是一个整数. 当 $m = 0$ 时,(4)式显然成立. 假设(4)式对 $m-1$ 成立,即 $5^{2^{m-1}} = 1 + 2^{m+1} + 2^{m+2} u_{m-1}$,即

$$\begin{aligned}5^{2^m} &= (1 + 2^{m+1} + 2^{m+2} u_{m-1})^2 \\ &= 1 + 2^{m+2} + 2^{m+3}(2^{m-1} + u_{m-1} + 2^{m+1} u_{m-1} + 2^{m+1} u_{m-1}^2) \\ &= 1 + 2^{m+2} + 2^{m+3} u_m,\end{aligned}$$

其中 $u_m = 2^{m-1} + u_{m-1} + 2^{m+1} u_{m-1} + 2^{m+1} u_{m-1}^2$ 是一整数. 由数学归纳法(4)式成立. 由(4)即得(3),因此 5 对模 2^α 的指数是 $2^{\alpha-2}$.

因为 5 对模 2^α 的指数是 $2^{\alpha-2}$. 故由 §1 定理 1,

$$5^0, 5^1, 5^2, \cdots, 5^{2^{\alpha-2}-1} \tag{5}$$

这 $2^{\alpha-2}$ 个数对模 2^α 两两不同余,因而

$$-5^0, -5^1, -5^2, \cdots, -5^{2^{\alpha-2}-1} \tag{6}$$

对模 2^α 也两两不同余. 不仅如此,(5)中任一数 5^s 与(6)中任一数 -5^t 对模 2^α 也不同余,这是因为 $5^s \equiv 1(\bmod 4)$,而 $-5^t \equiv -1(\bmod 4)$. 又(5),(6)中的一切数显然都与 2^α 互素,且共有 $2 \cdot 2^{\alpha-2} = \varphi(2^\alpha)$ 个数. 故(2)是模 2^α 的一个既约剩余系.　**证完**

推论 令

$$c=\begin{cases}1, & \alpha=1,\\ 2, & \alpha\geqslant 2,\end{cases}\quad c_0=\begin{cases}1, & \alpha=1,\\ 2^{\alpha-2}, & \alpha\geqslant 2.\end{cases}$$

若 γ 及 γ_0 分别通过模 c 及模 c_0 的最小非负完全剩余系，即

$$\gamma=0,1,\cdots,c-1,\gamma_0=0,1,\cdots,c_0-1, \tag{7}$$

则 $(-1)^{\gamma}5^{\gamma_0}$ 通过模 2^α 的一个既约剩余系.

证 由定理 1 知当 $\alpha\geqslant 3$ 时推论的结论是成立的. 当 $\alpha=1$ 时，γ 及 γ_0 只能是 0，而 $(-1)^0 5^0=1$ 是模 2 的既约剩余系. 当 $\alpha=2$ 时，$(-1)^{\gamma}5^{\gamma_0}$ 通过下列诸数：

$$(-1)^0 5^0=1,\quad (-1)^1 5^0=-1.$$

这是模 $2^2=4$ 的一个既约剩余系. **证完**

定理 2 同余式

$$(-1)^{\gamma}5^{\gamma_0}\equiv(-1)^{\gamma'}5^{\gamma_0'}\pmod{2^\alpha} \tag{8}$$

成立的充分必要条件是

$$\gamma\equiv\gamma'\pmod{c},\quad \gamma_0\equiv\gamma_0'\pmod{c_0}. \tag{9}$$

证 由定理 1 及其推论易见对任一 $\alpha>0$，-1 的指数是 c，5 的指数是 c_0. 今设 r,r_0 分别是 γ,γ_0 对模 c,c_0 的最小非负剩余；r',r_0' 分别是 γ',γ_0' 对模 c,c_0 的最小非负剩余. 由 §1 定理 2 的证明，(8) 式成立的充分必要条件是

$$(-1)^{r}5^{r_0}\equiv(-1)^{r'}5^{r_0'}\pmod{2^\alpha}.$$

由定理 1 的推论即得 $r=r'$，$r_0=r_0'$，这就是 (9). **证完**

现在我们引进模 2^α 的指标组的概念.

定义 1 若

$$a\equiv(-1)^{\gamma}5^{\gamma_0}\pmod{2^\alpha},$$

则 γ,γ_0 叫做 a 对模 2^α 的一个**指标组**.

由定理 1 的推论知道每一与 2^α 互素的数，对模 2^α 有一个指标组 γ',γ_0'，且 $0\leqslant\gamma'<c$，$0\leqslant\gamma_0'<c_0$.

如果知道 a 对模 2^α 的一个指标组是 γ',γ_0'，则由定理 2，a 对模 2^α 的一切指标组是适合条件

$$\gamma\equiv\gamma'\pmod{c},\quad \gamma_0\equiv\gamma_0'\pmod{c_0}$$

的一切非负整数对 γ,γ_0.

由定义还可以直接看出：对模 2^α 有同一指标组的一切数作成一个与模 2^α 互素的剩余类.

对于模 2^α 的指标组，我们还可以得出与 §3 定理 4 完全类似的结果，即

定理 3 设 $a_1,a_2,\cdots,a_n$ 是 n 个与 2^α 互素的整数，$\gamma(a_i),\gamma_0(a_i)\ (i=1,2,\cdots,n)$ 是 a_i 对模 2^α 的指标组，则 $\sum\limits_{i=1}^{n}\gamma(a_i)$，$\sum\limits_{i=1}^{n}\gamma_0(a_i)$ 是 $a_1a_2\cdots a_n$ 对模 2^α 的一个指标组.

证 由定义

$$a_i\equiv(-1)^{\gamma(a_i)}5^{\gamma_0(a_i)}\pmod{2^\alpha},\quad i=1,2,\cdots,n,$$

由此得

$$a_1a_2\cdots a_n\equiv(-1)^{\sum_{i=1}^{n}\gamma(a_i)}5^{\sum_{i=1}^{n}\gamma_0(a_i)}(\mathrm{mod}2^{\alpha}),$$

再由定义即得定理. **证完**

下面我们对一般情况引进指标组的概念,在以下的叙述中我们假定:$m=2^{\alpha}p_1^{\alpha_1}p_2^{\alpha_2}\cdots p_k^{\alpha_k}$ 是整数 m 的标准分解式,c 及 c_0 的意义和定理 1 的推论一样;$c_s=\varphi(p_s^{\alpha_s})$;$g_s$ 是模 $p_s^{\alpha_s}$ 的最小正原根.

定义 2 若

$$\begin{cases}a\equiv(-1)^{\gamma}5^{\gamma_0}(\mathrm{mod}2^{\alpha}),\\ a\equiv g_s^{\gamma_s}(\mathrm{mod}p_s^{\alpha_s}),s=1,2,\cdots,k,\end{cases}$$

则 $\gamma,\gamma_0,\gamma_1,\cdots,\gamma_k$ 叫做 a 对模 m 的一个**指标组**.

我们很容易得到下列三个与本节前面各定理相似的定理.

定理 4 若 a 是任一与 m 互素的整数,则 a 有一个对模 m 的指标组 $\gamma',\gamma_0',\gamma_1',\cdots,\gamma_k'$,$0\leqslant\gamma'<c$,$0\leqslant\gamma_s'<c_s$,$s=0,1,\cdots,k$. 并且 a 对模 m 的一切指标组都是由适合条件

$$\gamma\equiv\gamma'(\mathrm{mod}c),\quad \gamma_s\equiv\gamma_s'(\mathrm{mod}c_s),\quad s=0,1,\cdots,k$$

的数组 $\gamma,\gamma_0,\cdots,\gamma_k$ 组成.

证 因为$(a,m)=1$,故$(a,2^{\alpha})=1$,$(a,p_s^{\alpha_s})=1$. 根据 §3 定理 2,定理 1 的推论及定理 2 即得本定理. **证完**

定理 5 任给一个(非负整数的)数组 $\gamma,\gamma_0,\gamma_1,\cdots,\gamma_k$,则以这个数组为对模 m 的指标组的一切数作成一个与模 m 互素的剩余类.

证 由孙子定理知同余式组

$$x\equiv(-1)^{\gamma}5^{\gamma_0}(\mathrm{mod}2^{\alpha}),\quad x\equiv g_s^{\gamma_s}(\mathrm{mod}p_s^{\alpha_s}),\quad s=1,2,\cdots,k$$

有唯一的解 $x\equiv a(\mathrm{mod}m)$. 又$((-1)^{\gamma}5^{\gamma_0},2^{\alpha})=1$,$(g_s^{\gamma_s},p_s^{\alpha_s})=1$,因此$(a,2^{\alpha})=1$,$(a,p_s^{\alpha_s})=1$,故$(a,m)=1$,由此即得本定理. **证完**

定理 6 若 $a_1,a_2,\cdots,a_n$ 是 n 个与 m 互素的数,$\gamma(a_i),\gamma_0(a_i),\cdots,\gamma_k(a_i)(i=1,2,\cdots,n)$是 $a_i(i=1,2,\cdots,n)$对模 m 的指标组,则 $\sum_{i=1}^{n}\gamma(a_i)$,$\sum_{i=1}^{n}\gamma_0(a_i)$,$\cdots$,$\sum_{i=1}^{n}\gamma_k(a_i)$是 $a_1a_2\cdots a_n$ 对模 m 的一个指标组.

证 由定义即得

$$\left.\begin{aligned}&a_i\equiv(-1)^{\gamma(a_i)}5^{\gamma_0(a_i)}(\mathrm{mod}2^{\alpha}),\\&a_i\equiv g_s^{\gamma_s(a_i)}(\mathrm{mod}p_s^{\alpha_s}),\quad s=1,2,\cdots,k,\end{aligned}\right\}\quad i=1,2,\cdots,n.$$

再由 §3 定理 4 及定理 3 即得本定理. **证完**

§5 特征函数

由前面各节可以看出原根与指标这两个概念在研究同余式及分数化小数的问题时是很有用的. 借助这两个概念,我们还可以引进特征函数,这是一个在解析数论里常常用到的概念,本节的目的就是初步地讨论一下特征函数的最基本的性质.

本节采用以下的写法：$m=2^{\alpha}p_1^{\alpha_1}p_2^{\alpha_2}\cdots p_k^{\alpha_k}(m>1)$ 是 m 的标准分解式；c,c_0 的意义就是 §4 定理 1 的推论中所定义的；

$$c_s=\varphi(p_s^{\alpha_s}),\quad s=1,2,\cdots,k;$$

若 $(a,m)=1$，则 $\gamma,\gamma_0,\gamma_1,\cdots,\gamma_k$ 表示 a 对模 m 的一个指标组；$\rho,\rho_0,\rho_1,\cdots,\rho_k$ 分别表示任何 c 次，c_0 次，c_1 次，$\cdots$，c_k 次单位根（因此各个 ρ 可能是复数）.

定义　给定一组 $\rho,\rho_0,\rho_1,\cdots,\rho_k$，则函数

$$\chi(a)=\begin{cases}\rho^{\gamma}\rho_0^{\gamma_0}\rho_1^{\gamma_1}\cdots\rho_k^{\gamma_k}, & (a,m)=1,\\ 0, & (a,m)>1\end{cases}$$

叫做模 m 的一个**特征函数**.

若 $\rho=\rho_0=\rho_1=\cdots=\rho_k=1$，则对应的特征函数叫做模 m 的**主特征函数**.

由定义及 §4 定理 4 可以看出特征函数是对所有整数定义的单值函数，并且给定一组 $\rho,\rho_0,\cdots,\rho_k$ 就有一个特征函数. 由假设共有 c 个 ρ，c_0 个 ρ_0，c_s 个 $\rho_s(s=1,2,\cdots,k)$，故共有 $cc_0c_1\cdots c_k=\varphi(m)$ 组 $\rho,\rho_0,\cdots,\rho_k$. 因此我们来证明下列的

定理 1　对模 m 有 $\varphi(m)$ 个不同的特征函数.

注：两特征函数 $\chi(a)$，$\chi'(a)$ 不同的意思是说存在一整数 a，使得

$$\chi(a)\neq\chi'(a).$$

证　由定义，我们可取出 $\varphi(m)$ 组不同的 $\rho,\rho_0,\cdots,\rho_k$，因此对模 m 最多有 $\varphi(m)$ 个不同的特征函数.

今设 $\rho,\rho_0,\cdots,\rho_k$ 与 $\rho',\rho_0',\cdots,\rho_k'$ 不同. 我们证明对应于它们的特征函数 $\chi(a)$ 与 $\chi'(a)$ 亦不同. 因为 $\rho,\rho_0,\cdots,\rho_k$ 与 $\rho',\rho_0',\cdots,\rho_k'$ 不同，就有一 s 使得 $\rho_s\neq\rho_s'$ 或 $\rho\neq\rho'$. 若 $\rho_s\neq\rho_s'$，则由 ρ_s,ρ_s' 的定义及 §4 定理 5，存在一个整数 a，而 a 对模 m 的指标组是 $\gamma=0$，$\gamma_0=0,\cdots,\gamma_s=1,\cdots,\gamma_k=0$. 由特征函数的定义知

$$\chi(a)=\rho_s,\quad \chi'(a)=\rho'_s.$$

故 $\chi(a)\neq\chi'(a)$. 若 $\rho\neq\rho'$，则由 ρ,ρ' 的定义知 $c>1$，于是由 §4 定理 5，存在一个整数 a，它对模 m 的指标组是 $\gamma=1,\gamma_0=\cdots=\gamma_k=0$. 因而 $\chi(a)\neq\chi'(a)$. 定理获证.　**证完**

定理 2　若 $\chi(a)$ 是对模 m 的任一特征函数，则下列三性质成立：

(i) $\chi(1)=1$；

(ii) $\chi(a_1a_2)=\chi(a_1)\chi(a_2)$；

(iii) 若 $a_1\equiv a_2(\bmod m)$，则 $\chi(a_1)=\chi(a_2)$.

证　(i) 因为 1 对模 m 的指标组是 $\gamma=0,\gamma_0=0,\cdots,\gamma_k=0$. 故

$$\chi(1)=\rho^0\rho_0^0\cdots\rho_k^0=1.$$

(ii) 设 a_1,a_2 的指标组分别是 $\gamma(a_1),\gamma_0(a_1),\cdots,\gamma_k(a_1)$；$\gamma(a_2),\gamma_0(a_2),\cdots,\gamma_k(a_2)$. 则由 §4 定理 6，$a_1a_2$ 的指标组是 $\gamma(a_1)+\gamma(a_2),\gamma_0(a_1)+\gamma_0(a_2),\cdots,\gamma_k(a_1)+\gamma_k(a_2)$. 因此

$$\begin{aligned}\chi(a_1a_2)&=\rho^{\gamma(a_1)+\gamma(a_2)}\rho_0^{\gamma_0(a_1)+\gamma_0(a_2)}\cdots\rho_k^{\gamma_k(a_1)+\gamma_k(a_2)}\\&=(\rho^{\gamma(a_1)}\rho_0^{\gamma_0(a_1)}\cdots\rho_k^{\gamma_k(a_1)})(\rho^{\gamma(a_2)}\rho_0^{\gamma_0(a_2)}\cdots\rho_k^{\gamma_k(a_2)})\\&=\chi(a_1)\chi(a_2).\end{aligned}$$

(iii) 若 $a_1\equiv a_2(\bmod m)$，则 $(a_1,m)=(a_2,m)$. 当 $(a_1,m)>1$ 时，$(a_2,m)>1$，因此

$\chi(a_1)=\chi(a_2)$. 当$(a_1,m)=1$时,$(a_2,m)=1$. 因此由§4定理5知a_1,a_2对模m有相同的指标组,故$\chi(a_1)=\chi(a_2)$. **证完**

定理3

$$\sum_{a=0}^{m-1}\chi(a)=\begin{cases}\varphi(m), & \chi(a)\text{是主特征函数},\\ 0, & \chi(a)\text{不是主特征函数}.\end{cases}$$

证 (i) 当$\chi(a)$是主特征函数时,不论对任何与m互素的整数a,都有$\chi(a)=1$,故$\sum\limits_{a=0}^{m-1}\chi(a)$等于$0,1,\cdots,m-1$中与$m$互素的数的个数,即

$$\sum_{a=0}^{m-1}\chi(a)=\varphi(m).$$

(ii) 当$\chi(a)$不是主特征函数时,由定义,有一$\rho_s\neq1$. 但$\rho_s^{c_s}-1=0$,即

$$(\rho_s-1)(\rho_s^{c_s-1}+\rho_s^{c_s-2}+\cdots+\rho_s+1)=0.$$

因此$\sum\limits_{\gamma_s=0}^{c_s-1}\rho_s^{\gamma_s}=0$. 故由定义

$$\sum_{a=0}^{m-1}\chi(a)=\sum_{\gamma=0}^{c-1}\sum_{\gamma_0=0}^{c_0-1}\cdots\sum_{\gamma_k=0}^{c_k-1}\rho^{\gamma}\rho_0^{\gamma_0}\cdots\rho_k^{\gamma_k}=\Big(\sum_{\gamma=0}^{c-1}\rho^{\gamma}\Big)\Big(\sum_{\gamma_0=0}^{c_0-1}\rho_0^{\gamma_0}\Big)\cdots\Big(\sum_{\gamma_k=0}^{c_k-1}\rho_k^{\gamma_k}\Big)=0.$$ **证完**

定理4 若a是一给定的整数,则

$$\sum_{\chi}\chi(a)=\begin{cases}\varphi(m), & a\equiv1\pmod m,\\ 0, & a\not\equiv1\pmod m,\end{cases}$$

其中$\sum\limits_{\chi}$表示展布在$\varphi(m)$个特征函数上的和式.

证 (i) 若$a\equiv1\pmod m$,则由定理2,$\chi(a)=1$. 因此$\sum\limits_{\chi}\chi(a)=\varphi(m)$.

(ii) 若$a\not\equiv1\pmod m$,当$(a,m)>1$时,对任一特征函数来说,$\chi(a)=0$,故$\sum\limits_{\chi}\chi(a)=0$. 当$(a,m)=1$时,则$a$有一指标组$\gamma,\gamma_0,\cdots,\gamma_k$,由定义,

$$\sum_{\chi}\chi(a)=\Big(\sum_{\rho}\rho^{\gamma}\Big)\Big(\sum_{\rho_0}\rho_0^{\gamma_0}\Big)\cdots\Big(\sum_{\rho_k}\rho_k^{\gamma_k}\Big),$$

其中ρ通过一切c次单位根,ρ_s通过一切$c_s(s=0,1,\cdots,k)$次单位根.

又因为$a\not\equiv1\pmod m$,故a对模m的指标组中有一$\gamma_s>0$,因而对于这个s,$c_s>1$. 今证对这个s,$\sum\limits_{\rho_s}\rho_s^{\gamma_s}=0$. 由高等代数知,对$c_s$有一$c_s$次原单位根$\varepsilon$,使$\varepsilon\neq1$(因为$c_s>1$),并且

$$\sum_{\rho_s}\rho_s^{\gamma_s}=\sum_{r=0}^{c_s-1}(\varepsilon^r)^{\gamma_s}=\frac{1-(\varepsilon^{c_s})^{\gamma_s}}{1-\varepsilon^{\gamma_s}}=0.$$

因为$0<\gamma_s<c_s$,$\varepsilon^{\gamma_s}\neq1$. 故$\sum\limits_{\chi}\chi(a)=0$. **证完**

定理5 设$\psi(a)$是定义在一切整数a上的复数值函数,则$\psi(a)$是模m的一个特征函数的充分必要条件是$\psi(a)$具有下列四个性质:

(i) 若$(a,m)>1$,则$\psi(a)=0$;

(ii) 当$(a,m)=1$时,$\psi(a)$不恒等于0;

(iii) $\psi(a_1a_2)=\psi(a_1)\psi(a_2)$;

(iv) 若 $a_1\equiv a_2(\bmod m)$,则 $\psi(a_1)=\psi(a_2)$.

证　(1) 必要性的证明:若 $\psi(a)$是模 m 的一个特征函数,则由定义,(i)成立;由定理 2,(ii),(iii)及(iv)成立.

(2) 充分性的证明:设 $\psi(a)$是适合性质(i)—(iv)的函数,我们先证明

$$\psi(1)=1,\quad \psi(a)\neq 0,\quad (a,m)=1. \tag{1}$$

由性质(ii),存在一数 a_1,使得 $\psi(a_1)\neq 0$. 由(iii)$\psi(a_1)=\psi(a_1)\psi(1)$,故 $\psi(1)=1$. 由于$(a,m)=1$,故有一 a'使得 $a'a\equiv 1(\bmod m)$. 由(iii),(iv)及 $\psi(1)=1$ 即得 $\psi(a)\psi(a')=\psi(aa')=\psi(1)=1$. 故当$(a,m)=1$时,

$$\psi(a)\neq 0.$$

任取一与 m 互素的整数 a_1,由第三章 §3 定理 3 知若 a 通过模 m 的一个既约剩余系,则 a_1a 也通过模 m 的一个既约剩余系. 故由(iv)及定理 2 即得

$$\sum_a \frac{\chi(a)}{\psi(a)}=\sum_a \frac{\chi(a_1a)}{\psi(a_1a)}=\frac{\chi(a_1)}{\psi(a_1)}\sum_a \frac{\chi(a)}{\psi(a)},$$

其中$\chi(a)$是模 m 的任一特征函数; $\sum\limits_a$ 表示展布在 a 所通过的既约剩余系的一切整数上的和式,由此即得

$$\sum_a \frac{\chi(a)}{\psi(a)}\left(1-\frac{\chi(a_1)}{\psi(a_1)}\right)=0.$$

故对$\chi(a)$来说: $\sum\limits_a \dfrac{\chi(a)}{\psi(a)}=0$,$\chi(a_1)=\psi(a_1)$(对所有与 m 互素的整数 a_1)二者必居其一. 因此我们只要证明有一特征函数$\chi(a)$使得

$$\sum_a \frac{\chi(a)}{\psi(a)}\neq 0. \tag{2}$$

假定对每一特征函数$\chi(a)$来说, $\sum\limits_a \dfrac{\chi(a)}{\psi(a)}=0$, 则

$$H=\sum_\chi\sum_a \frac{\chi(a)}{\psi(a)}=0, \tag{3}$$

其中χ 通过模 m 的一切特征函数. 另一方面,由定理 4 及(1),对任一与 m 互素的给定的整数 a 来说,

$$\sum_\chi \frac{\chi(a)}{\psi(a)}=\frac{1}{\psi(a)}\sum_\chi \chi(a)=\begin{cases}\varphi(m), & a\equiv 1(\bmod m),\\ 0, & a\not\equiv 1(\bmod m),\end{cases}$$

故

$$H=\sum_a\sum_\chi \frac{\chi(a)}{\psi(a)}=\varphi(m)\neq 0.$$

这与(3)式矛盾. 因此有一特征函数$\chi(a)$存在,使得(2)式成立. 故由上证知:对于这个特征函数$\chi(a)$来说,$\chi(a)$与 $\psi(a)$相同,即 $\psi(a)$是一个特征函数. **证完**

我们看几个特征函数的例子:

例 1　设 p 是奇素数,则对模 p 的勒让得符号是对模 p 的一个特征函数,这一点由勒让得符号的性质及定理 5 可以直接看出.

例 2 设 P 是大于 1 的奇数,则对模 P 的雅可比符号是对模 P 的一个特征函数.

应用特征函数的概念及三角和估值的方法,我国数学家华罗庚在估计最小原根的上界方面,得到了很好的结果.问题及结果如下:设 p 是一个奇素数,问模 p 的最小正原根(记作 $g(p)$)的上界是什么?根据实际计算的大量数据,对问题的建议是:当 p 充分大时,

$$g(p)<kp^{\varepsilon},$$

其中 ε 是一个任意小的正数,而 k 是与 p 无关的常数.但是这个猜测直到现在还没有人能够证实.华罗庚证明了

$$g(p)<2^{r}p^{\frac{1}{2}},$$

其中 r 是 $\varphi(p)=p-1$ 的不同素因数的个数.

应用特征函数的概念及三角和估值的方法研究最小的 n 次非剩余,维诺格拉多夫得到了如下结果:设 p 是奇素数,$n\mid p-1,n>1$,则当 p 相当大时,模 p 的最小 n 次非剩余

$$r(p)<p^{\frac{1}{c}}(\ln p)^{2};c=2e^{1-\frac{1}{n}}.$$

习 题

设 d 是一个非平方的整数,$d\equiv 1$ 或 $0(\mathrm{mod}\,4)$,并且规定:

(i) $\left(\frac{d}{1}\right)=1$;

(ii) $\left(\frac{d}{2}\right)=\begin{cases}0, & 2\mid d,\\ \left(\frac{2}{|d|}\right), & 2\nmid d,\text{此处}\left(\frac{2}{|d|}\right)\text{是雅可比符号};\end{cases}$

(iii) $\left(\frac{d}{p}\right)$(p 是奇素数)是勒让德符号;

(iv) $\left(\frac{d}{n}\right)=\left(\frac{d}{p_1}\right)\left(\frac{d}{p_2}\right)\cdots\left(\frac{d}{p_k}\right)$,$n$ 是正整数,$n=p_1p_2\cdots p_k$,我们把$\left(\frac{d}{n}\right)$叫做克罗内克符号.

试证:有一模 $|d|$ 的特征函数 $\chi(a)$ 存在,使得

$$\chi(n)=\left(\frac{d}{n}\right),\quad n>c$$

成立.

第七章
连分数

从本章起我们所讨论的对象将要扩大到实数的范围.我们已经知道任一实数可用有限或无限小数表示出来.在本章中将要证明任一实数也可以用有限或无限连分数来表示,其次还要利用连分数讨论用有理数逼近实数的问题.最后讨论循环连分数与实二次不尽根的关系及一种特殊的二次不定方程.

§1 连分数的基本性质

分数

$$a_1+\cfrac{1}{a_2+\cfrac{1}{a_3+\ddots+\cfrac{1}{a_n}}} \tag{1}$$

叫做**连分数**.不过(1)的写法很占篇幅,故常用符号

$$a_1+\frac{1}{a_2+}\frac{1}{a_3+}\frac{1}{a_4+}\cdots\frac{1}{a_n} \tag{2}$$

或

$$[a_1,a_2,\cdots,a_n] \tag{3}$$

来表示连分数(1).

注:此处(3)表示连分数(1)而不是最小公倍数.

定义 1 $[a_1,a_2,\cdots,a_k]=\dfrac{p_k}{q_k}(1\leqslant k\leqslant n)$叫做(1)的第 k 个**渐近分数**.

由定义立刻可以看出$\dfrac{p_k}{q_k}$是 $a_1,a_2,\cdots,a_k$ 的函数,且与 $a_{k+1},a_{k+2},\cdots,a_n$ 无关,再由(3)的意义即得

$$\frac{p_1}{q_1}=\frac{a_1}{1},\quad \frac{p_2}{q_2}=\frac{a_2a_1+1}{a_2},\quad \frac{p_3}{q_3}=\frac{a_3(a_2a_1+1)+a_1}{a_3a_2+1}. \tag{4}$$

更一般地我们就有

定理 1 若连分数$[a_1,a_2,\cdots,a_n]$的渐近分数是$\frac{p_1}{q_1},\frac{p_2}{q_2},\cdots,\frac{p_n}{q_n}$,则在这些渐近分数之间,下列关系成立①:

$$\begin{matrix} p_1=a_1, p_2=a_2a_1+1, & p_k=a_kp_{k-1}+p_{k-2}, \\ q_1=1, q_2=a_2, & q_k=a_kq_{k-1}+q_{k-2}, \end{matrix} \cdots,\quad 3\leqslant k\leqslant n. \tag{5}$$

证 当$k=1,2,3$时,由(4)即得(5),假定(5)对小于k的正整数成立,则

$$\frac{p_k}{q_k}=[a_1,a_2,\cdots,a_{k-1},a_k]=\left[a_1,a_2,\cdots,a_{k-1}+\frac{1}{a_k}\right]$$

$$=\frac{\left(a_{k-1}+\frac{1}{a_k}\right)p_{k-2}+p_{k-3}}{\left(a_{k-1}+\frac{1}{a_k}\right)q_{k-2}+q_{k-3}}=\frac{a_k(a_{k-1}p_{k-2}+p_{k-3})+p_{k-2}}{a_k(a_{k-1}q_{k-2}+q_{k-3})+q_{k-2}},$$

由$p_{k-1}=a_{k-1}p_{k-2}+p_{k-3}, q_{k-1}=a_{k-1}q_{k-2}+q_{k-3}$即得

$$p_k=a_kp_{k-1}+p_{k-2},\quad q_k=a_kq_{k-1}+q_{k-2}.$$

故由数学归纳法(5)式成立.

证完

定理 2 若连分数$[a_1,a_2,\cdots,a_n]$的n个渐近分数是$\frac{p_k}{q_k}, k=1,2,\cdots,n$,则下列两关系成立:

$$p_kq_{k-1}-p_{k-1}q_k=(-1)^k,\quad k\geqslant 2 \tag{6}$$

及

$$p_kq_{k-2}-p_{k-2}q_k=(-1)^{k-1}a_k,\quad k\geqslant 3. \tag{7}$$

证 (i) 当$k=2$时,(6)式成立,即

$$p_2q_1-p_1q_2=(a_2a_1+1)-a_1a_2=1=(-1)^2,$$

假定$p_{k-1}q_{k-2}-p_{k-2}q_{k-1}=(-1)^{k-1}$,则由定理1,

$$\begin{aligned} & p_kq_{k-1}-p_{k-1}q_k \\ &=(a_kp_{k-1}+p_{k-2})q_{k-1}-p_{k-1}(a_kq_{k-1}+q_{k-2}) \\ &=p_{k-2}q_{k-1}-p_{k-1}q_{k-2}=-(-1)^{k-1}=(-1)^k. \end{aligned}$$

由数学归纳法,(6)式成立.

(ii) 由(6)及定理1有

$$\begin{aligned} p_kq_{k-2}-p_{k-2}q_k &=(a_kp_{k-1}+p_{k-2})q_{k-2}-p_{k-2}(a_kq_{k-1}+q_{k-2}) \\ &=a_k(p_{k-1}q_{k-2}-p_{k-2}q_{k-1})=(-1)^{k-1}a_k. \end{aligned}$$

证完

以上我们对于连分数中所出现的a,并未加任何限制,实际上它们可以是任何实数(甚至复数).以下将要加以限制.

---

① 在这里,我们已经假定了各渐近分数是存在的.事实上,当$a_2=0$(或$a_2a_3+1=0$)时,$\frac{p_2}{q_2}$$\left(\text{或}\frac{p_3}{q_3}\right)$即不存在.又当$a_2,a_3,\cdots$都是正数时,不难看出各渐近分数的存在性.

定义 2 若 a_1 是整数，$a_2, a_3, \cdots, a_k, \cdots$ 是正整数，则连分数

$$[a_1, a_2, \cdots, a_k, \cdots]$$

叫做**简单连分数**，若 a 的个数有限，就叫做**有限简单连分数**，若 a 的个数无限，就叫做**无限简单连分数**. 对于无限连分数，我们仍然规定 $\frac{p_k}{q_k} = [a_1, a_2, \cdots, a_k]\ (k = 1, 2, \cdots)$ 是它的渐近分数. 又如当 $k \to \infty$ 时 $\frac{p_k}{q_k}$ 有一个极限，我们就把这一极限叫做**连分数的值**.

显然定理 1,2 对简单连分数来说仍然成立. 并且还有

定理 3 设 $[a_1, a_2, \cdots, a_n, \cdots]$ 是(有限或无限的)简单连分数，$\frac{p_k}{q_k}\ (k = 1, 2, \cdots)$ 是它的渐近分数，则

(i) 当 $k \geqslant 3$ 时，$q_k \geqslant q_{k-1} + 1$，因而对任何 k 来说，$q_k \geqslant k - 1$；

(ii) $\frac{p_{2(k-1)}}{q_{2(k-1)}} > \frac{p_{2k}}{q_{2k}}, \frac{p_{2k-1}}{q_{2k-1}} > \frac{p_{2k-3}}{q_{2k-3}}, \frac{p_{2k}}{q_{2k}} > \frac{p_{2k-1}}{q_{2k-1}}$；

(iii) $\frac{p_k}{q_k}\ (k = 1, 2, \cdots)$ 都是既约分数.

证 (i) 由定理 1，显然 $q_k \geqslant 1$，因为 $a_k \geqslant 1, k \geqslant 2$，故当 $k \geqslant 3$ 时，

$$q_k = a_k q_{k-1} + q_{k-2} \geqslant q_{k-1} + 1.$$

又 $q_1 = 1 > 0, q_2 = a_2 \geqslant 2 - 1$，应用归纳法(i)获证.

(ii) 由(7)式即得

$$\frac{p_{2k}}{q_{2k}} - \frac{p_{2(k-1)}}{q_{2(k-1)}} = \frac{(-1)^{2k-1} a_{2k}}{q_{2k} q_{2(k-1)}} = \frac{-a_{2k}}{q_{2k} q_{2(k-1)}} < 0,$$

$$\frac{p_{2k-1}}{q_{2k-1}} - \frac{p_{2k-3}}{q_{2k-3}} = \frac{(-1)^{2k-2} a_{2k-1}}{q_{2k-1} q_{2k-3}} > 0,$$

故

$$\frac{p_{2k}}{q_{2k}} < \frac{p_{2(k-1)}}{q_{2(k-1)}}, \quad \frac{p_{2k-1}}{q_{2k-1}} > \frac{p_{2k-3}}{q_{2k-3}}.$$

由(6)式即得

$$\frac{p_{2k}}{q_{2k}} - \frac{p_{2k-1}}{q_{2k-1}} = \frac{(-1)^{2k}}{q_{2k} q_{2k-1}} > 0.$$

故

$$\frac{p_{2k}}{q_{2k}} > \frac{p_{2k-1}}{q_{2k-1}}.$$

(iii) 由(6)即知 $(p_k, q_k) = 1$. **证完**

定理 4 每一简单连分数表示一个实数.

证 显然每一有限简单连分数表示一个有理数. 今设

$$[a_1, a_2, \cdots, a_k, \cdots]$$

为任一无限简单连分数，$\frac{p_1}{q_1},\frac{p_2}{q_2},\cdots,\frac{p_k}{q_k},\cdots$是它的渐近分数.

由定理 3 知

$$\frac{p_1}{q_1},\frac{p_3}{q_3},\cdots,\frac{p_{2k-1}}{q_{2k-1}},\cdots$$

是一个有界递增数列，

$$\frac{p_2}{q_2},\frac{p_4}{q_4},\cdots,\frac{p_{2k}}{q_{2k}},\cdots$$

是一个有界递减数列，并且由定理 2,3 知

$$0<\frac{p_{2k}}{q_{2k}}-\frac{p_{2k-1}}{q_{2k-1}}=\frac{1}{q_{2k}q_{2k-1}}\leqslant\frac{1}{(2k-1)(2k-2)}\to 0,$$

因此$\left[\frac{p_{2k-1}}{q_{2k-1}},\frac{p_{2k}}{q_{2k}}\right]$($k=1,2,\cdots$)作成一个区间套，故$\lim\limits_{k\to\infty}\frac{p_k}{q_k}$存在，因此定理获证. **证完**

习 题

1. 证明：

$$p_k=\begin{vmatrix} a_1 & -1 & 0 & \cdots & 0 & 0 \\ 1 & a_2 & -1 & \cdots & 0 & 0 \\ 0 & 1 & a_3 & \cdots & 0 & 0 \\ \vdots & \vdots & \vdots & & \vdots & \vdots \\ 0 & 0 & 0 & \cdots & a_{k-1} & -1 \\ 0 & 0 & 0 & \cdots & 1 & a_k \end{vmatrix},\quad q_k=\begin{vmatrix} 1 & 0 & 0 & \cdots & 0 & 0 \\ 0 & a_2 & -1 & \cdots & 0 & 0 \\ 0 & 1 & a_3 & \cdots & 0 & 0 \\ \vdots & \vdots & \vdots & & \vdots & \vdots \\ 0 & 0 & 0 & \cdots & a_{k-1} & -1 \\ 0 & 0 & 0 & \cdots & 1 & a_k \end{vmatrix}.$$

2. 我们把数表$\begin{pmatrix} r & t \\ s & u \end{pmatrix}$叫做矩阵，它们的乘法定义如下：

$$\begin{pmatrix} r & t \\ s & u \end{pmatrix}\begin{pmatrix} r' & t' \\ s' & u' \end{pmatrix}=\begin{pmatrix} rr'+ts' & rt'+tu' \\ sr'+us' & st'+uu' \end{pmatrix}.$$

证明：

$$\begin{pmatrix} a_1 & 1 \\ 1 & 0 \end{pmatrix}\begin{pmatrix} a_2 & 1 \\ 1 & 0 \end{pmatrix}\cdots\begin{pmatrix} a_k & 1 \\ 1 & 0 \end{pmatrix}=\begin{pmatrix} p_k & p_{k-1} \\ q_k & q_{k-1} \end{pmatrix},\quad k\geqslant 2.$$

§2 把实数表成连分数

在上节我们证明了任一简单连分数表示一个唯一的实数，这一节将要证明每一实数基本上能够唯一地表成简单连分数，并且将说明连分数对求无理数的有理近似值的应用.

设 α 是一个给定的实数，若 α 是有理数，则 $\alpha=\frac{a}{b}$，$b>0$. 由辗转相除法即得

$$\frac{a}{b}=q_1+\frac{r_1}{b},\quad 0<\frac{r_1}{b}<1,$$

$$\frac{b}{r_1}=q_2+\frac{r_2}{r_1},\quad 0<\frac{r_2}{r_1}<1,q_2\geqslant 1,$$

$$\cdots$$

$$\frac{r_{n-2}}{r_{n-1}}=q_n+\frac{r_n}{r_{n-1}},\quad 0<\frac{r_n}{r_{n-1}}<1,q_n\geqslant 1,$$

$$\frac{r_{n-1}}{r_n}=q_{n+1},\qquad q_{n+1}>1.$$

故
$$\alpha=\frac{a}{b}=[q_1,q_2,\cdots,q_{n+1}],\quad q_{n+1}>1,\tag{1}$$

即每一有理数都可表成有限简单连分数.

若 α 是无理数,则由 $\alpha=[\alpha]+\{\alpha\},0<\{\alpha\}<1$ 即得

$$\begin{aligned}
\alpha&=a_1+\frac{1}{\alpha_1},\quad a_1=[\alpha],\alpha_1=\frac{1}{\{\alpha\}}>1,\\
\alpha_1&=a_2+\frac{1}{\alpha_2},\quad a_2=[\alpha_1],\alpha_2=\frac{1}{\{\alpha_1\}}>1,\\
&\cdots\\
\alpha_{k-1}&=a_k+\frac{1}{\alpha_k},\quad a_k=[\alpha_{k-1}],\alpha_k=\frac{1}{\{\alpha_{k-1}\}}>1,\\
&\cdots
\end{aligned}\tag{2}$$

故 $\alpha=[a_1,a_2,\cdots,a_k,\alpha_k]$. 由 §1 定理 1 即得

$$\alpha=\frac{\alpha_1a_1+1}{\alpha_1},\quad \alpha=\frac{\alpha_kp_k+p_{k-1}}{\alpha_kq_k+q_{k-1}},\quad k=2,3,\cdots.\tag{3}$$

定理 1 任一实无理数可表成无限简单连分数.

证 设 α 是任一实无理数,由 α 我们可以得出(2)式,今证明

$$\lim_{k\to\infty}[a_1,a_2,\cdots,a_k]=\alpha.\tag{4}$$

由(3)式及 §1 定理 2 即得

$$\alpha-\frac{p_k}{q_k}=\frac{\alpha_kp_k+p_{k-1}}{\alpha_kq_k+q_{k-1}}-\frac{p_k}{q_k}=\frac{(-1)^{k-1}}{q_k(\alpha_kq_k+q_{k-1})}.\tag{5}$$

但 $\alpha_k>a_{k+1}$,故 $\alpha_kq_k+q_{k-1}>q_{k+1}$. 因此由 §1 定理 3 即得

$$\left|\alpha-\frac{p_k}{q_k}\right|<\frac{1}{k(k-1)}.$$

但当 $k\to\infty$ 时,$\dfrac{1}{k(k-1)}\to 0$,故 $\lim\limits_{k\to\infty}\dfrac{p_k}{q_k}=\alpha$,即(4)式获证. 因此

$$\alpha=[a_1,a_2,\cdots,a_k,\cdots].$$

又由(2)知 $a_k=[\alpha_{k-1}]\geqslant 1(k\geqslant 2)$,故定理获证. **证完**

由定理 1 的证明还可以得出一个在数论上有用的结论. 即

推论 $\alpha=\dfrac{p_k}{q_k}+\dfrac{(-1)^{k-1}\delta_k}{q_kq_{k+1}}$ 或 $\alpha=\dfrac{p_k}{q_k}+\dfrac{(-1)^{k-1}\delta_k'}{q_k^2}$,其中 $0<\delta_k<1,0<\delta_k'<1$.

证 因为 $\alpha_k > a_{k+1}$，故 $0 < \dfrac{1}{\alpha_k q_k + q_{k-1}} < \dfrac{1}{q_{k+1}} < \dfrac{1}{q_k}$，即存在 δ_k, δ_k'，使得

$$\frac{1}{\alpha_k q_k + q_{k-1}} = \frac{\delta_k}{q_{k+1}} = \frac{\delta'_k}{q_k}, \quad 0 < \delta_k < 1, 0 < \delta'_k < 1$$

成立，由(5)式即得推论. **证完**

定理 2 每一实无理数只有一种唯一的方法表成无限简单连分数.

证 设 α 是任一实无理数，则 α 不能表成有限简单连分数，故 α 只能表成无限简单连分数. 我们只要证明如果两个简单无限连分数

$$\alpha_0 = [a_1, a_2, \cdots, a_k, \cdots] \quad 与 \quad \beta_0 = [b_1, b_2, \cdots, b_k, \cdots]$$

相等，则 $a_k = b_k, k = 1, 2, \cdots$. 令

$$\alpha_k = [a_{k+1}, a_{k+2}, \cdots], \quad \beta_k = [b_{k+1}, b_{k+2}, \cdots].$$

则 $\alpha_k = a_{k+1} + \dfrac{1}{\alpha_{k+1}}, \alpha_{k+1} > 1$；$\beta_k = b_{k+1} + \dfrac{1}{\beta_{k+1}}, \beta_{k+1} > 1$. 故

$$a_{k+1} = [\alpha_k], \quad b_{k+1} = [\beta_k], \tag{6}$$

由 $\alpha_0 = \beta_0$ 得

$$a_1 = [\alpha_0] = b_1$$

及

$$\alpha_1 = \beta_1.$$

假定 $a_j = b_j$ 及 $\alpha_j = \beta_j, j = 1, 2, \cdots, k (k \geqslant 2)$，则用 α_k, β_k 代替上面的 α_0, β_0，即得 $a_{k+1} = b_{k+1}, \alpha_{k+1} = \beta_{k+1}$，故由数学归纳法，对于任何正整数 k，$a_k = b_k$，即定理获证. **证完**

关于有理数表成简单连分数的唯一性问题，则有

定理 3 (i) 若 $\dfrac{a}{b} = [a_1, a_2, \cdots, a_n] = [b_1, b_2, \cdots, b_m]$，且 $a_n > 1, b_m > 1$，则 $m = n$，$a_i = b_i (i = 1, 2, \cdots, n)$；

(ii) 任一有理数 $\dfrac{a}{b}$ 有且仅有两种方法表成简单连分数，即

$$\frac{a}{b} = [a_1, a_2, \cdots, a_n] = [a_1, a_2, \cdots, a_n - 1, 1],$$

其中 $a_n > 1$（证明与定理 2 的证明完全类似，留给读者）.

现在我们说明连分数在求实数的有理近似值方面的用处，即

定理 4 若 α 是任一实数，$\dfrac{p_k}{q_k}$ 是 α 的第 k 个渐近分数，则在分母 $\leqslant q_k$ 的一切有理数中，$\dfrac{p_k}{q_k}$ 是 α 的最好的有理近似值，即若 $0 < q \leqslant q_k$，则

$$\left|\alpha - \frac{p_k}{q_k}\right| \leqslant \left|\alpha - \frac{p}{q}\right|. \tag{7}$$

证 若 $\alpha = \dfrac{p_k}{q_k}$，则定理已经成立. 因此只需讨论 $\alpha \neq \dfrac{p_k}{q_k}$ 的情形. 在这种情况下，α 就有第 $k+1$ 个渐近分数 $\dfrac{p_{k+1}}{q_{k+1}}$，我们不妨假定 $\dfrac{p_k}{q_k} < \dfrac{p_{k+1}}{q_{k+1}}$ $\left(\dfrac{p_{k+1}}{q_{k+1}} < \dfrac{p_k}{q_k}\text{可完全类似地讨论}\right)$.

(i) 我们证明:若 $0<q\leqslant q_k$,则

$$\frac{p}{q}\leqslant\frac{p_k}{q_k}\quad 或 \quad \frac{p_{k+1}}{q_{k+1}}<\frac{p}{q}. \tag{8}$$

假定$\frac{p_k}{q_k}<\frac{p}{q}\leqslant\frac{p_{k+1}}{q_{k+1}}$. 由于$\frac{p_{k+1}}{q_{k+1}}$是既约分数,而 $q\leqslant q_k<q_{k+1}$(§1 定理 3),故$\frac{p_k}{q_k}<\frac{p}{q}<\frac{p_{k+1}}{q_{k+1}}$. 因此

$$\frac{p}{q}-\frac{p_k}{q_k}=\frac{pq_k-qp_k}{qq_k}\geqslant\frac{1}{qq_k},\quad \frac{p_{k+1}}{q_{k+1}}-\frac{p}{q}\geqslant\frac{1}{q_{k+1}q}$$

(因为 $pq_k-qp_k>0$,$p_{k+1}q-q_{k+1}p>0$),由 $q_{k+1}+q_k>q$ 即得

$$\frac{p_{k+1}}{q_{k+1}}-\frac{p_k}{q_k}\geqslant\frac{q_{k+1}+q_k}{qq_kq_{k+1}}>\frac{1}{q_kq_{k+1}}.$$

这与§1 定理 2 矛盾,故(8)式成立.

(ii) 由定理 1 的推论及$\frac{p_k}{q_k}<\frac{p_{k+1}}{q_{k+1}}$即得

$$\frac{p_k}{q_k}<\alpha\leqslant\frac{p_{k+1}}{q_{k+1}}.$$

若$\frac{p}{q}\leqslant\frac{p_k}{q_k}$,则(7)式显然成立. 若$\frac{p_{k+1}}{q_{k+1}}<\frac{p}{q}$,则

$$\left|\alpha-\frac{p}{q}\right|\geqslant\left|\frac{p_{k+1}}{q_{k+1}}-\frac{p}{q}\right|\geqslant\frac{1}{qq_{k+1}}\geqslant\frac{1}{q_kq_{k+1}}.$$

另一方面,由定理 1 的推论知

$$\left|\alpha-\frac{p_k}{q_k}\right|<\frac{1}{q_kq_{k+1}},$$

故得(7)式. **证完**

例　求 $1+\sqrt{5}$的精确到小数点后四位的有理近似值.

解　由计算可知

$$1+\sqrt{5}=[3,4,4,4,4,\cdots],$$

因此 $q_1=1,q_2=4,q_3=17,q_4=72,q_5=305$;$p_1=3,p_2=13,p_3=55,p_4=233$. 由定理 1 的推论知

$$\left|1+\sqrt{5}-\frac{233}{72}\right|<\frac{1}{72\times305}<\frac{1}{10^4}.$$

故$\frac{233}{72}$即为所求.

我国古代数学家何承天(370—447)发现可以用$\frac{22}{7}$(疏率)表示圆周率 π 的近似值,祖冲之(429—500)发现可以用$\frac{355}{113}$(密率)作为圆周率 π 的近似值,而西欧最早发

现这一事实的时间还比他晚 1 000 年. 更有趣的是由实际计算我们知道 π 的连分数是

$$\pi = [3,7,15,1,292,1,1,\cdots],$$

因此 π 的渐近分数是

$$\frac{3}{1},\frac{22}{7},\frac{333}{106},\frac{355}{113},\frac{103\ 993}{33\ 102},\frac{104\ 348}{33\ 215},\cdots,$$

而疏率及密率刚好是 π 的两个渐近分数. 由定理 4 我们就知道疏率及密率是 π 的两个最好的有理近似值. 由定理 1 的推论知

$$\left|\pi - \frac{355}{113}\right| < \frac{1}{113 \times 33\ 102} < \frac{1}{10^6},$$

故$\frac{355}{113}$是 π 的精确到小数点后六位的有理近似值. 事实上,$\frac{355}{113}=3.141\ 592\ 9\cdots$与 π 的真值的前六位小数是符合的,由此可见祖冲之在数学上的成就是突出的. 他是历史上第一流数学家,他的成就是我们祖国的光荣. 他的这些成就主要是由于自己的刻苦劳动得来的,他曾说他学习算学是“……搜练古今,博采沈奥,唐篇夏典,莫不揆量,周正汉朔,咸加该验,……”. 通过祖冲之的成就和事迹,再一次证明了中国人民是勤劳、勇敢而又有高度智慧的. 祖冲之著有《缀术》(他的著作名称),但是由于统治阶级的不重视,没有人去认真钻研,以致“学官莫能究其深奥,是故废而不理. ”(《隋书 · 律历志》)(参看李俨著《中国古代数学史料》).

习 题

1. 将 $\sqrt{13},\frac{1}{2}(\sqrt{5}+1)$ 展成无限简单连分数.

2. 求 $\sin 18°$ 的精确到小数点后五位的有理近似值.

*3. 设 α 是实数且 $\alpha=[a_1,a_2,\cdots]$,N 是一个正整数,将 N 表成十进位数时,k 是这个十进位数的数码的个数,n 是满足条件 $q_n \leqslant N$ 的最大整数. 证明:$n \leqslant 5k+1$.

§3 循环连分数

这一节我们将要说明实二次不尽根(整系数二次不可约方程的实根)与循环连分数间的关系.

定义 对于一个无限简单连分数$[a_1,a_2,\cdots,a_n,\cdots]$,如果能找到两个整数 $s \geqslant 0$,$t>0$使得

$$a_{s+i} = a_{s+kt+i}, \quad i = 1,2,\cdots,t, k = 0,1,2,\cdots,$$

这个无限简单连分数就叫做**循环连分数**,并简单地把它记作$[a_1,a_2,\cdots,a_s,\dot{a}_{s+1},\cdots,\dot{a}_{s+t}]$.

我们首先注意:若$[a_1,a_2,\cdots,a_n,\cdots]$是一循环连分数,且设

$\alpha_n=[a_{n+1},a_{n+2},\cdots]$,则 $\alpha_s=\alpha_{s+kt}$,$k=0,1,2,\cdots$. 反之亦然.

定理 1　每一循环连分数一定是某一整系数二次不可约方程的实根.

证　令 $\alpha=[a_1,a_2,\cdots,a_s,\dot{a}_{s+1},\cdots,\dot{a}_{s+t}]$，$\alpha_n=[a_{n+1},a_{n+2},\cdots]$. 若 $s=0$,则由 §2(3)式即得

$$\alpha=\frac{\alpha_t p_t+p_{t-1}}{\alpha_t q_t+q_{t-1}}=\frac{\alpha p_t+p_{t-1}}{\alpha q_t+q_{t-1}},$$

因此

$$q_t\alpha^2+(q_{t-1}-p_t)\alpha-p_{t-1}=0. \tag{1}$$

若 $s>0$,则由 §2(3)式及上述注意即得

$$\alpha=\frac{\alpha_s p_s+p_{s-1}}{\alpha_s q_s+q_{s-1}}=\frac{\alpha_s p_{s+t}+p_{s+t-1}}{\alpha_s q_{s+t}+q_{s+t-1}},$$

由此得

$$\alpha_s=\frac{-q_{s-1}\alpha+p_{s-1}}{q_s\alpha-p_s}=\frac{-q_{s+t-1}\alpha+p_{s+t-1}}{q_{s+t}\alpha-p_{s+t}},$$

因此

$$(q_{s+t}\alpha-p_{s+t})(-q_{s-1}\alpha+p_{s-1})=(q_s\alpha-p_s)(-q_{s+t-1}\alpha+p_{s+t-1}),$$

即

$$(q_{s+t}q_{s-1}-q_{s+t-1}q_s)\alpha^2+(p_{s+t-1}q_s+p_sq_{s+t-1}-$$
$$p_{s+t}q_{s-1}-q_{s+t}p_{s-1})\alpha+(p_{s+t}p_{s-1}-p_{s+t-1}p_s)=0. \tag{2}$$

又因 α 是无限连分数,故 α 是实无理数,故(1),(2)两式不可约,因此定理获证.

证完

定理 1 的逆命题亦真. 这就是

定理 2　若 $f(x)=ax^2+bx+c$ 是一个整系数二次不可约多项式,α 是 $f(x)=0$ 的一个实根,则表示 α 的简单连分数是一循环连分数.

证　因为 $f(x)$ 不可约,故 α 是一实无理数. 由 §2 定理 1,α 能表成一无限简单连分数,设

$$\alpha=[a_1,a_2,\cdots,a_n,\cdots].$$

令 $\alpha_n=[a_{n+1},a_{n+2},\cdots]$,则由 §2(3)式

$$\alpha=\frac{\alpha_n p_n+p_{n-1}}{\alpha_n q_n+q_{n-1}}.$$

又 $a\alpha^2+b\alpha+c=0$,以上式代入后即得

$$A_n\alpha_n^2+B_n\alpha_n+C_n=0,$$

其中

$$\begin{cases}A_n=ap_n^2+bp_nq_n+cq_n^2,\\ B_n=2ap_np_{n-1}+b(p_nq_{n-1}+p_{n-1}q_n)+2cq_nq_{n-1},\\ C_n=ap_{n-1}^2+bp_{n-1}q_{n-1}+cq_{n-1}^2.\end{cases} \tag{3}$$

故 α_n 是

$$A_ny^2+B_ny+C_n=0 \tag{4}$$

的一个根. 又由(3)式及 §1 定理 2 即得

$$B_n^2-4A_nC_n=(b^2-4ac)(p_nq_{n-1}-p_{n-1}q_n)^2=b^2-4ac. \tag{5}$$

由 §2 定理 1 的推论

$$p_n = aq_n + \frac{\theta_n}{q_n},\ |\theta_n| < 1.$$

由(3)即得

$$\begin{aligned} A_n &= a\left(\alpha q_n + \frac{\theta_n}{q_n}\right)^2 + b\left(\alpha q_n + \frac{\theta_n}{q_n}\right)q_n + cq_n^2 \\ &= (a\alpha^2 + b\alpha + c)q_n^2 + 2a\alpha\theta_n + a\frac{\theta_n^2}{q_n^2} + b\theta_n \\ &= 2a\alpha\theta_n + a\frac{\theta_n^2}{q_n^2} + b\theta_n. \end{aligned}$$

故

$$|A_n| < |2a\alpha| + |a| + |b|,$$

由(3)又知 $C_n = A_{n-1}$,因而

$$|C_n| < |2a\alpha| + |a| + |b|.$$

最后由(5)即知

$$|B_n| \leqslant \sqrt{4|A_nC_n| + |b^2 - 4ac|} < \sqrt{4(2|a\alpha| + |a| + |b|)^2 + |b^2 - 4ac|}.$$

由于 a,b,c,α 都是常数,故 A_n,B_n,C_n 只能取有限组不同的值. 因此在序列

$$(A_2,B_2,C_2),\cdots,(A_n,B_n,C_n),\cdots$$

中一定有三组值是相同的,即存在三正整数 n_1,n_2,n_3($n_1<n_2<n_3$),使得

$$\begin{aligned} A_{n_1} &= A_{n_2} = A_{n_3} = A, \\ B_{n_1} &= B_{n_2} = B_{n_3} = B, \\ C_{n_1} &= C_{n_2} = C_{n_3} = C. \end{aligned}$$

由(4)即知 $\alpha_{n_1},\alpha_{n_2},\alpha_{n_3}$都是

$$Ay^2 + By + C = 0$$

的根. 但$f(x)$不可约,故由(3),$A_n \neq 0$,因而,上述方程有两根. 故 $\alpha_{n_1},\alpha_{n_2},\alpha_{n_3}$中一定有两个相等,不妨设 $\alpha_{n_1} = \alpha_{n_2}$.

α 是实无理数,α_{n_1}也是实无理数,故由 §2 定理 2

$$a_{n_1+1} = a_{n_2+1},\quad a_{n_1+2} = a_{n_2+2},\cdots.$$

令 $s = n_1, t = n_2 - n_1$,即得

$$\alpha = [a_1,a_2,\cdots,a_s,\dot{a}_{s+1},\cdots,\dot{a}_{s+t}].$$

证完

*§4 二次不定方程

本节将应用循环连分数的理论讨论下列的二次不定方程

$$x^2 - dy^2 = 1, \tag{1}$$

其中 d 是非平方的正整数.

因为 d 是非平方的正整数,故$\sqrt{d}$是一个二次不尽根,由 §3 定理 2 知

$$\sqrt{d} = [a_1, a_2, \cdots, a_s, \dot{a}_{s+1}, \cdots, \dot{a}_{s+t}],$$

令 $\alpha_n = [a_{n+1}, a_{n+2}, \cdots]$. 我们来证明

定理 1　对任何正整数 n,都存在两个整数 P_n, Q_n,使得

$$\alpha_n = \frac{\sqrt{d} + P_n}{Q_n}, \quad 且\ P_n^2 \equiv d(\bmod Q_n) \tag{2}$$

成立.

证　由 §2(2)式及 §2 定理 2 知

$$\sqrt{d} - [\sqrt{d}] = \frac{1}{\alpha_1},$$

即

$$\alpha_1 = \frac{\sqrt{d} + [\sqrt{d}]}{d - [\sqrt{d}]^2}.$$

令 $P_1 = [\sqrt{d}], Q_1 = d - [\sqrt{d}]^2$,则极易验证(2)对 $n = 1$ 成立.

今设存在二整数 P_k, Q_k,使得 $\alpha_k = \dfrac{\sqrt{d} + P_k}{Q_k}, P_k^2 \equiv d(\bmod Q_k)$成立,则由 §2(2)式及 §2 定理 2 知

$$\alpha_k = a_{k+1} + \frac{1}{\alpha_{k+1}}.$$

以上式代入即得

$$\alpha_{k+1} = \frac{Q_k}{\sqrt{d} - (a_{k+1}Q_k - P_k)} = \frac{\sqrt{d} + (a_{k+1}Q_k - P_k)}{[d - (a_{k+1}Q_k - P_k)^2]/Q_k}, \tag{3}$$

令 $P_{k+1} = a_{k+1}Q_k - P_k, Q_{k+1} = \dfrac{d - (a_{k+1}Q_k - P_k)^2}{Q_k}$. 因为 $P_k^2 \equiv d(\bmod Q_k)$,故

$$(a_{k+1}Q_k - P_k)^2 - d \equiv P_k^2 - d \equiv 0(\bmod Q_k),$$

因此 Q_{k+1}是整数. 由 Q_{k+1}及 P_{k+1}的定义即知

$$P_{k+1}^2 \equiv d(\bmod Q_{k+1}),$$

故(2)对于$k+1$也成立. 由数学归纳法,定理获证.　**证完**

定理 2　若 d 是一个非平方的正整数,Q_n 即定理 1 中所定义的,则二次不定方程

$$x^2 - dy^2 = (-1)^n Q_n \tag{4}$$

有正整数解 x, y,并且$(x, y) = 1$.

证　令$\sqrt{d}$的第 n 个渐近分数是$\dfrac{p_n}{q_n}$,则由 §2(3)式及定理 1 即得

$$\sqrt{d} = \frac{\alpha_n p_n + p_{n-1}}{\alpha_n q_n + q_{n-1}} = \frac{p_n(\sqrt{d} + P_n) + p_{n-1}Q_n}{q_n(\sqrt{d} + P_n) + q_{n-1}Q_n},$$

由此得

$$dq_n + \sqrt{d}(q_n P_n + q_{n-1}Q_n) = p_n P_n + p_{n-1}Q_n + \sqrt{d}p_n.$$

因$\sqrt{d}$是无理数,故得

$$p_n = q_nP_n + q_{n-1}Q_n, \quad dq_n = p_nP_n + p_{n-1}Q_n,$$

以 p_n 乘第一式减去以 q_n 乘第二式即得

$$p_n^2 - dq_n^2 = (p_nq_{n-1} - p_{n-1}q_n)Q_n = (-1)^nQ_n.$$

故(4)有一正整数解 $|p_n|, q_n$,且由渐近分数的性质$(|p_n|, q_n) = 1$. **证完**

推论 若$\sqrt{d} = [a_1, a_2, \cdots, a_s, \dot{a}_{s+1}, \cdots, \dot{a}_{s+t}]$, $n > s$, Q_n 即定理 1 中所定义的,则(4)有无穷多个正整数解,即 $|p_{n+lt}|, q_{n+lt}, 2 \mid l, l \geqslant 0$.

证 由定理 2 知(4)有一正整数解,即 $|p_n|, q_n$. 又由假设及定理 1 知

$$\alpha_n = \frac{\sqrt{d} + P_n}{Q_n} = \frac{\sqrt{d} + P_{n+lt}}{Q_{n+lt}},$$

故得

$$Q_{n+lt}\sqrt{d} + P_nQ_{n+lt} = Q_n\sqrt{d} + P_{n+lt}Q_n.$$

因$\sqrt{d}$是无理数,故 $Q_n = Q_{n+lt}$. 由定理 2 及 $2 \mid l$ 即得

$$p_{n+lt}^2 - dq_{n+lt}^2 = (-1)^{n+lt}Q_{n+lt} = (-1)^nQ_n.$$ **证完**

定理 3 若 d 是一个非平方的正整数,则不定方程(佩尔(Pell)方程)

$$x^2 - dy^2 = 1 \tag{5}$$

有正整数解.

证 由定理 2 的推论,存在一整数 Q(只需取 $Q = (-1)^nQ_n, n > s$),使得不定方程

$$x^2 - dy^2 = Q$$

有无穷多个正整数解,则在这无穷多组正整数中一定有两组不同的正整数 $x_1, y_1; x_2, y_2$,使得关系

$$x_1 \equiv x_2 (\bmod |Q|), \quad y_1 \equiv y_2 (\bmod |Q|) \tag{6}$$

成立. 由于 $x_1^2 - dy_1^2 = Q, x_2^2 - dy_2^2 = Q$,故

$$Q^2 = (x_1^2 - dy_1^2)(x_2^2 - dy_2^2) = (x_1x_2 - dy_1y_2)^2 - d(x_1y_2 - x_2y_1)^2. \tag{7}$$

由(6)式即得

$$x_1x_2 - dy_1y_2 \equiv x_1^2 - dy_1^2 \equiv 0 (\bmod |Q|),$$
$$x_1y_2 - x_2y_1 \equiv x_1y_1 - x_1y_1 \equiv 0 (\bmod |Q|),$$

故若令 $\left|\frac{x_1x_2 - dy_1y_2}{Q}\right| = x, \left|\frac{x_1y_2 - x_2y_1}{Q}\right| = y$,则 x, y 为非负整数且由(7)式知 x, y 是(5)的一解.

显然 $x \neq 0$,否则 $-dy^2 = 1$,这与 $d > 0$ 矛盾;并且 $y \neq 0$,否则

$$x_1y_2 = x_2y_1,$$

由定理 2 知$(x_1, y_1) = (x_2, y_2) = 1$,因此 $x_1 \mid x_2, x_2 \mid x_1$. 但 $x_1 > 0, x_2 > 0$,故 $x_1 = x_2, y_1 = y_2$,这与 x_i, y_i 的定义矛盾. 故 x, y 是(5)的一组正整数解. **证完**

定理 4 若 x_0, y_0 是(5)式的一组正整数解,且 $x_0 + \sqrt{d}y_0$ 是形如 $x + \sqrt{d}y$(x, y 是(5)式的正整数解)的最小数,则(5)式的一切正整数解 x, y 可由

$$x \pm \sqrt{d}y = (x_0 \pm y_0\sqrt{d})^n, \quad n = 1, 2, \cdots \tag{8}$$

确定.

证　(i) 由(8)式确定的 x,y 显然是正整数,并且

$$x^2-dy^2=(x+\sqrt{d}y)(x-\sqrt{d}y)=(x_0+\sqrt{d}y_0)^n(x_0-\sqrt{d}y_0)^n=(x_0^2-dy_0^2)^n=1.$$

故由(8)式确定的 x,y 是(5)的正整数解.

(ii) 假定(5)有一组正整数解 x,y,但对任何正整数 n 来说,$x+\sqrt{d}y\neq(x_0+\sqrt{d}y_0)^n$. 因此存在一整数 r,使得不等式

$$(x_0+\sqrt{d}y_0)^r<x+\sqrt{d}y<(x_0+\sqrt{d}y_0)^{r+1}$$

成立. 故

$$1<X+Y\sqrt{d}<x_0+\sqrt{d}y_0, \tag{9}$$

其中 $X+Y\sqrt{d}=\dfrac{x+\sqrt{d}y}{(x_0+\sqrt{d}y_0)^r}=(x+\sqrt{d}y)(x_0-\sqrt{d}y_0)^r$. 仿(i)可证得

$$X^2-dY^2=1. \tag{10}$$

由(9),(10)即得

$$0<\frac{1}{x_0+\sqrt{d}y_0}<\frac{1}{X+Y\sqrt{d}}=X-Y\sqrt{d}<1. \tag{11}$$

由(9),(11)即得 $2X>1$,即 $X>0$. 又由(9),(11)即得

$$X-Y\sqrt{d}<1<X+Y\sqrt{d},$$

故

$$2Y\sqrt{d}>0,\text{即 } Y>0,$$

故由(10)式知 X,Y 是(5)式的一组正整数解,由(9)式知与 x_0,y_0 的定义矛盾,因此定理获证. **证完**

习　题

1. x_0,y_0 即定理 4 中所定义的. 试证(5)式的一切整数解 x,y 可由

$$x+y\sqrt{d}=\pm(x_0+y_0\sqrt{d})^n,\quad n=0,\pm1,\pm2,\cdots$$

确定.

2. 证明不定方程

$$x^2+(x+1)^2=z^2$$

的一切正整数解可以写成公式

$$x=\frac{1}{4}[(1+\sqrt{2})^{2n+1}+(1-\sqrt{2})^{2n+1}-2],$$

$$z=\frac{1}{2\sqrt{2}}[(1+\sqrt{2})^{2n+1}-(1-\sqrt{2})^{2n+1}],$$

其中 n 是正整数.

第八章 代数数与超越数

全体复数可以分成两类,即代数数与超越数.代数数论和超越数论是数论的两个分支.特别是代数数论,从19世纪末期以来,有了极其重要的发展.例如,费马大定理借助代数数论与代数几何得以被证明,并且发展出算术代数几何这一新的数学分支,上述两学科有丰富的理论,而且有很多重要问题有待解决.超越数论发展得还很不完善,有待人们探索.本章就极初步地讨论代数数与超越数.我们将要指出整数有一些性质可以推广到代数数上去,同时也有一些性质不能原封不动地推广到代数数上去,其中最值得注意的就是算术基本定理,从第二章关于FLT的介绍知,这是重要的事件.指出这些区别能够帮助我们对整数性质得到进一步的了解,也对进一步学习代数数论有帮助.关于超越数,我们首先指出如何借助代数数的性质来具体找出一些超越数,然后证明两个经常用到的常数e(自然对数的底)及π(圆周率)的超越性.从而否定了历史上著名的用尺规作图解决"化圆为方"的问题.

§1 二次代数数

定义1 若数ξ满足一个有理系数代数方程

$$x^n + a_1x^{n-1} + \cdots + a_{n-1}x + a_n = 0, \tag{1}$$

则ξ叫做一个**代数数**.若方程(1)的系数都是整数,则ξ叫做一个**代数整数**.若ξ所满足的最低次的代数方程的次数是n,则ξ叫做n次代数数,n叫做ξ的次数.

例如$\mathrm{i}=\sqrt{-1}$,$\omega=\frac{1}{2}(-1+\sqrt{-3})$分别满足代数方程

$$x^2+1=0, x^2+x+1=0,$$

并且容易看出次数最低,故i,ω都是二次代数数,并且都是代数整数.又$\rho=\frac{\sqrt{5}+1}{4}$满足二次不可约代数方程

$$x^2-\frac{1}{2}x-\frac{1}{4}=0,$$

并且容易看出次数最低,故ρ是一个二次代数数,但由定理1知不是代数整数.

定理1 每一代数数满足一个首项系数是1的有理系数不可约代数方程,并且这个方程是唯一的.若此代数数是代数整数,则上述方程是整系数的.

证　(i) 设 ξ 是任一代数数,它所满足的首项系数是 1 的有理系数代数方程中,一定有一个次数最低的. 设这个代数方程是

$$f(x)=0,\quad f(x)=x^n+a_1x^{n-1}+\cdots+a_n,$$

则 $f(x)$ 不可约. 因为否则 $f(x)=f_1(x)f_2(x)$,而 $f_1(x),f_2(x)$ 的次数都小于 n,且不是常数. 由 $f(\xi)=0$ 即得 $f_1(\xi)=0$,或 $f_2(\xi)=0$,因此 ξ 满足一较低次代数方程,而与 $f(x)$ 的定义矛盾.

若 ξ 还满足另一首项系数是 1 的不可约代数方程 $g(x)=0$,则由多项式的带余式除法知,有两个有理系数多项式 $h(x),r(x)$ 使得 $g(x)=f(x)h(x)+r(x)$,$r(x)$ 的次数小于 $f(x)$ 的次数. 再由 $g(\xi)=f(\xi)=0$ 知 $r(\xi)=0$,由 $f(x)$ 的次数最低知 $r(x)=0$,从而 $g(x)=f(x)h(x)$. 但 $g(x)$ 是不可约的,并且 $f(x),g(x)$ 的首项系数都是 1,故 $h(x)=1$,即 $f(x)=g(x)$.

(ii) 设 ξ 是代数整数,可证(i)中的 $f(x)$ 是整系数多项式. 由定义,ξ 满足一整系数方程

$$F(x)=0,\quad F(x)=x^l+c_1x^{l-1}+\cdots+c_l.$$

由于 $f(\xi)=0$,且 $f(x)$ 不可约,根据(i)中同样的理论知,存在一有理系数多项式 $q(x)$,使

$$F(x)=f(x)q(x).$$

将 $f(x)$ 和 $q(x)$ 表成如下形式:

$$f(x)=\frac{a}{b}f^*(x)=\frac{a}{b}(a_0^*x^n+a_1^*x^{n-1}+\cdots+a_n^*),$$

$$q(x)=\frac{c}{d}q^*(x)=\frac{c}{d}(q_0^*x^m+q_1^*x^{m-1}+\cdots+q_m^*),$$

其中 $a_0^*,a_1^*,\cdots,a_n^*$ 为整数且互素,$q_0^*,q_1^*,\cdots,q_m^*$ 为整数且互素,$(a,b)=(c,d)=1$,$m=l-n$,则由下面的(iii)知 $f^*(x)q^*(x)$ 也是系数互素的整系数多项式,于是

$$bdF(x)=acf^*(x)q^*(x),$$

且左、右两边的多项式的系数的最大公因数分别是 bd,ac,所以 $bd=ac$,从而

$$F(x)=f^*(x)q^*(x),$$

且 $f^*(x)$ 的首项系数和 $F(x)$ 的一样都是 1. 由 $f(x)$ 与 $f^*(x)$ 的关系知 $\frac{a}{b}=1$,因而 $f(x)$ 是整系数多项式.

(iii) 今证(ii)中的 $f^*(x)q^*(x)$ 的系数互素. 假设不然,则有一素数 p 能整除它的一切系数,特别是能整除 $a_0^*q_0^*$. 设按降幂顺序,a_r^*,q_s^* (r,s 可以是 0)分别是 $f^*(x)$,$q^*(x)$ 的第一个不被 p 整除的系数,即 $a_0^*,a_1^*,\cdots,a_{r-1}^*;q_0^*,q_1^*,\cdots,q_{s-1}^*$ 都能被 p 整除,而 a_r^*,q_s^* 不被 p 整除. 由于 $f^*(x),q^*(x)$ 的系数互素,所以这样的 r,s 是存在的. 于是 $f^*(x)q^*(x)$ 的展开式中 $x^{l-r-s}=x^{(n-r)+(m-s)}$ 的系数

$$a_r^*q_s^*+a_{r-1}^*q_{s+1}^*+\cdots+a_{r+1}^*q_{s-1}^*+\cdots$$

不能被 p 整除. 由反证法得知 $f^*(x)q^*(x)$ 的系数互素. **证完**

推论 1　有理数是代数整数的充分必要条件是这个有理数是整数.

若 ξ 是一个代数数,则 ξ 的一切有理函数$\dfrac{f(\xi)}{g(\xi)}$($f(x)$,$g(x)$都是 x 的有理系数多项式,并且 $g(\xi)\neq 0$)作成一个数域 $k(\xi)$,即$k(\xi)$中任何两数的和、差与积仍然在 $k(\xi)$ 中,若除数不为零,则两数之商也在其中. 现在我们给出下面的

定义 2 如果一个数域的每一个数都是代数数,那么这个数域就叫做**代数数域**.

如果一个数环(即一个数的集合,其中任何两数的和、差与积都在其中)中的每一个数都是代数整数,那么这个数环就叫做**代数整数环**.

定理 2 若 ξ 是一个二次代数数,则 $k(\xi)$ 是一个代数数域;并且有一不含平方因数的非零整数 m 使得 $k(\xi)=k(\sqrt{m})$,而$k(\xi)$是由一切形如

$$a+b\sqrt{m} \tag{2}$$

的数作成的,其中 a,b 是任何有理数.

证 (i) 因为 ξ 是一个二次代数数,故 ξ 是不可约的有理系数二次方程

$$x^2+a_1x+a_2=0$$

的根. 由二次方程解的公式知道 $\xi=\dfrac{1}{2}(-a_1\pm\sqrt{\eta})$,其中 $\eta=a_1^2-4a_2$ 是有理数,但不是有理数的平方. 极易证明 $k(\xi)=k(\sqrt{\eta})$.

因为 η 是有理数,故 $\eta=\dfrac{r}{s}$,$\sqrt{\eta}=\dfrac{1}{s}\sqrt{rs}$,$rs$ 是非零整数. 再由算术基本定理可使 $rs=t^2m$,其中 m 是不含平方因数的非零整数,$t\neq 0$,因此

$$\sqrt{\eta}=\frac{t}{s}\sqrt{m}.$$

由于$\dfrac{t}{s}\neq 0$,故得 $k(\xi)=k(\sqrt{\eta})=k(\sqrt{m})$.

(ii) 设$f(x)$是任一有理系数多项式,则由带余式除法,

$$f(x)=(x^2-m)q(x)+(bx+a), \tag{3}$$

以 $x=\sqrt{m}$代入即得$f(\sqrt{m})=a+b\sqrt{m}$,在 $k(\xi)$ 中任取一数 γ,则由(i)及 $k(\sqrt{m})$的定义及(3)式即得

$$\gamma=\frac{g(\sqrt{m})}{h(\sqrt{m})}=\frac{a_1+b_1\sqrt{m}}{a_2+b_2\sqrt{m}}=\frac{a_1a_2-b_1b_2m}{a_2^2-b_2^2m}+\frac{a_2b_1-a_1b_2}{a_2^2-b_2^2m}\sqrt{m},$$

即 γ 可表成(2)的形式. 反之,任一形状是(2)的数在 $k(\sqrt{m})$里,因而在 $k(\xi)$里.

(iii) 由(ii)知 $k(\xi)$中任一数都是(2)的形状,但任一 $a+b\sqrt{m}$满足方程

$$x^2-2ax+a^2-b^2m=0, \tag{4}$$

故 $k(\xi)$是一代数数域. **证完**

定义 3 若 ξ 是一个二次代数数,则 $k(\xi)$ 叫做**二次数域**.

由定理 2 立刻可以看出要研究二次数域,只须研究二次数域 $k(\sqrt{m})$.

定理 3 若 m 是不含平方因数的整数,则 $k(\sqrt{m})$ 中的一切代数整数可以表成

$$a+b\omega \tag{5}$$

的形式,其中 a 与 b 可以是任何整数,而

$$\omega=\begin{cases}\sqrt{m}, & m\not\equiv 1(\mathrm{mod}4),\\ \dfrac{1}{2}(\sqrt{m}-1), & m\equiv 1(\mathrm{mod}4).\end{cases}$$

证　设 ξ 是 $k(\sqrt{m})$ 中任一数，则由定理 2，$\xi=a+b\sqrt{m}$，其中 a 与 b 是有理数，而 ξ 是满足方程(4)的，故 ξ 是代数整数的充分必要条件是 $2a$ 及 a^2-b^2m 都是整数. 令 $2a=A$，$a^2-b^2m=C$，则 $(2b)^2m=A^2-4C$ 是整数. 又因 b 是有理数，故 $2b$ 是有理数，设 $2b=\dfrac{r}{s}$，$s>0$，$(r,s)=1$，则由 $(2b)^2m$ 是整数即得 $s^2\mid r^2m$，由 $(r^2,s^2)=1$ 即得 $s^2\mid m$. 因 m 不含平方因数，故 $s=1$，即 $2b=B$ 是一整数. 故 ξ 是代数整数的充分必要条件是

$$\xi=\frac{1}{2}(A+B\sqrt{m}),\tag{6}$$

其中 A 与 B 是整数，并且 $\dfrac{1}{4}(A^2-B^2m)=C$ 也是整数.

今将证 A 与 B 不能是一奇一偶. 若不然，则 A 是奇数而 B 是偶数，或 B 是奇数而 A 是偶数. 若 A 奇 B 偶，则 $A^2\equiv 1(\mathrm{mod}4)$，$B^2m\equiv 0(\mathrm{mod}4)$，因此 $A^2-B^2m\equiv 1(\mathrm{mod}4)$，而 $4\nmid(A^2-B^2m)$，这与 C 是整数矛盾. 若 A 偶 B 奇，则 $A^2-B^2m\equiv -m(\mathrm{mod}4)$，因为 m 不含平方因数，故 $4\nmid m$，于是 $4\nmid(A^2-B^2m)$，这也与 C 是整数矛盾，故 A，B 只能同时是奇数，或同时是偶数. 下面我们分两种情况来讨论.

(i) 当 $m\not\equiv 1(\mathrm{mod}4)$ 时，A 与 B 不能同时是奇数，否则 $A^2\equiv 1(\mathrm{mod}4)$，$B^2\equiv 1(\mathrm{mod}4)$，而

$$A^2-B^2m\equiv 1-m(\mathrm{mod}4),$$

但 $4\mid A^2-B^2m$，因此 $4\mid m-1$ 而得矛盾. 故 A 与 B 同时是偶数. 由(6)知，ξ 是代数整数的充分必要条件是

$$\xi=a+b\sqrt{m},$$

其中 $a=\dfrac{A}{2}$，$b=\dfrac{B}{2}$ 都是整数.

(ii) 当 $m\equiv 1(\mathrm{mod}4)$ 时，不论 A 与 B 同时是奇数或同时是偶数，总有

$$A^2-B^2m\equiv A^2-B^2\equiv 0(\mathrm{mod}4),$$

即 C 永远是整数. 故由(6)，ξ 是代数整数的充分必要条件是

$$\xi=\frac{1}{2}(A+B\sqrt{m}),$$

其中 A 与 B 同时是偶数或同时是奇数. 此时

$$\xi=\frac{A+B}{2}+B\omega,\omega=\frac{1}{2}(\sqrt{m}-1),$$

而 $\dfrac{A+B}{2}$ 是整数. 又因 A，B 可以任意取(只要同是奇数或同是偶数)，故 $k(\sqrt{m})$ 中的一切代数整数可以表成

$$a+b\omega,\omega=\frac{1}{2}(\sqrt{m}-1)$$

的形式，其中 a，b 是任意整数.

由(i),(ii)定理获证. **证完**

推论 2　$k(\sqrt{m})$中的一切代数整数作成一个代数整数环,记作 $R(\sqrt{m})$.

证　若 ξ,η 是 $k(\sqrt{m})$中的任二代数整数,则由定理 3,

$$\xi=a_1+b_1\omega,\eta=a_2+b_2\omega.$$

显然 $\xi\pm\eta$ 仍然是 $k(\sqrt{m})$中的代数整数,由

$$\omega^2=\begin{cases}m, & m\not\equiv 1(\mathrm{mod}4),\\ \dfrac{m-1}{4}-\omega, & m\equiv 1(\mathrm{mod}4),\end{cases}$$

即得

$$\xi\eta=\begin{cases}(a_1a_2+b_1b_2m)+(a_1b_2+a_2b_1)\omega, & m\not\equiv 1(\mathrm{mod}4),\\ \left(a_1a_2+\dfrac{m-1}{4}b_1b_2\right)+(a_1b_2+a_2b_1-b_1b_2)\omega, & m\equiv 1(\mathrm{mod}4).\end{cases}$$

故 $\xi\eta$ 仍然是 $k(\sqrt{m})$中的代数整数. **证完**

例　$k(\mathrm{i})$内的代数整数是 $a+b\mathrm{i}$,其中 a,b 是整数,$k(\sqrt{-5})$内的代数整数是 $a+b\sqrt{-5}$,其中 a,b 是整数. $k(\sqrt{-3})$中的代数整数是 $a+\dfrac{b}{2}(\sqrt{-3}-1)$,其中 a,b 是整数.

§2　二次代数整数的分解

本节将要引入代数整数的整除及素代数整数的概念. 应用这些概念将要证明:$R(\sqrt{m})$中的每一数可以分解成 $R(\sqrt{m})$的素代数整数的乘积. 进一步还要指出这种分解未必是唯一的.

定义 1　设 R 是一代数整数环,$\alpha\in R,\beta\in R$(即 α,β 是 R 中的数),$\beta\neq 0$. 若存在一 $\gamma\in R$,使得

$$\alpha=\beta\gamma$$

成立. 我们就说 β 整除 α,或 α 被 β 整除,β 叫做 α 在 R 中的**因数**.

若 $\varepsilon\in R$,且 ε 整除 1,则 ε 叫做 R 的一个**单位元**.

若 $\alpha\in R,\beta\in R$,且 $\alpha=\varepsilon\beta$,ε 是 R 的单位元,则 α,β 叫做**相伴**.

例 1　在 $R(\sqrt{-5})$中,$1\pm\sqrt{-5}$整除 6;± 1 是它的单位元. 在$R(\sqrt{-3})$中,$2+\sqrt{-3}$整除 7;$\pm 1,\dfrac{1}{2}(\pm\sqrt{-3}\pm 1)$是 $R(\sqrt{-3})$的单位元,而和 $2+\sqrt{-3}$相伴的数有

$$-2-\sqrt{-3},\ \pm\frac{1}{2}(-1+3\sqrt{-3}),\ \pm\frac{1}{2}(\sqrt{-3}-5).$$

为了以下的应用,我们在二次数域内引进范数的概念:若 $\xi\in k(\sqrt{m})$,则 $\xi=a+b\sqrt{m}$,我们把 $|a^2-b^2m|$ 叫做 ξ 的范数,而记作 $N(\xi)$. 由直接计算即得

$$N(\xi\eta) = N(\xi)N(\eta). \tag{1}$$

若 ξ 是代数整数，则 $N(\xi)$ 是一非负整数，因为若 $m \not\equiv 1 \pmod 4$，则 $\xi = a + b\sqrt{m}$，而 $N(\xi) = |a^2 - b^2 m|$ 是整数，若 $m \equiv 1 \pmod 4$，则 $\xi = \left(a - \frac{b}{2}\right) + \frac{b}{2}\sqrt{m}$，而 $N(\xi) = \left|a^2 - ab - b^2\left(\frac{m-1}{4}\right)\right|$ 是整数，并且容易看出要使 $N(\xi) = 0$，只有 $\xi = 0$.

定理 1　ε 是 $R(\sqrt{m})$ 的单位元的充分必要条件是 $N(\xi) = 1$.

证　若 ε 是 $R(\sqrt{m})$ 的单位元，则 $\varepsilon\varepsilon' = 1$，故由(1)式得

$$N(\varepsilon)N(\varepsilon') = N(\varepsilon\varepsilon') = 1.$$

但 $N(\varepsilon)$ 及 $N(\varepsilon')$ 都是正整数，因此 $N(\varepsilon) = 1$.

反之，若 $N(\varepsilon) = 1$，设 $\varepsilon = a + b\sqrt{m}$，取 $\varepsilon' = \pm(a - b\sqrt{m})$ 可使

$$\varepsilon\varepsilon' = \pm(a^2 - b^2 m) = |a^2 - b^2 m| = 1.$$

又 ε' 满足方程

$$x^2 - 2(\pm a)x + (a^2 - b^2 m) = 0.$$

由于 ε 是代数整数，故 $2a, a^2 - b^2 m$ 是整数，因而 ε' 是代数整数，故 ε 是 $R(\sqrt{m})$ 的单位元.　**证完**

由定理 1 即得

推论　若 α, β 是 $R(\sqrt{m})$ 中的任意两数，且 $N(\alpha) \neq N(\beta)$，则 α, β 不相伴.

定义 2　设 R 是一代数整数环，α 是 R 的任一不是单位元的数. 若 α 除 R 的单位元及其相伴数外不再被 R 中的其他任何数整除，则 α 叫做 R 的**素代数整数**，否则 α 就叫做 R 的**合代数整数**.

例 2　2 是 $R(\sqrt{-5})$ 中的素代数整数，而 41 是 $R(\sqrt{-5})$ 中的合代数整数.

(i) 因为 $41 = (6 + \sqrt{-5})(6 - \sqrt{-5})$，而 $N(6 + \sqrt{-5}) = N(6 - \sqrt{-5}) = 41$，故 41 被 $6 + \sqrt{-5}$ 整除，并且 $6 + \sqrt{-5}$ 不是单位元又不与 41 相伴.

(ii) 假定 $2 = (a_1 + b_1\sqrt{-5})(a_2 + b_2\sqrt{-5})$，并且 $a_1 + b_1\sqrt{-5}$ 及 $a_2 + b_2\sqrt{-5}$ 都是代数整数，则由 §1 定理 3，a_1, a_2, b_1, b_2 都是整数，由(1)式即得

$$4 = N(2) = N(a_1 + b_1\sqrt{-5})N(a_2 + b_2\sqrt{-5}) = (a_1^2 + 5b_1^2)(a_2^2 + 5b_2^2).$$

显然 $a_1^2 + 5b_1^2 \neq 2$，故 $a_1^2 + 5b_1^2 = 4$ 或 1. 若 $a_1^2 + 5b_1^2 = 4$，则 $a_1 + b_1\sqrt{-5} = \pm 2$ 而与 2 相伴，若 $a_1^2 + 5b_1^2 = 1$，则 $a_1 + b_1\sqrt{-5}$ 是单位元，故 2 只能被单位元及其相伴数整除，由定义即知 2 是 $R(\sqrt{-5})$ 中的素代数整数.

定理 2　若 α 是 $R(\sqrt{m})$ 中任一不是单位元的数，并且 $\alpha \neq 0$，则 α 一定能分解成 $R(\sqrt{m})$ 中素代数整数的乘积.

证　若 α 是素代数整数，则定理成立. 若 α 是合代数整数，则

$$\alpha = \alpha_1\alpha_2,$$

其中 α_1, α_2 都不是单位元，则由(1)式及定理 1

$$N(\alpha) = N(\alpha_1)N(\alpha_2), 1 < N(\alpha_1) < N(\alpha), 1 < N(\alpha_2) < N(\alpha),$$

并且 $N(\alpha_1), N(\alpha_2)$ 都是正整数，若 α_1, α_2 还不是素代数整数，则可仿上法去做，由于每

经过一次分解,因数的范数必然变小,而代数整数的范数都是正整数,故最后一定达到所得出的代数因数都是素代数整数,因此定理获证. **证完**

既然 $R(\sqrt{m})$ 中每一数(单位元及零除外)都能表成素代数整数的乘积,那么我们进一步要问:每一代数整数表成素代数整数的乘积的方法是不是唯一的呢?要回答这个问题,我们先解释一下"表法唯一"的意义. 所谓表法唯一的意义就是:若有两种方法把一代数整数表成素代数整数的乘积,则这两个乘积中,代数因数的个数是相同的,而两个乘积中的素代数因数是一对一地相伴. 也就是说,把互相相伴的素代数整数看成是相同的,但是即令这样去解释"表法唯一",上面所提问题的回答仍然是否定的. 我们看

例 3 在 $R(\sqrt{-5})$ 中,6 可以用两种不同的方法表成素代数整数的乘积.

证 显然

$$6=2\times 3=(1+\sqrt{-5})(1-\sqrt{-5}). \tag{2}$$

(i) 由例 2 知,2 是 $R(\sqrt{-5})$ 的素代数整数,按照例 2 同样的方法可以证明 3 也是 $R(\sqrt{-5})$ 的素代数整数. 今将证 $1\pm\sqrt{-5}$ 是 $R(\sqrt{-5})$ 的素代数整数.

假定

$$1+\sqrt{-5}=(a_1+b_1\sqrt{-5})(a_2+b_2\sqrt{-5}),$$

则由(1)式即得

$$6=(a_1^2+5b_1^2)(a_2^2+5b_2^2).$$

因为 $-5\not\equiv 1\pmod 4$,故由 §1 定理 3,a_1,b_1,a_2,b_2 都是整数,因此 $a_1^2+5b_1^2$ 只能是 1,2,3,6,显然 $a_1^2+5b_1^2\neq 2,3$,故 $a_1^2+5b_1^2=1$ 或 6. 若 $a_1^2+5b_1^2=1$,则由定理 1,$a_1+b_1\sqrt{-5}$ 是 $R(\sqrt{-5})$ 的一个单位元,而 $a_2+b_2\sqrt{-5}$ 与 $1+\sqrt{-5}$ 相伴;若 $a_1^2+5b_1^2=6$,则 $a_2^2+5b_2^2=1$,因此 $a_2+b_2\sqrt{-5}$ 是单位元,而 $a_1+b_1\sqrt{-5}$ 与 $1+\sqrt{-5}$ 相伴. 故 $1+\sqrt{-5}$ 只能被单位元及其相伴数整除,即 $1+\sqrt{-5}$ 是 $R(\sqrt{-5})$ 的素代数整数. 同法可证 $1-\sqrt{-5}$ 是 $R(\sqrt{-5})$ 的素代数整数.

(ii) 因为 $N(2)=4$,$N(3)=9$,$N(1\pm\sqrt{-5})=6$,故由定理 1 的推论,(2)式的两种表示法中素数不能一对一地相伴.

由(i),(ii)即得所欲证者. **证完**

例 3 告诉我们在 $R(\sqrt{-5})$ 中,不是每一数都能唯一地(相伴的素代数整数看成是相同的)表成素代数整数的乘积,但是有的 $R(\sqrt{m})$ 却具有这种性质,我们下面将要讨论它. 首先由第一章我们知道,由于在整数里带余式除法成立,因此每一整数能唯一地表成素数的乘积. 因此我们给出下面的

定义 3 若对于 $R(\sqrt{m})$ 里任意两个数 $\alpha,\beta(\beta\neq 0)$ 来说,在 $R(\sqrt{m})$ 里有两数 γ,δ 存在,并且满足条件

$$\alpha=\gamma\beta+\delta,N(\delta)<N(\beta),$$

则 $R(\sqrt{m})$ 叫做有辗转相除法的二次代数整数环.

由这个定义可以看出,若 $R(\sqrt{m})$ 是有辗转相除法的,则不难仿照第一章的方法,

证明有关整数的性质，最后得到与算术基本定理相当的定理，即 $R(\sqrt{m})$ 中每一个不是单位元又不等于零的数都能够唯一地（相伴的素代数整数看成是相同的）表成素代数整数的乘积. 下面我们看一个例子.

定理 3　$R(\sqrt{-1})$ 是有辗转相除法的二次代数整数环.

证　设 α,β 是 $R(\sqrt{-1})$ 中任意两数，且 $\beta\neq 0$. 因为 $-1\not\equiv 1(\bmod 4)$，故 $\alpha=a_1+a_2\mathrm{i},\beta=b_1+b_2\mathrm{i}(\mathrm{i}=\sqrt{-1})$，且 $b_1^2+b_2^2\neq 0$. 令 $\gamma'=\dfrac{\alpha}{\beta}$，则

$$\gamma'=\frac{a_1b_1+a_2b_2}{b_1^2+b_2^2}+\frac{a_2b_1-a_1b_2}{b_1^2+b_2^2}\mathrm{i}=c'_1+c'_2\mathrm{i},$$

其中 $c_1'=\dfrac{a_1b_1+a_2b_2}{b_1^2+b_2^2},c_2'=\dfrac{a_2b_1-a_1b_2}{b_1^2+b_2^2}$ 是有理数. 故存在两个整数 c_1 及 c_2 满足下列条件：

$$|c'_1-c_1|\leqslant\frac{1}{2},\quad |c'_2-c_2|\leqslant\frac{1}{2}. \tag{3}$$

令 $\gamma=c_1+c_2\mathrm{i},\delta=\alpha-\gamma\beta$，则由（1），（3）两式及 §1 推论 2 得

$$\begin{aligned}\alpha&=\gamma\beta+\delta,\delta\in R(\sqrt{-1}),\\ N(\delta)&=N(\beta(\gamma'-\gamma))=N(\beta)N(\gamma'-\gamma)\\ &=N(\beta)[(c_1'-c_1)^2+(c_2'-c_2)^2]\\ &\leqslant\frac{2}{4}N(\beta)<N(\beta)\quad(\text{因 }\beta\neq 0).\end{aligned}$$

故定理获证.　　**证完**

定理 4　若 α 是 $R(\sqrt{-1})$ 中任一不等于零且不是单位元的数，则 α 能唯一地（相伴的素数看成相同）表成 $R(\sqrt{-1})$ 中的素代数整数的乘积（证明留给读者）.

我们不难证明：在 $m<0$ 的二次代数整数环 $R(\sqrt{m})$ 中，共有 5 个是有辗转相除法的，即 $m=-1,-2,-3,-7,-11$ 时，$R(\sqrt{m})$ 是有辗转相除法的，除此以外，$R(\sqrt{m})$，$m<0$，都不是有辗转相除法的二次代数整数环.

要想找出一切具有辗转相除法的实二次代数整数环（即 $R(\sqrt{m}),m>0$）就是一个更困难的问题. 但当 $m\equiv 2$ 或 $3(\bmod 4)$ 时，还能比较容易地证明，只有有限个实二次代数整数环有辗转相除法. 因此当 $m\equiv 1(\bmod 4)$ 时，有辗转相除法的实二次代数整数环是否只有有限个就是一个核心问题，这个问题在 1938 年由我国数学家柯召与两位外国数学家爱尔迪希（Erdös）、海尔布伦（Heilbronn）予以肯定的回答，我国数学家华罗庚与闵嗣鹤先后定出 m 的上限. 但到 1948 年这个问题就被卡特兰（Chatland）与达文波特完全解决了. 结论如下：在一切实二次代数整数环 $R(\sqrt{m})$ 中，有辗转相除法的恰有 16 个，即

$$m=2,3,5,6,7,11,13,17,19,21,29,33,37,41,57,73.$$

习　题

1. 证明：(i) $R(\sqrt{-1})$ 恰有 4 个单位元；(ii) $R(\sqrt{-3})$ 共有 6 个单位元；(iii) 当 $m\neq -1,-3$，

且 $m<0$ 时，则 $R(\sqrt{m})$ 的单位元只有 ± 1.

2. 证明：可以用两种不同的方法把 6 表成 $R(\sqrt{10})$ 中的素代数整数的乘积.

3. 仿照第一章的方法，证明定理 4.

*4. 证明：若 m 是大于 1 的无平方因数的整数，则 $R(\sqrt{m})$ 有无穷多个单位元.

§3　n 次代数数与超越数

现在提出如下的问题：是否每一实数都是一个代数数？答案是否定的. 在这一节里我们要证明实 n 次代数数的一个性质，再由这个性质说明一个实际构造超越数(即不是任何 n 次代数数)的方法.

定理 1　若 ξ 是一实 n 次代数数，则只能找到有限个有理数 $\frac{p}{q}$ 满足

$$\left|\xi-\frac{p}{q}\right| \leqslant \frac{1}{q^{n+1}}, q>0. \tag{1}$$

证　因为 ξ 是一个实 n 次代数数，故 ξ 满足一个 n 次整系数不可约方程

$$f(x)=a_0x^n+a_1x^{n-1}+\cdots+a_n=0.$$

设 $\xi_1, \xi_2, \cdots, \xi_{n-1}$ 是 $f(x)=0$ 的其他的根，并令 $\min(|\xi_1-\xi|, |\xi_2-\xi|, \cdots, |\xi_{n-1}-\xi|, 1)=\rho$，则 $\rho>0$.

(i) 若有理数 $\frac{p}{q}, q>0$，满足(1)式，且

$$\left|\frac{p}{q}-\xi\right| \geqslant \rho.$$

则 $q \leqslant \frac{1}{\sqrt[n+1]{\rho}}$，即 q 有限.

(ii) 若　$0<\left|\frac{p}{q}-\xi\right|<\rho, q>0$，即 $f\left(\frac{p}{q}\right) \neq 0$，因此

$$\left|f\left(\frac{p}{q}\right)\right|=\frac{|a_0p^n+a_1p^{n-1}q+\cdots+a_nq^n|}{q^n} \geqslant \frac{1}{q^n}. \tag{2}$$

又由中值公式

$$f\left(\frac{p}{q}\right)=f\left(\frac{p}{q}\right)-f(\xi)=\left(\frac{p}{q}-\xi\right)f'(x), \tag{3}$$

其中 x 在 $\frac{p}{q}$ 及 ξ 之间，且 $f'(x) \neq 0$. 设

$$M=\max_{\xi-\rho \leqslant x \leqslant \xi+\rho}|f'(x)|,$$

则由(2),(3)两式即得

$$\left|\frac{p}{q}-\xi\right|=\frac{|f(p/q)|}{|f'(x)|}\geqslant\frac{1}{Mq^{n}}.$$

若$\frac{p}{q}$满足(1),则得 $q\leqslant M$,即 q 有限.

由(i),(ii)即知当 q 充分大时,有理数$\frac{p}{q}$不能满足(1). 显然对一固定的 q,只有有限个 p 使得有理数$\frac{p}{q}$满足(1),故只有有限个有理数$\frac{p}{q}$,$q>0$,满足不等式(1). **证完**

定理 1 提供了一个实际造超越数的方法,所谓超越数的意义如下:

定义　若 α 是一个不是任何 n 次代数数的复数,则 α 叫做一个**超越数**.

如果我们找出一个实数 α,对于每一个 n 都有无限多个有理数满足(1)式,那么由定理 1,α 不是任何次代数数,故 α 是超越数. 要对每一个 n 都有无限个有理数满足(1)式,只要找出一个实数能用一个有理数列很快地趋近它,那么这个实数便是超越数. 我们看一个例子.

例　$\xi=\sum\limits_{n=1}^{\infty}\frac{1}{10^{n!}}$ 是一个超越数.

证　令 $\sum\limits_{k=1}^{n}\frac{1}{10^{k!}}=\frac{p_n}{q_n}$. 对任一 N,当 $n>N$ 时,

$$0<\xi-\frac{p_n}{q_n}=\sum_{k=n+1}^{\infty}\frac{1}{10^{k!}}<\frac{2}{10^{(n+1)!}}=\frac{2}{q_n^{n+1}}<\frac{1}{q_n^{N+1}}.$$

故由定理 1 知,ξ 不是 N 次代数数,因而 ξ 是一个超越数.

注:定理 1 通常称为刘维尔(J. Liouville)定理,它说明代数数不能被有理数很好地逼近. 这个定理于 1908 年由图埃(A. Thue)改进为:若 ξ 是次数 $n\geqslant 3$ 的代数数,则不等式

$$\left|\xi-\frac{p}{q}\right|<\frac{1}{q^{\nu}}$$

当 $\nu>(n/2)+1$ 时,只能被有限个有理数 p/q(p,q 互素)满足. 1921 年西格尔(C. L. Siegel)证明:上述定理当 $\nu>2\sqrt{n}$时正确. 1955 年罗特(K. F. Roth)证明了最好可能的结果:对于任何 $\nu=2+\delta,\delta>0$,上述定理成立(见《数学百科全书》第五卷,172 页,Thue - Siegel - Roth 定理,华罗庚著《数论导引》第七章 §3 有 Roth 定理的完整证明).

人们通常称这个结果为图埃 - 西格尔 - 罗特定理.

习　题

1. 证明 $\xi=\sum\limits_{n=0}^{\infty}\frac{1}{a^{n!}}$,其中 a 是大于 1 的整数,是一个超越数.

2. 证明 $\xi=[1,10,10^{2!},\cdots,10^{n!},\cdots]$是一个超越数.

§4　e的超越性

在前面我们具体地找出了超越数，现在将要证明数 e（自然对数的底）及 π（圆周率）是超越数. 在此以前我们先证明 e 及 π 是无理数.

定理 1　e 是无理数.

证　由数学分析知，

$$e=1+\frac{1}{1!}+\frac{1}{2!}+\cdots+\frac{1}{n!}+\cdots=1+\frac{1}{1!}+\frac{1}{2!}+\cdots+\frac{1}{n!}+\frac{1}{(n+1)!}\left[1+\frac{1}{n+2}+\frac{1}{(n+2)(n+3)}+\cdots\right].$$

故

$$n!e=I_n+R_n,\tag{1}$$

其中 $I_n=n!\left(1+\frac{1}{1!}+\frac{1}{2!}+\cdots+\frac{1}{n!}\right)$ 是整数，而

$$R_n=\frac{1}{n+1}\left[1+\frac{1}{n+2}+\frac{1}{(n+2)(n+3)}+\cdots\right].$$

当 $n\geqslant 2$ 时，

$$0<R_n<\frac{1}{n+1}\left[1+\frac{1}{1!}+\frac{1}{2!}+\cdots\right]=\frac{e}{n+1}<1$$

（因 $e<3$）. 若 e 是一有理数，设 $e=\frac{a}{b}$，则当 $n>b$ 时，(1) 式左端是整数，而右端不是整数，这是一个矛盾，故 e 是无理数. **证完**

在证明 π 是无理数之前，我们先证明

引理　若 a 是一正常数，则当 n 趋于无穷大时，$\frac{a^n}{n!}$ 趋于零.

证　当 $n>2a$ 时，

$$\frac{a^n}{n!}=\frac{a}{1}\cdot\frac{a}{2}\cdot\cdots\cdot\frac{a}{2[a]+1}\cdot\frac{a}{2[a]+2}\cdot\cdots\cdot\frac{a}{n}<M\left(\frac{1}{2}\right)^{n-(2[a]+1)}$$

其中 $M=\frac{a}{1}\cdot\frac{a}{2}\cdot\cdots\cdot\frac{a}{2[a]+1}$ 是一正常数. 任给 $\varepsilon>0$，易见当 n 充分大时 $M\left(\frac{1}{2}\right)^{n-2[a]-1}<\varepsilon$，因而

$$\frac{a^n}{n!}<\varepsilon.$$

故引理获证. **证完**

定理 2　π 是无理数.

证　(i) 设 $f(x)$ 是任一 $2n$ 次多项式，我们先证明

$$\int_0^{\eta}f(x)\sin x\mathrm{d}x=\left[F'(x)\sin x-F(x)\cos x\right]_0^{\eta},\tag{2}$$

其中

$$F(x)=f(x)-f^{(2)}(x)+f^{(4)}(x)+\cdots+(-1)^nf^{(2n)}(x).$$

因为由分部积分法,对任一具有一次及二次的连续导数的函数 $\varphi(x)$ 来说,

$$\int_0^\eta\varphi(x)\sin x\mathrm{d}x=[\varphi'(x)\sin x-\varphi(x)\cos x]_0^\eta-\int_0^\eta\varphi^{(2)}(x)\sin x\mathrm{d}x. \tag{3}$$

今对多项式 $f(x)$ 应用(3)式 $n+1$ 次即得

$$\begin{aligned}\int_0^\eta f(x)\sin x\mathrm{d}x=&\{[f'(x)-f^{(3)}(x)+f^{(5)}(x)+\cdots+\\&(-1)^{(n-1)}f^{(2n-1)}(x)+(-1)^nf^{(2n+1)}(x)]\sin x-\\&[f(x)-f^{(2)}(x)+f^{(4)}(x)+\cdots+\\&(-1)^nf^{(2n)}(x)]\cos x\}_0^\eta+(-1)^{n+1}\int_0^\eta f^{(2n+2)}(x)\sin x\mathrm{d}x.\end{aligned}$$

因 $f(x)$ 是 $2n$ 次多项式,故 $f^{(2n+1)}(x)=f^{(2n+2)}(x)=0$,由上式即得(2).

在(2)中令 $\eta=\pi$ 即得

$$\int_0^\pi f(x)\sin x\mathrm{d}x=F(\pi)+F(0). \tag{4}$$

(ii) 假定 π 是有理数,设 $\pi=\frac{a}{b}$,今证适当地选择 $f(x)$ 以后(4)式不可能成立,我们取

$$f(x)=\frac{x^n(a-bx)^n}{n!}, \tag{5}$$

其中 n 是满足条件

$$\frac{\pi^{n+1}a^n}{n!}<1 \tag{6}$$

的正整数(由引理知,这种 n 是存在的),则 $f(x)$ 有下列性质:

(a) $f(x),f'(x),\cdots,f^{(n-1)}(x)$ 当 $x=0,\frac{a}{b}$ 时都等于 0;

(b) $f^{(n)}(x),f^{(n+1)}(x),\cdots,f^{(2n)}(x)$ 都是整系数多项式,且当 $x=0,\frac{a}{b}$ 时是整数.

要证(a),首先我们由(5)式可以看出 $f(x)$ 的每一项的次数 $\geqslant n$,因此 $f^{(j)}(x)$ $(j=0,1,\cdots,n-1)$ 都是没有常数项的多项式,故 $f^{(j)}(0)=0$. 又 $f\left(\frac{a}{b}-x\right)=f(x)$,故 $f^{(j)}\left(\frac{a}{b}-x\right)=f^{(j)}(x)$,因而,$f^{(j)}\left(\frac{a}{b}\right)=0$.

要证(b),可以看 x^k 的 $n+\nu$ 次导数,当 $k<n+\nu$ 时,导数是 0,当 $k\geqslant n+\nu,\nu\geqslant 0$ 时,导数是

$$k(k-1)\cdots(k-(n+\nu)+1)x^{k-(n+\nu)},$$

它的系数是 $(n+\nu)!$ 的倍数,因而是 $n!$ 的倍数. 故 $f^{(j)}(x)(j\geqslant n)$ 是整系数多项式,由此即知 $f^{(j)}(0)$ 是整数,又 $f^{(j)}(x)=f^{(j)}\left(\frac{a}{b}-x\right)$,故 $f^{(j)}\left(\frac{a}{b}\right)$ 是整数.

由(a),(b)立刻知道 $F\left(\frac{a}{b}\right)+F(0)$ 是整数. 另一方面,当 $0<x<\frac{a}{b}=\pi$ 时,

$$0<f(x)\sin x<\frac{\pi^n a^n}{n!}. \tag{7}$$

由(4)式,$F(\pi)+F(0)$是正整数,即$F(\pi)+F(0)\geqslant 1$. 但由(7),(6)两式,

$$\int_0^\pi f(x)\sin x\mathrm{d}x<\frac{\pi^{n+1}a^n}{n!}<1,$$

这与(4)式矛盾,故π不能是有理数. **证完**

现在我们证明

定理3 e是超越数.

证 (i) 当$f(x)$是任一n次多项式时,我们可以用分部积分法证明

$$F(b)=\mathrm{e}^bF(0)-\mathrm{e}^b\int_0^b f(x)\mathrm{e}^{-x}\mathrm{d}x, \tag{8}$$

其中

$$F(x)=f(x)+f'(x)+\cdots+f^{(n)}(x). \tag{9}$$

这是因为由分部积分法,对任一有连续导数的函数$\varphi(x)$来说,

$$\int_0^b\varphi(x)\mathrm{e}^{-x}\mathrm{d}x=-[\varphi(x)\mathrm{e}^{-x}]_0^b+\int_0^b\varphi'(x)\mathrm{e}^{-x}\mathrm{d}x. \tag{10}$$

对多项式$f(x)$应用(10)式$n+1$次即得

$$\int_0^b f(x)\mathrm{e}^{-x}\mathrm{d}x=-\{[f(x)+f'(x)+\cdots+f^{(n)}(x)]\mathrm{e}^{-x}\}_0^b+\int_0^b f^{(n+1)}(x)\mathrm{e}^{-x}\mathrm{d}x.$$

由于$f(x)$是n次多项式,可知$f^{(n+1)}(x)=0$,因而

$$\int_0^b f(x)\mathrm{e}^{-x}\mathrm{d}x=-[\mathrm{e}^{-x}F(x)]_0^b=-\mathrm{e}^{-b}F(b)+F(0),$$

故(8)式获证.

(ii) 假定e是代数数,则e满足某一个整系数代数方程:

$$C_mx^m+C_{m-1}x^{m-1}+\cdots+C_0=0,$$

其中$C_0\neq 0$. 由(8)即得

$$\begin{aligned}\sum_{k=0}^m C_kF(k)&=F(0)\sum_{k=0}^m C_k\mathrm{e}^k-\sum_{k=0}^m C_k\mathrm{e}^k\int_0^k f(x)\mathrm{e}^{-x}\mathrm{d}x\\&=-\sum_{k=0}^m C_k\mathrm{e}^k\int_0^k f(x)\mathrm{e}^{-x}\mathrm{d}x.\end{aligned} \tag{11}$$

因此我们只要证明在适当地选择$f(x)$之后,(11)式不成立就够了.

(iii) 令

$$f(x)=\frac{1}{(p-1)!}x^{p-1}(x-1)^p\cdots(x-m)^p,$$

其中p是大于m及C_0的素数,则$f(x)$具有下述性质:

(a) $f(x),f'(x),\cdots,f^{(p-1)}(x)$当$x=1,2,\cdots,m$时都等于零;

(b) $f^{(p)}(x),f^{(p+1)}(x),\cdots,f^{((m+1)p-1)}(x)$各多项式的系数都是整数,并且可以被$p$整除.

由于$(x-h)^p\mid f(x)$,$h=1,2,\cdots,m$,故$f(x),\cdots,f^{(p-1)}(x)$都被$x-h$整除,因而$f(x)$有性质(a). 要证(b),可以看x^k的$p+\nu$次导数. 当$k<p+\nu$时,导数是零;当$k\geqslant p+\nu(\nu\geqslant 0)$时,导数是

$$k(k-1)\cdots(k-(p+\nu)+1)x^{k-(p+\nu)},$$

其系数是$(p+\nu)!$的倍数,因而是$(p-1)!$的倍数及 p 的倍数.

从(a) 及(b) 可知

$$F(1),F(2),\cdots,F(m)$$

都是整数,并且是 p 的倍数,现在看 $F(0)$,我们知道

$$F(0)=f(0)+f'(0)+\cdots+f^{(p-2)}(0)+f^{(p-1)}(0)+f^{(p)}(0)+\cdots+f^{((m+1)p-1)}(0),$$

而上式右端前 $p-1$ 项是0(因为$f(x)$ 的各项次数都不低于 $p-1$),从 $p+1$ 项以后都是 p 的倍数,而$f^{(p-1)}(0)$ 是$\dfrac{((-1)^m m!)^p x^{p-1}}{(p-1)!}$的第 $p-1$ 级导数,即

$$f^{(p-1)}(0)=((-1)^m m!)^p.$$

故 $F(0)\equiv((-1)^m m!)^p(\mathrm{mod}p)$,从而

$$\sum_{k=0}^{m}C_kF(k)\equiv C_0F(0)\equiv((-1)^m m!)^pC_0(\mathrm{mod}p).$$

但 $p>m,p>C_0$,而 p 是素数,因此 $p\nmid(-1)^m m!C_0$,

$$\sum_{k=0}^{m}C_kF(k)\not\equiv 0(\mathrm{mod}p). \tag{12}$$

下面要证明当 p 充分大时,

$$\left|-\sum_{k=0}^{m}C_k\mathrm{e}^k\int_0^k f(x)\mathrm{e}^{-x}\mathrm{d}x\right|<1. \tag{13}$$

当 x 从 0 变到 m 时,$f(x)$ 的每一因数 $x-h,h=0,1,\cdots,m$ 的绝对值都不超过 m,因此

$$|f(x)|\leqslant\frac{1}{(p-1)!}m^{(m+1)p-1},0\leqslant x\leqslant m.$$

故由积分性质即得:当 $0\leqslant k\leqslant m$ 时,

$$\left|\int_0^k f(x)\mathrm{e}^{-x}\mathrm{d}x\right|\leqslant\int_0^k|f(x)|\mathrm{e}^{-x}\mathrm{d}x\leqslant\frac{m^{(m+1)p-1}}{(p-1)!}\int_0^k\mathrm{e}^{-x}\mathrm{d}x<\frac{m^{(m+1)p-1}}{(p-1)!}.$$

令 $M=|C_0|+|C_1|+\cdots+|C_m|$,则

$$\left|\sum_{k=0}^{m}C_k\mathrm{e}^k\int_0^k f(x)\mathrm{e}^{-x}\mathrm{d}x\right|\leqslant\sum_{k=0}^{m}\left|C_k\mathrm{e}^k\int_0^k f(x)\mathrm{e}^{-x}\mathrm{d}x\right|$$

$$<\left(\sum_{k=0}^{m}|C_k|\right)\mathrm{e}^m\frac{m^{(m+1)p-1}}{(p-1)!}=M\mathrm{e}^m\frac{m^{(m+1)p-1}}{(p-1)!}.$$

由引理知,当 $p\to\infty$ 时,$M\mathrm{e}^m\dfrac{m^{(m+1)p-1}}{(p-1)!}$趋于零.故当 p 充分大时,(13) 式成立,由(12),(13) 两式即知(11) 式不成立.故 e 是超越数.

证完

*§5 π的超越性

π 的超越性的证明与 e 的超越性的证明极为相似,不过更加复杂而已.在证明 π 是

超越数之前,我们先证明

引理 设整系数代数方程

$$ax^m + a_1x^{m-1} + \cdots + a_m = 0, \quad m \geqslant 1, a \neq 0 \tag{1}$$

的根是 $\omega_1, \omega_2, \cdots, \omega_m$,而 $\alpha_1, \alpha_2, \cdots, \alpha_n$ 代表

$$\omega_1, \omega_2, \cdots, \omega_m, \omega_1 + \omega_2, \omega_1 + \omega_3, \cdots, \omega_{m-1} + \omega_m, \cdots, \omega_1 + \omega_2 + \cdots + \omega_m \tag{2}$$

中所有不等于零的数,则 $a\alpha_1, a\alpha_2, \cdots, a\alpha_n$ 的每一整系数对称多项式是整数.

证 (2) 中共有

$$\binom{m}{1} + \binom{m}{2} + \cdots + \binom{m}{m} = 2^m - 1$$

个数,今以

$$\alpha_1, \alpha_2, \cdots, \alpha_n, \alpha_{n+1}, \cdots, \alpha_{2^m-1} \tag{3}$$

表示它们,则 $\alpha_{n+1} = \alpha_{n+2} = \cdots = \alpha_{2^m-1} = 0$. 设 $f(a\alpha_1, a\alpha_2, \cdots, a\alpha_n)$ 是 $a\alpha_1, a\alpha_2, \cdots, a\alpha_n$ 的任一整系数对称多项式,则由对称多项式的基本定理知,$f(a\alpha_1, a\alpha_2, \cdots, a\alpha_n)$ 能表成 $a\alpha_1, a\alpha_2, \cdots, a\alpha_n$ 的初等对称多项式的整系数多项式,而 $a\alpha_1, a\alpha_2, \cdots, a\alpha_n$ 的初等对称多项式即为 $a\alpha_1, a\alpha_2, \cdots, a\alpha_n, a\alpha_{n+1}, \cdots, a\alpha_{2^m-1}$ 的初等对称多项式,因而是 $a\omega_1, a\omega_2, \cdots, a\omega_m$ 的对称多项式. 故 $f(a\alpha_1, a\alpha_2, \cdots, a\alpha_n)$ 能表成 $\sigma_1 = \sum_{i=1}^{m} a\omega_i, \sigma_2 = \sum_{i \neq j} (a\omega_i)(a\omega_j), \cdots, \sigma_m = (a\omega_1)(a\omega_2)\cdots(a\omega_m)$ 的整系数多项式,但 $\sigma_1 = -\alpha_1, \sigma_2 = a\alpha_2, \cdots, \sigma_m = (-1)^m a^{m-1}\alpha_m$ 都是整数,故 $f(a\alpha_1, a\alpha_2, \cdots, a\alpha_n)$ 是整数. **证完**

定理 π 是超越数.

证 (i) 假定 π 是代数数,则存在下列形式的等式:

$$d_0\pi^{m'} + d_1\pi^{m'-1} + \cdots + d_{m'} = 0, \quad d_0 \neq 0,$$

其中 $d_0, d_1, \cdots, d_{m'}$ 是整数,因此

$$[d_0(\mathrm{i}\pi)^{m'} - d_2(\mathrm{i}\pi)^{m'-2} + \cdots] + \mathrm{i}[d_1(\mathrm{i}\pi)^{m'-1} - d_3(\mathrm{i}\pi)^{m'-3} + \cdots] = 0,$$

即

$$[d_0(\mathrm{i}\pi)^{m'} - d_2(\mathrm{i}\pi)^{m'-2} + \cdots]^2 + [d_1(\mathrm{i}\pi)^{m'-1} - d_3(\mathrm{i}\pi)^{m'-3} + \cdots]^2 = 0,$$

亦即 iπ 是一代数数(因为 $d_0^2 \neq 0$),设 iπ 满足整系数代数方程

$$ax^m + a_1x^{m-1} + \cdots + a_m = 0, \quad a > 0,$$

其根为 $\omega_1 = \mathrm{i}\pi, \omega_2, \cdots, \omega_m$. 由于 $1 + \mathrm{e}^{\omega_1} = 1 + \mathrm{e}^{\mathrm{i}\pi} = 0$,故

$$(1 + \mathrm{e}^{\omega_1})(1 + \mathrm{e}^{\omega_2})\cdots(1 + \mathrm{e}^{\omega_m}) = 0.$$

乘开即得

$$C + \sum_{k=1}^{n} \mathrm{e}^{\alpha_k} = 0, \quad C > 0, \tag{4}$$

其中 $\alpha_1, \alpha_2, \cdots, \alpha_n$ 即为引理所定义的各数,而 $C - 1$ 即为(2) 中等于零的数的个数.

(ii) 设 $f(x)$ 是任一 l 次多项式,由于 e^{-x} 及 $f(x)$ 在整个复数平面上解析,故上节中的(8) 式对 $\alpha_k(k = 1, 2, \cdots, n)$ 仍然成立,即

$$F(\alpha_k) = \mathrm{e}^{\alpha_k}F(0) - \mathrm{e}^{\alpha_k}\int_0^{\alpha_k} f(x)\mathrm{e}^{-x}\mathrm{d}x,$$

其中

$$F(x)=f(x)+f'(x)+\cdots+f^{(l)}(x),$$

积分路线可取 0 到 α_k 的直线,由(4)式即得

$$CF(0)+F(\alpha_1)+\cdots+F(\alpha_n)=-\sum_{k=1}^{n}e^{\alpha_k}\int_0^{\alpha_k}f(x)e^{-x}dx, \tag{5}$$

现在只要证明在适当选择 $f(x)$ 之后,(5)式不成立即可.

(iii) 令

$$f(x)=\frac{1}{(p-1)!}(ax)^{p-1}[(ax-a\alpha_1)(ax-a\alpha_2)\cdots(ax-a\alpha_n)]^p,$$

其中 $p>\max(a,C,|a^n\alpha_1\alpha_2\cdots\alpha_n|)$,由引理知 $(p-1)!f(x)$ 是 ax 的整系数多项式,同上节定理 3 的证明一样,$f(x)$ 具有下列性质:

(a) $f(x),f'(x),\cdots,f^{(p-1)}(x)$ 当 $x=\alpha_1,\alpha_2,\cdots,\alpha_n$ 时都等于零;

(b) $f^{(p)}(x),f^{(p+1)}(x),\cdots,f^{((n+1)p-1)}(x)$ 都是 ax 的整系数多项式,并且这些系数都被 p 整除.

由(a)即得

$$F(\alpha_k)=f^{(p)}(\alpha_k)+f^{(p+1)}(\alpha_k)+\cdots+f^{((n+1)p-1)}(\alpha_k).$$

由(b),$F(\alpha_k)$ 可以写成 $a\alpha_k$ 的整系数多项式,并且系数都是 p 的倍数,即

$$F(\alpha_k)=p\sum_{t=0}^{np-1}b_t(a\alpha_k)^t.$$

故

$$F(\alpha_1)+F(\alpha_2)+\cdots+F(\alpha_n)=p\sum_{t=0}^{np-1}b_t\Big(\sum_{k=1}^{n}(a\alpha_k)^t\Big).$$

由引理知 $\sum_{k=1}^{n}(a\alpha_k)^t(t=0,1,\cdots,np-1)$ 都是整数. 故 $\sum_{k=1}^{n}F(\alpha_k)$ 是整数,且

$$\sum_{k=1}^{n}F(\alpha_k)\equiv 0(\mathrm{mod}p).$$

仿照上节定理 3 的证明也可以得到

$$F(0)\equiv(-1)^{pn}a^{p-1}(a\alpha_1\cdot a\alpha_2\cdot\cdots\cdot a\alpha_n)^p(\mathrm{mod}p).$$

故

$$CF(0)+F(\alpha_1)+\cdots+F(\alpha_k)\equiv Ca^{p-1}((-1)^n a\alpha_1\cdot a\alpha_2\cdot\cdots\cdot a\alpha_n)^p(\mathrm{mod}p),$$

但 $p>\max(a,C,|a\alpha_1\cdot a\alpha_2\cdot\cdots\cdot a\alpha_n|)$,因此,$(p,a)=(p,C)=(p,a\alpha_1\cdot a\alpha_2\cdot\cdots\cdot a\alpha_n)=1$,$p\nmid Ca^{p-1}((-1)^n a\alpha_1\cdot a\alpha_2\cdot\cdots\cdot a\alpha_n)^p$,故

$$CF(0)+F(\alpha_1)+\cdots+F(\alpha_n)\not\equiv 0(\mathrm{mod}p). \tag{6}$$

另一方面,设 $M=\max(|\alpha_1|,|\alpha_2|,\cdots,|\alpha_n|)$,则当 $|x|\leqslant M$ 时,

$$|f(x)|\leqslant\frac{|a|^{(n+1)p-1}M^{p-1}(2M)^{np}}{(p-1)!},$$

$$|e^{-x}|\leqslant e^{|x|}\leqslant e^M.$$

故

$$\left|\int_0^{\alpha_k} f(x)\mathrm{e}^{-x}\mathrm{d}x\right| \leqslant \frac{2^{np}a^{(n+1)p-1}M^{(n+1)p}}{(p-1)!}\mathrm{e}^M,$$

因积分路线的长是 $|\alpha_k| \leqslant M$. 由此得

$$\left|\sum_{k=1}^{n} \mathrm{e}^{\alpha_k}\int_0^{\alpha_k} f(x)\mathrm{e}^{-x}\mathrm{d}x\right| \leqslant 2^{np}a^{(n+1)p-1}n\mathrm{e}^{2M}\frac{M^{(n+1)p}}{(p-1)!}.$$

由上节引理知,当 $p\to\infty$ 时,上式右边趋于零,即当 p 充分大时

$$\left|\sum_{k=1}^{n} \mathrm{e}^{\alpha_k}\int_0^{\alpha_k} f(x)\mathrm{e}^{-x}\mathrm{d}x\right| < 1. \tag{7}$$

由(6)式及(7)式即知(5)式不成立,故 π 是超越数. **证完**

利用 π 的超越性,我们可以证明所谓几何三大问题之一即"化圆为方"不可能,确切地说,就是对任意给定的圆,不可能用圆规、直尺作出一个正方形,使得这个正方形的面积恰好等于给定圆的面积. 其实我们可取一个半径是1的圆,那么这个圆的面积是π. 我们只要证明不能用圆规直尺作出一个线段,使它的长 x 满足条件

$$x^2 = \pi,\ 即\ x = \sqrt{\pi}$$

就够了. 由初等几何我们知道一个线段能用圆规直尺作出的充分与必要条件是这个线段的长能够用给定的线段的长实行加、减、乘、除及(正数)开平方五种运算得出. 现在我们给定的线段只有圆的半径,它的长是1. 但用1实行加、减、乘、除及(正数)开平方五种运算只能得出代数数,不能得出超越数 $\sqrt{\pi}$ 来(因为由 π 是超越数,很容易证明 $\sqrt{\pi}$ 是超越数). 故我们提出的问题已经解决了.

在1900年希尔伯特提出下面的问题:当 β 是代数数而不是有理数,α 是代数数而不等于0与1时,α^β 是否一定是超越数?希尔伯特当时认为这个问题比费马问题还要困难. 但在1934年盖尔丰德(Гельфонд)与施耐德(Schneider)互相独立地证明了 α^β 的超越性(这个结果的证明可在华罗庚著《数论导引》第十七章 §9 找到). 由此可以推出 e^π 是超越数(因为 $\mathrm{e}^\pi = (-1)^{-\mathrm{i}}$).

根据现代的知识,除了上述结果以外,我们可以证明

$$\sin 1, \ln 2, \frac{\ln 3}{\ln 2},$$

是超越数, 但是还不知道 $\alpha^\mathrm{e}, \alpha^\pi, \pi^\mathrm{e}$ 及欧拉常数 $\gamma\left(=\lim\limits_{n\to\infty}\left(1+\frac{1}{2}+\cdots+\frac{1}{n}-\ln n\right)\right)$ 之中哪些是超越数. 我们对于超越数的知识还是很贫乏的,我们甚至不知道 γ 是不是无理数.

习 题

1. 证明 $\sin 1$ 是无理数.

*2. (i) 证明 $\frac{\ln 3}{\ln 2}$ 是无理数;

(ii) 应用盖尔丰德的结果证明 $\frac{\ln 3}{\ln 2}$ 是超越数.

第九章
数论函数与素数分布

在前几章里,我们曾经个别提出了若干在数论里常用的函数. 如欧拉函数,勒让德符号,雅可比符号,特征函数,$[x]$,$\{x\}$. 这些函数,都可以叫做数论函数. 所谓数论函数一般是指在整数(或正整数)上有确定的值的函数. 本章将要更进一步地讨论几种数论函数,还要简单地讨论一下素数在自然数列中的分布情况,即素数分布问题.

§1 可乘函数

定义 若 $f(x)$ 是在一切正整数上都有定义的函数,并且具有下述两个性质:

(i) 有一正整数 a 使得函数值 $f(a) \neq 0$;

(ii) 对于任意两个互素的正整数 a_1, a_2 来说,

$$f(a_1a_2) = f(a_1)f(a_2), \tag{1}$$

则 $f(x)$ 叫做**可乘函数**.

例 1 函数

$$\Delta(a) = \begin{cases} 1, & a = 1, \\ 0, & a \neq 1 \end{cases}$$

是一可乘函数.

例 2 若 λ 是任一给定的复数,则

$$E_\lambda(a) = a^\lambda$$

是一可乘函数.

例 3 默比乌斯(Möbius)函数

$$\mu(a) = \begin{cases} 1, & a = 1, \\ (-1)^r, & a \text{ 是 } r \text{ 个不同素数的乘积}, \\ 0, & a \text{ 被一素数的平方整除} \end{cases}$$

是一可乘函数.

证 由默比乌斯函数 $\mu(a)$ 的定义知,它满足(i). 今设 a_1, a_2 是任意两个互素的正整数. 若其中有一数是 1,若其中有一数能被素数平方整除,则(1)式显然成立. 假定 $a_1 = p_1p_2\cdots p_r$,$a_2 = q_1q_2\cdots q_s$;其中 $p_1, p_2, \cdots, p_r$ 两两不同,$q_1, q_2, \cdots, q_s$ 亦然,由于 $(a_1, a_2) = 1$,故 $p_i \neq q_j$. 因此由定义

$$\mu(a_1a_2)=(-1)^{r+s}=(-1)^r(-1)^s=\mu(a_1)\mu(a_2).$$

故 $\mu(a)$ 是一可乘函数. **证完**

极易算出

$\mu(1)=1,\ \mu(2)=-1, \mu(3)=-1, \mu(4)=0,$

$\mu(5)=-1, \mu(6)=1, \mu(7)=-1, \mu(8)=0,$

$\mu(9)=0,\ \mu(10)=1, \mu(11)=-1, \cdots.$

例 4 欧拉函数 $\varphi(a)$ 是一个可乘函数(参考第三章 §3 定理 4 的推论).

例 5 模 m 的特征函数是一个可乘函数(参考第六章 §5 定理 2).

例 6 令 $r(a)$ 表示不定方程

$$a=x^2+y^2$$

的整数解的个数,则 $r(a)$ 不是可乘函数. 因为 $r(2)=4, r(5)=8$,但 $r(10)=8$.

例 7 令 $\pi(x)$ 表示不超过 x 的素数的个数,则 $\pi(x)$ 不是可乘函数. 因为 $\pi(2)=1, \pi(3)=2$,但 $\pi(6)=3$.

我们现在初步地讨论一下可乘函数的基本性质. 首先我们很容易得知:若 $f(x)$ 是可乘函数,则 $f(1)=1$. 因为由定义可以取一正整数 a,使得 $f(a)\neq 0$,由(ii)知 $f(a)=f(1)f(a)$. 故 $f(1)=1$,其次我们证明

定理 1 若 $f_1(x), f_2(x)$ 是任意两个可乘函数,则函数 $f(x)=f_1(x)f_2(x)$ 是可乘函数.

证 因为 $f(1)=f_1(1)f_2(1)=1$,故 $f(x)$ 具有性质(i). 若 a_1, a_2 是任意两个互素的正整数,则由假设及(ii)即得

$$\begin{aligned}f(a_1a_2)&=f_1(a_1a_2)f_2(a_1a_2)=f_1(a_1)f_1(a_2)f_2(a_1)f_2(a_2)\\&=f_1(a_1)f_2(a_1)f_1(a_2)f_2(a_2)=f(a_1)f(a_2).\end{aligned}$$

故 $f(x)$ 具有性质(ii),即 $f(x)$ 是可乘函数. **证完**

定理 2 若 $f(x)$ 是一可乘函数,而正整数 a 的标准分解式是 $a=p_1^{\alpha_1}p_2^{\alpha_2}\cdots p_k^{\alpha_k}$,则

$$\sum_{d\mid a}f(d)=\prod_{i=1}^{k}\left(1+f(p_i)+f(p_i^2)+\cdots+f(p_i^{\alpha_i})\right),\tag{2}$$

其中 $\sum\limits_{d\mid a}$ 表示展布在 a 的一切正因数上的和式.

证 由第一章 §4 推论 3 知,a 的一切正因数是

$$p_1^{\beta_1}p_2^{\beta_2}\cdots p_k^{\beta_k}, \beta_i=0,1,2,\cdots,\alpha_i, i=1,2,\cdots,k,$$

故得

$$\begin{aligned}\sum_{d\mid a}f(d)&=\sum_{\beta_1=0}^{\alpha_1}\sum_{\beta_2=0}^{\alpha_2}\cdots\sum_{\beta_k=0}^{\alpha_k}f(p_1^{\beta_1}p_2^{\beta_2}\cdots p_k^{\beta_k})\\&=\sum_{\beta_1=0}^{\alpha_1}\sum_{\beta_2=0}^{\alpha_2}\cdots\sum_{\beta_k=0}^{\alpha_k}f(p_1^{\beta_1})f(p_2^{\beta_2})\cdots f(p_k^{\beta_k})\\&=\prod_{i=1}^{k}\left(f(p_i^0)+f(p_i)+f(p_i^2)+\cdots+f(p_i^{\alpha_i})\right).\end{aligned}$$

而 $f(p_i^0)=f(1)=1$,故得定理. **证完**

由例 2 及定理 2 立刻得到

推论 1 若 $a=p_1^{\alpha_1}p_2^{\alpha_2}\cdots p_k^{\alpha_k}$ 是 a 的标准分解式,则

$$\sum_{d\mid a}d^{\lambda}=\prod_{i=1}^{k}(1+p_i^{\lambda}+p_i^{2\lambda}+\cdots+p_i^{\alpha_i\lambda});$$

特别地,若以 $S(a)$ 表示 a 的因数和,则

$$S(a)=\prod_{i=1}^{k}(1+p_i+p_i^2+\cdots+p_i^{\alpha_i})=\prod_{i=1}^{k}\frac{p^{\alpha_i+1}-1}{p_i-1};$$

若以 $\tau(a)$ 表示 a 的因数的个数,则

$$\tau(a)=(\alpha_1+1)(\alpha_2+1)\cdots(\alpha_k+1).\tag{3}$$

$\tau(a)$ 叫做**除数函数**,由(3) 极易证明 $\tau(a)$ 是一个可乘函数.

又由定理 1,2 及例 3 可以看到

推论 2 若 $f(x)$ 是一可乘函数,$a=p_1^{\alpha_1}p_2^{\alpha_2}\cdots p_k^{\alpha_k}$ 是 a 的标准分解式,则

$$\sum_{d\mid a}\mu(d)f(d)=(1-f(p_1))(1-f(p_2))\cdots(1-f(p_k)).$$

证 由定理 1 知 $\mu(x)f(x)$ 是可乘函数,由定理 2,即得

$$\sum_{d\mid a}\mu(d)f(d)=\prod_{i=1}^{k}(1+\mu(p_i)f(p_i)+\mu(p_i^2)f(p_i^2)+\cdots+\mu(p_i^{\alpha_i})f(p_i^{\alpha_i})),$$

因为 $\mu(p_i^2)=\cdots=\mu(p_i^{\alpha_i})=0,\mu(p_i)=-1\ (i=1,2,\cdots,k)$. 故推论获证. **证完**

在推论 2 中,分别令 $f(x)=1,f(x)=\dfrac{1}{x}$,则得

推论 3 若 $a=p_1^{\alpha_1}p_2^{\alpha_2}\cdots p_k^{\alpha_k}$ 是 a 的标准分解式,则

$$\sum_{d\mid a}\mu(d)=\begin{cases}0, & a>1,\\ 1, & a=1.\end{cases}\tag{4}$$

$$\sum_{d\mid a}\frac{\mu(d)}{d}=\begin{cases}\left(1-\dfrac{1}{p_1}\right)\left(1-\dfrac{1}{p_2}\right)\cdots\left(1-\dfrac{1}{p_k}\right), & a>1,\\ 1, & a=1.\end{cases}\tag{5}$$

关于默比乌斯函数,我们还可以证明

定理 3 若 $\delta_1,\delta_2,\cdots,\delta_n$ 是任意 n 个正整数,$f(\delta_1),f(\delta_2),\cdots,f(\delta_n)$ 是任意 n 个复数,

$$S'=\sum_{\delta_i=1}f(\delta_i),\ S_d=\sum_{d\mid\delta_i}f(\delta_i),$$

其中 $\sum\limits_{\delta_i=1}$ 表示展布在等于 1 的一切 δ_i 上的和式,$\sum\limits_{d\mid\delta_i}$ 表示对于给定的 d 展布在是 d 的倍数的一切 δ_i 上的和式. 则

$$S'=\sum_{k=1}^{r}\mu(d_k)S_{d_k},$$

其中 $d_1,d_2,\cdots,d_r$ 是至少能整除一个 δ_i 的一切正整数.

证 由推论 3 得

$$S' = f(\delta_1)\sum_{d\mid\delta_1}\mu(d) + f(\delta_2)\sum_{d\mid\delta_2}\mu(d) + \cdots + f(\delta_n)\sum_{d\mid\delta_n}\mu(d). \tag{6}$$

对于 d_k 来说，至少有一 δ_i 能被 d_k 整除，即在(6)式右端有 $f(\delta_i)\mu(d_k)$ 出现，把一切这样的项取出来相加即得

$$\mu(d_k)\sum_{d_k\mid\delta_i}f(\delta_i) = \mu(d_k)S_{d_k},$$

由于 $d_1, d_2, \cdots, d_r$ 是至少能整除一个 δ_i 的一切正整数，故

$$\mu(d_1)S_{d_1}, \mu(d_2)S_{d_2}, \cdots, \mu(d_r)S_{d_r}$$

刚好包含着(6)式右端出现的一切项，即 $S' = \sum_{k=1}^{r}\mu(d_k)S_{d_k}$. **证完**

这个定理是很有用的，为了帮助读者更好地掌握它，我们应用这个定理来重新证明第三章 §3 定理 5.

我们令 $\delta_x = (x, a)$, $f(\delta_x) = 1$, $x = 0, 1, \cdots, a-1$，则由欧拉函数及定理 3 中 S' 的定义即知 $S' = \varphi(a)$，而 S_d 是满足条件 $d\mid(x,a)$ 的 x 的个数. 若 d 至少能整除一个 δ_x，则 $d\mid a$，而 S_d 是 $0, 1, \cdots, a-1$ 中能被 d 整除的数的个数，即 $S_d = \left[\dfrac{a}{d}\right] = \dfrac{a}{d}$（因 $d\mid a$）. 反之对 a 的每一正因数 d 来说，一定有一 δ_x 能被 d 整除. 故由定理 3 得

$$\varphi(a) = \sum_{d\mid a}\mu(d)\frac{a}{d} = a\sum_{d\mid a}\frac{\mu(d)}{d}.$$

由推论 3 即得

$$\varphi(a) = a\left(1-\frac{1}{p_1}\right)\left(1-\frac{1}{p_2}\right)\cdots\left(1-\frac{1}{p_k}\right).$$

这就是第三章 §3 定理 5.

习 题

1. 设 $f(x)$ 是一个可乘函数，证明 $F(x) = \sum_{d\mid x}f(d)$ 也是一个可乘函数. 由此说明 $S(a)$, $\tau(a)$ 是可乘函数.

2. 设 $f(x)$ 是一个定义在一切正整数上的函数，并且 $F(x) = \sum_{d\mid x}f(d)$ 是一个可乘函数，证明 $f(x)$ 是可乘函数.

3. 证明 $\sum_{d\mid a}\varphi(d) = a$.

4. 试计算和式 $\sum_{\substack{x=1\\(x,m)=1}}^{m} x^2$.

5. $f(x)$ 是任一函数，并且 $g(a) = \sum_{d\mid a}f(d)$，试证

$$f(a)=\sum_{d\mid a}\mu\left(\frac{a}{d}\right)g(d)=\sum_{d\mid a}\mu(d)g\left(\frac{a}{d}\right).$$

6. 设 $f(x)$ 是任一函数，并且 $f(a)=\sum_{d\mid a}\mu\left(\frac{a}{d}\right)g(d)$，证明

$$g(a)=\sum_{d\mid a}f(d).$$

7. 设 $F(x)$，$G(x)$ 是定义在实数上的两个函数，并且对于任何不小于 1 的实数 x 来说，$G(x)=\sum_{n=1}^{[x]}F\left(\frac{x}{n}\right)$，则

$$F(x)=\sum_{n=1}^{[x]}\mu(n)G\left(\frac{x}{n}\right);$$

反之亦然.

§2　$\pi(x)$ 的估值

我们以 $\pi(x)$ 表不超过 x 的素数的个数，由第一章 §4 定理 4 知道：当 $x\to\infty$ 时，$\pi(x)\to\infty$. 在这一节里，我们将要证明 $\pi(x)$ 与 $\frac{x}{\ln x}$ 是同阶的无穷大，即存在两个正数 A_1 及 A_2，使得不等式

$$A_1\frac{x}{\ln x}<\pi(x)<A_2\frac{x}{\ln x}\quad(x\geqslant 2)$$

成立. 这就是古典的素数论中著名的切比雪夫(Чебышёв)不等式.

在证明上述结果之前，我们先来看一下正整数列中素数分布的情况. 首先我们有

定理 1　设 K 是任一大于 2 的正整数，则在正整数列中一定有两个相邻的素数 p 与 $p'(p'<p)$ 使得 $p-p'\geqslant K$.

证　令 $K!+2=M$，则 $2\mid M$，$2+1\mid M+1$，…，$K\mid M+K-2$，又 $M>2$，$M+1>3$，…，$M+K-2>K$，故 M，$M+1$，…，$M+K-2$ 都是合数. 设 p' 是不超过 M 的最大素数，则大于 p' 而与 p' 相邻的素数 p 必大于 $M+K-2$. 因此 $p'\leqslant M-1$，$p\geqslant M+K-1$. 故

$$p-p'\geqslant(M+K-1)-(M-1)=K.$$ **证完**

因为 K 可以任意大，因此由定理知道相邻素数间的“距离”可以无限增大. 另一方面，我们知道存在着下列的素数对：

3，5；　5，7；　11，13；　17，19；　29，31；　41，43；….

这些素数对都是正整数列中的相邻素数，并且它们之间的“距离”都是 2，我们现在已经知道

1 000 000 009 649，　1 000 000 009 651

还是这样的素数对. 这就告诉我们，很可能这样的素数对有无穷多个，也就是说在充分大的素数中，很可能总有两个相邻素数 p 及 p' 使 $p-p'=2$.

由以上事实可以看出在正整数列中，素数分布的细致情况是不规则的. 但从整个数列的角度去研究素数的个数，却又具有一定的规律性，在这方面首先就有切比雪夫

不等式. 我们用式子把 $\pi(x)$ 表示如下：

$$\pi(x)=\sum_{p\leqslant x}1.$$

在证切比雪夫不等式以前,我们先证明下面两个引理：

引理 1 若 n 是任一正整数,

$$N=\frac{(2n)!}{(n!)^2},$$

则
$$(\pi(2n)-\pi(n))\ln n\leqslant\ln N\leqslant\pi(2n)\ln(2n).$$

证 设

$$N=\prod_{p\leqslant 2n}p^{\alpha_p}$$

是 N 的标准分解式,则由第一章 §5 定理知

$$\alpha_p=\sum_{r=1}^{\infty}\left[\frac{2n}{p^r}\right]-2\sum_{r=1}^{\infty}\left[\frac{n}{p^r}\right]=\sum_{r=1}^{\left[\frac{\ln(2n)}{\ln p}\right]}\left(\left[\frac{2n}{p^r}\right]-2\left[\frac{n}{p^r}\right]\right),$$

$\left(\text{因为当 } r>\left[\frac{\ln(2n)}{\ln p}\right]\text{时}, p^r>2n>n\right)$. 易见

$$\alpha_p\leqslant\sum_{r=1}^{\left[\frac{\ln(2n)}{\ln p}\right]}1=\left[\frac{\ln(2n)}{\ln p}\right]\leqslant\frac{\ln(2n)}{\ln p},$$

故

$$\ln N=\sum_{p\leqslant 2n}\alpha_p\ln p\leqslant\sum_{p\leqslant 2n}\ln(2n)=\pi(2n)\ln(2n).$$

另一方面,若 $n<p\leqslant 2n$,则 $p\mid(2n)!$, $(p,(n!)^2)=1$,因而 $p\mid N$,故

$$N\geqslant\prod_{n<p\leqslant 2n}p.$$

将此式取对数即得

$$\ln N\geqslant\sum_{n<p\leqslant 2n}\ln p>\ln n\sum_{n<p\leqslant 2n}1=(\pi(2n)-\pi(n))\ln n,$$

因此引理获证. **证完**

现在来估计 $\ln N$. 此即

引理 2 若 n,N 的假设如引理 1,则

$$n\ln 2\leqslant\ln N\leqslant 2n\ln 2.$$

证 因为 N 是 $(1+x)^{2n}$ 的展开式中 x^n 的系数,故

$$N\leqslant(1+1)^{2n}=2^{2n}.$$

另一方面,

$$N=\frac{2n(2n-1)\cdots(n+1)}{n!}=2\left(2+\frac{1}{n-1}\right)\cdots\left(2+\frac{n-1}{1}\right)\geqslant 2^n.$$

将上两式取对数即得引理. **证完**

定理 2 当 $x\geqslant 2$ 时,

$$0.2\frac{x}{\ln x}\leqslant\pi(x)\leqslant 5\frac{x}{\ln x}.$$

证　(i) 当 $x\geqslant 6$ 时，令 $n=\left[\frac{x}{2}\right]$，则 $x\geqslant 2n, n>\frac{x}{3}$. 于是由引理 1,2 即得

$$\pi(x)\ln x\geqslant \pi(2n)\ln(2n)\geqslant \ln N\geqslant n\ln 2>\frac{\ln 2}{3}\cdot x>0.2x.$$

又由于$\frac{x}{\ln x}$在区间[2,6] 中的最大值是$\frac{6}{\ln 6}$，因此当 $2\leqslant x\leqslant 6$ 时，

$$0.2\frac{x}{\ln x}\leqslant 0.2\frac{6}{\ln 6}<1=\pi(2)\leqslant\pi(x).$$

即定理中前一个不等式成立.

(ii) 由引理 1,2，知

$$(\pi(2n)-\pi(n))\ln n\leqslant \ln N\leqslant 2n\ln 2.$$

以 $n=2^r$ 代入上式即得

$$r(\pi(2^{r+1})-\pi(2^r))\leqslant 2^{r+1}.$$

由于 $\pi(2^{r+1})\leqslant 2^r$，故有

$$(r+1)\pi(2^{r+1})-r\pi(2^r)\leqslant 2^{r+1}+\pi(2^{r+1})\leqslant 3\cdot 2^r.$$

任意给定一个正整数 m，在上式中逐一命 $r=0,1,\cdots,m-1$ 而得到 m 个不等式，把它们加起来即得

$$m\pi(2^m)\leqslant 3(1+2+\cdots+2^{m-1})<3\times 2^m.$$

当 $x\geqslant 2$ 时，有一确定的正整数 m 使 $2^{m-1}\leqslant x<2^m$，于是$\frac{1}{m}<\frac{\ln 2}{\ln x}$，由此得

$$\pi(x)\leqslant\pi(2^m)\leqslant\frac{1}{m}\cdot 3\cdot 2^m\leqslant 6\ln 2\cdot\frac{x}{\ln x}\leqslant 5\frac{x}{\ln x},$$

故定理中第二个不等式也成立.　　**证完**

由定理我们立刻可以看出在正整数列中素数的个数比起全体正整数的个数来说，是非常少的. 更确切地说，就是

推论　几乎所有的正整数都是合数，即

$$\lim_{x\to\infty}\frac{\pi(x)}{x}=0.$$

关于素数的个数进一步的结果，就是著名的素数定理，即

$$\lim_{x\to\infty}\frac{\pi(x)}{\frac{x}{\ln x}}=1.$$

这个定理是由勒让德与高斯(Gauss) 作为猜测提出的. 直到 1896 年，才由法国数学家阿达马(Hadamard) 及德拉瓦莱普森(de la Vallée-Poussin) 同时互相独立地证明. 但是他们的证明中用到复变函数论的深邃理论，远比切比雪夫对于定理 2 的证明曲折深奥. 这就推动人们去寻求素数定理的初等的或较简单的证明. 直到 1949 年，塞尔伯格(Selberg) 及爱尔迪希才分别给出了素数定理的初等证明.

对于 $\pi(x)$ 的估值早已有了比素数定理更精密的结果：如果用函数

$$li(x)=\int_2^x\frac{\mathrm{d}t}{\ln t}$$

代替$\frac{x}{\ln x}$，可以得到

$$|\pi(x)-li(x)|\leqslant Bxe^{-A(\ln x)^{3/5}\times(\ln\ln x)^{-3/5}},$$

式中 A 代表某适当小的正常数,B 代表某一充分大的常数.这在目前是最好的结果.理想的结果是

$$|\pi(x)-li(x)|\leqslant Bx^{\frac{1}{2}+\varepsilon},$$

式中 ε 表任意小的正数,B 表充分大的常数.但这不过是一个猜测,还没有人能够证明它的正确性.可以证明这个猜想与著名的黎曼猜想(Riemann Hypothesis)等价.称由级数

$$\zeta(s)=\sum_{n=1}^{\infty}\frac{1}{n^{s}},\quad s=\sigma+\mathrm{i}t,\ \sigma>1$$

及其全复平面的解析延拓定义的函数为黎曼 ζ - 函数.黎曼猜想是说:黎曼 ζ - 函数的所有非平凡零点都在直线 $1/2+\mathrm{i}t$ 上.黎曼猜想与数学中的很多问题有联系,它至今未被证明.有的数学家认为它是 21 世纪最重要的数学问题之一.

习题

设 p_n 是第 n 个素数,试证:有两个正数 B_1,B_2 存在,使得

$$B_1 n\ln n\leqslant p_n\leqslant B_2 n\ln n.$$

*§3 除数问题与圆内格点问题的介绍

在这一节里,我们要讨论当 $a\to\infty$ 时 $\tau(a)$ 的一些初步性质;进一步要讨论当 $a\to\infty$ 时,$\tau(a)$ 的平均值

$$\frac{1}{a}(\tau(1)+\tau(2)+\cdots+\tau(a))$$

的性质,并且介绍著名的狄利克雷的除数问题.与除数问题相似的一个问题就是著名的高斯的圆内格点问题,本节也要加以介绍.

首先由 §1(3) 式知当 a 是素数时,$\tau(a)=2$.但素数的个数是无穷多的,故任给 $A>0$,总可找到 $a>A$ 使得 $\tau(a)=2$.另一方面,$\tau(2^m)=m+1$,故当 $m\to\infty$ 时,$\tau(2^m)\to\infty$.这两件事实表明当 a 无限制地变大时,$\tau(a)$ 的变化是很不规则的.为了讨论这一类型的问题,我们引进下面的符号.

符号 O:设 $f(x)$ 是任一函数,而 $\varphi(x)$ 是一正值函数(即对于自变数 x 的任何值来说,$\varphi(x)$ 的值永远是正的),若能找到一个常数 A,使得不等式

$$|f(x)|\leqslant A\varphi(x)$$

对于 x 的所有充分大的值都成立,则我们说,当 $x\to\infty$ 时,

$$f(x)=O(\varphi(x)).$$

例 1 $\sin x=O(1)$,$x\sin x=O(x)$,$\sqrt{ax^2+b}=O(x)$(其中 a,b 是常数).

我们也可以把记号 $O(\varphi(x))$ 写在式子中间.例如对于 $f(x)$,$g(x)$ 两个函数,若能

找到一个常数 A,使得不等式

$$|f(x)-g(x)|\leqslant A\varphi(x)$$

对 x 的所有充分大的值都成立,我们就说,当 $x\to\infty$ 时,

$$f(x)=g(x)+O(\varphi(x)).$$

例 2　当 $x\to\infty$ 时,$\dfrac{1}{1-x^{-1}}=1+\dfrac{1}{x}+\dfrac{1}{x^2}+O\left(\dfrac{1}{x^3}\right)$. 因为当 $x>1$ 时,

$$\frac{1}{1-x^{-1}}=1+\frac{1}{x}+\frac{1}{x^2}+\frac{1}{x^3}\cdot\frac{1}{1-x^{-1}},$$

而当 $x>2$ 时 $\dfrac{1}{x^3(1-x^{-1})}<2\dfrac{1}{x^3}$,故得上述结果.

例 3　当 $x\to\infty$ 时,

$$\sum_{0<n\leqslant x}\frac{1}{n}=\ln x+\gamma+O\left(\frac{1}{x}\right),\tag{1}$$

其中 $\gamma=\lim\limits_{N\to\infty}\left(\sum\limits_{n=1}^{N}\dfrac{1}{n}-\ln N\right)$是欧拉常数.

证　设 $[x]=N$,则

$$\sum_{n\leqslant x}\frac{1}{n}-\ln x=\sum_{n=1}^{N}\frac{1}{n}-\int_1^x\frac{dt}{t}=\sum_{n=1}^{N}\frac{1}{n}-\int_1^N\frac{dt}{t}-\int_N^x\frac{dt}{t}.$$

显然

$$\int_N^x\frac{dt}{t}\leqslant\int_N^x\frac{dt}{N}\leqslant\frac{1}{N}=O\left(\frac{1}{x}\right).$$

另一方面,

$$\begin{aligned}\sum_{n=1}^{N}\frac{1}{n}-\int_1^N\frac{dt}{t}&=\sum_{n=1}^{N}\frac{1}{n}-\sum_{n=1}^{N}\int_n^{n+1}\frac{dt}{t}+\int_N^{N+1}\frac{dt}{t}\\&=\sum_{n=1}^{N}\int_n^{n+1}\left(\frac{1}{n}-\frac{1}{t}\right)dt+\int_N^{N+1}\frac{dt}{t}=\sum_{n=1}^{N}\int_0^1\frac{tdt}{n(n+t)}+\int_N^{N+1}\frac{dt}{t}\\&=\sum_{n=1}^{\infty}\int_0^1\frac{tdt}{n(n+t)}-\sum_{n=N+1}^{\infty}\int_0^1\frac{tdt}{n(n+t)}+O\left(\frac{1}{x}\right).\end{aligned}$$

由于$\displaystyle\int_0^1\frac{tdt}{n(n+t)}\leqslant\frac{1}{n^2}$,所以上面的级数都是收敛的,且第二个级数的值不超过

$$\sum_{n=N+1}^{\infty}\frac{1}{n(n-1)}=\sum_{n=N+1}^{\infty}\left(\frac{1}{n-1}-\frac{1}{n}\right)=\frac{1}{N}=O\left(\frac{1}{x}\right),$$

这一方面证明了,当 $N\to\infty$ 时,$\displaystyle\sum_{n=1}^{N}\frac{1}{n}-\ln N=\sum_{n=1}^{N}\frac{1}{n}-\int_1^N\frac{dt}{t}$ 有一极限 γ(即第一个级数的值),同时也证明了

$$\sum_{n=1}^{N}\frac{1}{n}-\int_1^N\frac{dt}{t}=\gamma+O\left(\frac{1}{x}\right).$$

因此$\displaystyle\sum_{n=1}^{N}\frac{1}{n}-\ln x=\gamma+O\left(\frac{1}{x}\right)+O\left(\frac{1}{x}\right)=\gamma+O\left(\frac{1}{x}\right).$　　**证完**

例 4　若 $\xi<l$,则当 $x\to\infty$ 时,$(\ln x)^l\neq O((\ln x)^\xi)$.

证　假定当 $x\to\infty$ 时,$(\ln x)^l=O((\ln x)^\xi)$,则由定义,能够找到一个常数 A,使得

不等式

$$(\ln x)^l \leqslant A(\ln x)^\xi,即(\ln x)^{l-\xi} \leqslant A \tag{2}$$

对 x 的所有充分大的值都成立,但我们知道:当 $x \to \infty$ 时,$\ln x \to \infty$,因此当 $x \to \infty$ 时,$(\ln x)^{l-\xi} \to \infty$,这与(2)式矛盾. **证完**

现在我们再回到 $\tau(a)$ 的讨论上来. 首先我们有

定理 1 对任何正数 ξ 来说,有

$$\tau(a) \neq O((\ln a)^\xi).$$

证 对于给定的 ξ 来说,我们一定可以找到一个正整数 l 满足条件

$$l-1 \leqslant \xi < l.$$

设 $2,3,\cdots,p_l$ 是正整数中前 l 个素数,并令 $(2 \cdot 3 \cdot \cdots \cdot p_l)^m = a$,则由 §1(3) 式即得

$$\tau(a) = (m+1)^l,$$

并且 $\ln a = m\ln(2 \cdot 3 \cdot \cdots \cdot p_l)$. 故

$$\tau(a) = \left(\frac{\ln a}{\ln(2 \cdot 3 \cdot \cdots \cdot p_l)} + 1\right)^l > \left(\frac{\ln a}{\ln(2 \cdot 3 \cdot \cdots \cdot p_l)}\right)^l.$$

但 $\left(\frac{1}{\ln(2 \cdot 3 \cdot \cdots \cdot p_l)}\right)^l$ 是常数,而 $m \to \infty$,$\ln a \to \infty$,故由例 4 即得定理. **证完**

另一方面,对 $\tau(a)$ 来说,却有

定理 2 对于任何正数 ε 来说,

$$\tau(a) = O(a^\varepsilon),$$

此处之常数与 ε 有关.

证 设 $a = p_1^{\alpha_1}p_2^{\alpha_2}\cdots p_k^{\alpha_k}$ 是 a 的标准分解式,则由 §1(3) 式

$$\frac{\tau(a)}{a^\varepsilon} = \frac{\alpha_1+1}{p_1^{\alpha_1\varepsilon}} \cdot \frac{\alpha_2+1}{p_2^{\alpha_2\varepsilon}} \cdot \cdots \cdot \frac{\alpha_k+1}{p_k^{\alpha_k\varepsilon}}. \tag{3}$$

今考虑上式中任一因数. 若 $p_i^\varepsilon \geqslant 2$,则 $p_i^{\alpha_i\varepsilon} \geqslant 2^{\alpha_i} \geqslant \alpha_i + 1$,即 $\frac{\alpha_i+1}{p_i^{\alpha_i\varepsilon}} \leqslant 1$.

若 $p_i^\varepsilon < 2$,则

$$p_i^{\alpha_i\varepsilon} \geqslant 2^{\alpha_i\varepsilon} = e^{\alpha_i\varepsilon\ln 2} \geqslant \alpha_i\varepsilon\ln 2 \geqslant \frac{1}{2}(\alpha_i+1)\varepsilon\ln 2,$$

得 $\frac{\alpha_i+1}{p_i^{\alpha_i\varepsilon}} \leqslant \frac{2}{\varepsilon\ln 2}$. 又满足条件 $p_i^\varepsilon < 2$ 的 p_i 的个数 $< 2^{\frac{1}{\varepsilon}}$,故由(3)式即得

$$\frac{\tau(a)}{a^\varepsilon} \leqslant \left(\frac{2}{\varepsilon\ln 2}\right)^{2^{1/\varepsilon}},$$

但 $\left(\frac{2}{\varepsilon\ln 2}\right)^{2^{1/\varepsilon}}$ 是一仅与 ε 有关的常数,$a^\varepsilon > 0$,故得定理. **证完**

推论 对于任何正数 ε 来说,

$$\lim_{a\to\infty}\frac{\tau(a)}{a^\varepsilon} = 0.$$

证 令 $\varepsilon = 2\eta$,则 $\eta > 0$,因此由定理 2,

$$\frac{\tau(a)}{a^\varepsilon} = \frac{1}{a^\eta} \cdot \frac{\tau(a)}{a^\eta} = O\left(\frac{1}{a^\eta}\right).$$

这就是所要证明的. **证完**

定理 3 设 $D(x)=\sum_{a\leqslant x}\tau(a)$,则

$$D(x)=x(\ln x+2\gamma-1)+O(\sqrt{x}),$$

其中 γ 是欧拉常数.

证 由 $\tau(a)$ 的定义,知 $\tau(a)$ 是 a 的正因数的个数,换句话说,$\tau(a)$ 是不定方程 $a=uv$ 的正整解数,亦即是双曲线 $uv=a$ 在第一象限的那一支上的格点数,故 $D(x)$ 就表示在平面区域 $u>0,v>0,uv\leqslant x$ 内的格点数.

将上述平面区域按图 9.3.1 分成三个区域:R_1 表示区域 $0<u,v\leqslant\sqrt{x}$,R_2 表示区域 $u>\sqrt{x},v>0,uv\leqslant x$,$R_3$ 表示区域 $u>0,v>\sqrt{x},uv\leqslant x$,则在平面区域 R_1 内的格点数是 $[\sqrt{x}]^2$,而 R_2 与 R_3 内的格点数相等. 由图 9.3.1 还可以看出在 R_1 与 R_3 合起来的平面区域内的格点数是

$$\sum_{0<u\leqslant\sqrt{x}}\left[\frac{x}{u}\right].$$

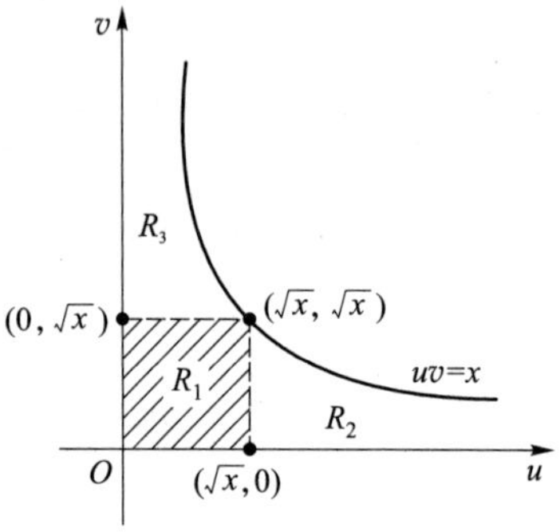

图 9.3.1

故得
$$D(x)=2\sum_{0<u\leqslant\sqrt{x}}\left[\frac{x}{u}\right]-[\sqrt{x}]^2.$$

但

$$[\sqrt{x}]^2=(\sqrt{x}-\{x\})^2=x-2\{x\}\left(\sqrt{x}-\frac{\{x\}}{2}\right)=x+O(\sqrt{x}),$$

$$\sum_{0<u\leqslant\sqrt{x}}\left[\frac{x}{u}\right]=x\sum_{0<u\leqslant\sqrt{x}}\frac{1}{u}-\sum_{0<u\leqslant\sqrt{x}}\left\{\frac{x}{u}\right\}=x\sum_{0<u\leqslant\sqrt{x}}\frac{1}{u}+O(\sqrt{x}).$$

(因为 $\{x\}<1$),故由例 3 得

$$\begin{aligned}D(x)&=2x\sum_{0<u\leqslant\sqrt{x}}\frac{1}{u}-x+O(\sqrt{x})\\&=2x\left(\ln\sqrt{x}+\gamma+O\left(\frac{1}{\sqrt{x}}\right)\right)-x+O(\sqrt{x})\\&=x(\ln x+2\gamma-1)+O(\sqrt{x}).\end{aligned}$$

证完

设 ν 是满足条件

$$D(x)=x(\ln x+2\gamma-1)+O(x^{\alpha})$$

的数 α 的下确界,由定理 3 知道 $\nu\leqslant\frac{1}{2}$. 我们进一步问:ν 究竟应该是什么数呢?这个问题便是历史上有名的除数问题. 这个问题并没有解决,迟宗陶应用闵嗣鹤的估计一种三角和的方法得到$\nu\leqslant\frac{15}{46}$.

与这个问题很相像的就是圆内格点问题. 我们先看 $A(x)=\sum_{0<a\leqslant x}r(a)$,其中 $r(a)$ 表示不定方程 $u^2+v^2=a$ 的整数解的个数,亦即 $r(a)$ 就是圆 $u^2+v^2=a$ 上的格点数,

因此 $A(x)$ 表示平面区域 $u^2+v^2\leqslant x$ 上的格点数.

定理 4　当 $x\to\infty$ 时,

$$A(x)=\pi x+O(\sqrt{x}).$$

证　如图 9.3.2 所示,首先我们令每一个以格点为顶点的单位正方形与其左下角的格点相对应.这样就在以格点为顶点的单位正方形与格点之间建立了一一对应.又因 $A(x)$ 是圆 $u^2+v^2=x$ 的内部及圆周上的格点数.故 $A(x)$ 等于左下角在圆内(或圆周上)的单位正方形(以格点为顶点)的面积之和.这些单位正方形的左下角与原点的距离不超过 $\sqrt{x}$,而每一正方形内任一点与左下角的距离不超过 $\sqrt{2}$.因此以原点为中心,以 $\sqrt{x}+\sqrt{2}$ 为半径作圆,则此圆必包括所有那些正方形(即以格点为顶点而左下角在圆内或圆周上的单位正方形).故得

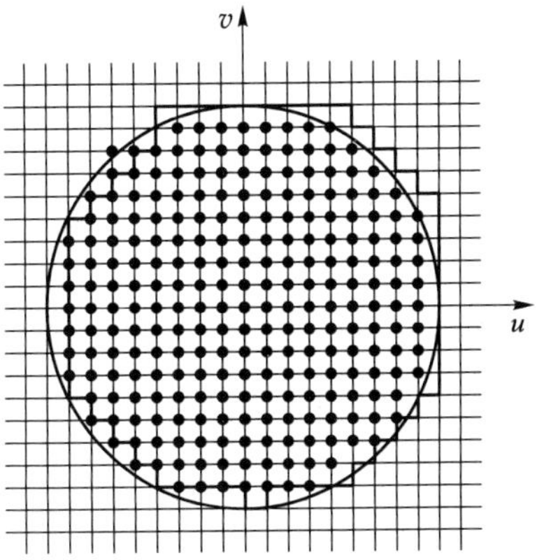

图 9.3.2

$$A(x)\leqslant\pi(\sqrt{x}+\sqrt{2})^2. \tag{4}$$

另一方面,仿上可证以原点为圆心以 $\sqrt{x}-\sqrt{2}$ 为半径的圆必被那些正方形(即以格点为顶点而左下角在圆内或圆周上的单位正方形)所盖满,因此

$$A(x)\geqslant\pi(\sqrt{x}-\sqrt{2})^2. \tag{5}$$

由(4),(5)两式即得

$$\pi(-2\sqrt{2}\sqrt{x}+2)\leqslant A(x)-\pi x\leqslant\pi(2\sqrt{2}\sqrt{x}+2),$$

即

$$|A(x)-\pi x|\leqslant\pi(2\sqrt{2}\sqrt{x}+2).$$

此即定理.　**证完**

同除数问题一样.设 ν 是满足条件

$$A(x)=\pi x+O(x^\alpha)$$

的数 α 的下确界,由定理4已知 $\nu\leqslant\frac{1}{2}$.那么我们问 ν 究竟是什么呢?这就是著名的高斯圆内格点问题,这个问题到现在为止尚未解决,但我们可以证明 $\nu\geqslant\frac{1}{4}$,因而大家猜测 $\nu=\frac{1}{4}$.我国数学家华罗庚证明 $\nu\leqslant\frac{13}{40}$.

§4　有关素数的其他问题

在本节中,我们要谈一下关于素数分布的其他著名问题:

(1) 等差级数中的素数分布问题.仿照第一章 §4 中证明素数无穷多的方法,可以证明形如 $4m+3$,$6m+5$ 的素数都有无穷之多[分别利用 $N=4p_1p_2\cdots p_n-1$ ($p_1,p_2,\cdots$,

p_n 都是形如 $4m+3$ 的素数）及 $N=6p_1p_2\cdots p_n-1$（$p_1,p_2,\cdots,p_n$ 都是形如 $6m+5$ 的素数）来代替第一章 §4 定理 4 证明中的 $N=p_1p_2\cdots p_n+1$]. 这也就是说在等差级数

$$4m+3,\quad m=0,1,2,\cdots$$

及

$$6m+5,\quad m=0,1,2,\cdots$$

中有无穷多个素数. 当然我们可以问是否在等差级数

$$km+l,m=0,1,2,\cdots$$

中有无穷多个素数. 显然当 $(k,l)\neq 1$ 时,素数的个数有限. 在 $(k,l)=1$ 的情形下,狄利克雷给予了肯定的答复,即证明了该数列中有无穷多个素数. 这个结果就是所谓狄利克雷定理.

进一步,若用 $\pi(x;k,l)$ 表示在等差级数

$$km+l,m=0,1,2,\cdots,(k,l)=1,k>0,l\geqslant 0 \tag{1}$$

中不超过 x 的素数个数,我们还可以证明:当 $x\to\infty$ 时,

$$\pi(x;k,l)\sim\frac{1}{\varphi(k)}\frac{x}{\ln x}.$$

上面这些结果,最初都是利用较高深的方法去证明的,近来已经有了初等的证明.

另一方面,我们要问,等差级数(1) 里面的最小素数 p 有多么大. 林尼克证明存在一绝对常数 c,使 $p<k^c$.

(2) an^2+bn+c 形式的素数个数问题. 我们知道了可以表成 $kn+l,(k,l)=1$ 形式的素数有无穷多之后,很自然地会问到,可以表成二次式 $an^2+bn+c,(a,b,c)=1$ 的形式的素数是否也有无穷多. 这个问题非常之难,一直到现在还不知道形如 n^2+1 的素数是否无穷多.

同这个问题有连带关系的,还有下面这个问题. 不难算出,当 $0\leqslant n\leqslant 16$ 时,n^2-n+17 的值都是素数;又当 $0\leqslant n\leqslant 40$ 时,n^2-n+41 的值都是素数. 近来有人算出当 $0\leqslant n\leqslant 11\ 000$ 时 $n^2-n+72\ 491$ 的值都是素数. 很自然地要问到是否任给正整数 N,都可以找到一个素数 p,使当 $0\leqslant n\leqslant N$ 时,n^2-n+p 的值都是素数. 这个问题也是非常之难,一直到现在还没有解决.

(3) 素数增大的快慢问题. §2 已经提到素数定理,即 $\pi(x)\sim\frac{x}{\ln x}$,从这个定理可以推出第 n 个素数 p_n 的近似公式,即 $p_n\sim n\ln n$. 进一步,要问知道一个素数 p_{n-1} 之后,如何去确定 p_n 的大小范围?所谓贝特朗(Bertrand) 假设就是说在 n 与 $2n$ 之间,一定有一个素数,这件事实可以模仿 §2 定理2 的方法去证明. 根据贝特朗假设就知道 p_n 一定小于 $2p_{n-1}$. 又进一步,可以问是否在 n^2 与 $(n+1)^2$ 之间一定有一个素数存在,这也是一个未解决的问题. 但证明了当 n 超过某一数 N 时,在 n 与 $n+n^{11/20+\varepsilon}$（$\varepsilon>0$,可任意给定）之间必有素数存在.

另一方面,有所谓孪生素数问题:我们知道除 2 及 3 以外,两相邻自然数不可能同时是素数. 但是 3,5;5,7;11,13;17,19;29,31;…;101,103;10 016 957,10 016 959;…都是相差是2的素数对. 这种成对的素数常称为孪素数. 一直到现在还不知道孪素数是否有无穷多对. 当然我们也可以问 5,7,11 这样的三个相连的素数组(可称为三生素

数）是否有无穷多，这问题当然更难解答了.

除了以上所提到的三批问题之外，还有与素数有关的哥德巴赫（Goldbach）问题我们再介绍一下：哥德巴赫在1742年曾经猜测到下面两件事：

（1）每一个大于4的偶数 n 都可以表成两个奇素数的和. 例如，$6=3+3$，$8=3+5$，$10=5+5=3+7$，$\cdots$.

（2）每一个不小于9的奇数 n 都可以表成三个奇素数的和. 例如，$9=3+3+3$，$11=3+3+5$，$13=3+3+7=3+5+5$，$\cdots$.

这两个问题非常之难，哈代与利特尔伍德借助着所谓"广义黎曼假设"，才能证明对于充分大的整数 n，以上第二个推测是对的，而第一个推测在某种意义下可以说几乎是对的.

但维诺格拉多夫凭借他自己创立的一种估计"三角和"

$$\sum_{p\leqslant N} \mathrm{e}^{2\pi \mathrm{i}\alpha p}$$

的强有力的方法，证明存在一个数 N，当奇数 $n>N$ 时，n 即可表成三个素数之和. 用他的方法也可以证明在适当的意义下可以说几乎所有的偶数都可以表成两个素数之和.

值得提出的是，我国数学家华罗庚估计了下述形式的三角和：

$$\sum_{\substack{p\leqslant N\\ p\equiv t(Q)}} \mathrm{e}^{2\pi \mathrm{i} f(p)},$$

其中 $f(x)$ 为实系数多项式. 应用这个估值，他将以上的第二猜测及素数未知数的华林问题（即表示适合某种条件的充分大的整数为素数的 k 方和的问题）统一起来，得到一系列相当好的结果. 这些结果载在他的著作《堆垒素数论》之内，我们建议对这些问题有兴趣的读者去钻研他的原著《堆垒素数论》.

对于前述的第一个问题还没有得到圆满的解决，但是值得提起的有下面三个结果：（1）А. И. 维诺格拉多夫利用塞尔伯格的方法证明每一充分大偶数都可以分解成二数之和，其中每一数是不超过三个素因数的乘积. 王元在华罗庚的指导下证明每一充分大偶数都可以分解成二数之和，而此二数的素因数总共不超过五个.（2）林尼克证明任意指定一大于1的整数 g 及一充分大的整数 k，则当 kg 是偶数（或奇数）时，每一充分大的偶数（或奇数）n 就可以表成下列形式：

$$n=p+p'+g^{x_1}+g^{x_2}+\cdots+g^{x_k},$$

其中 p 与 p' 是奇素数，$x_1,x_2\cdots,x_k$ 是正整数.（3）雷尼（Rényi）证明任一充分大的偶数能够表成 $p+P$ 的形状，其中 p 为素数，而 P 的素因数的个数不超过一个绝对常数 K. 潘承洞在1962年证明了 $K=5$. 王元、潘承洞等随后独立地证明了 $K=4$. 陈景润在1973年发表他的结果 $K=2$.

最后，作者在此特别声明，以上介绍了一些数论方面的结果，其目的不过是希望读者能更了解数论中与本课程有较密切关系的某些问题，至于所介绍的内容不但远远不足以说明近代数论的发展情况，而且对于我国数学家在数论方面的贡献，也远远谈不到是全面的介绍. 对数论发展有兴趣的读者，当然可以从有关的专著中，汲取更丰富的知识.

附录

4 000 以下的素数及其最小原根表

p	g	p	g	p	g	p	g	p	g	p	g	p	g
2	1	151	6	353	3	577	5	811	3	1 049	3	1 297	10
3	2	157	5	359	7	587	2	821	2	1 051	7	1 301	2
5	2	163	2	367	6	593	3	823	3	1 061	2	1 303	6
7	3	167	5	373	2	599	7	827	2	1 063	3	1 307	2
11	2	173	2	379	2	601	7	829	2	1 069	6	1 319	13
13	2	179	2	383	5	607	3	839	11	1 087	3	1 321	13
17	3	181	2	389	2	613	2	853	2	1 091	2	1 327	3
19	2	191	19	397	5	617	3	857	3	1 093	5	1 361	3
23	5	193	5	401	3	619	2	859	2	1 097	3	1 367	5
29	2	197	2	409	21	631	3	863	5	1 103	5	1 373	2
31	3	199	3	419	2	641	3	877	2	1 109	2	1 381	2
37	2	211	2	421	2	643	11	881	3	1 117	2	1 399	13
41	6	223	3	431	7	647	5	883	2	1 123	2	1 409	3
43	3	227	2	433	5	653	2	887	5	1 129	11	1 423	3
47	5	229	6	439	15	659	2	907	2	1 151	17	1 427	2
53	2	233	3	443	2	661	2	911	17	1 153	5	1 429	6
59	2	239	7	449	3	673	5	919	7	1 163	5	1 433	3
61	2	241	7	457	13	677	2	929	3	1 171	2	1 439	7
67	2	251	6	461	2	683	5	937	5	1 181	7	1 447	3
71	7	257	3	463	3	691	3	941	2	1 187	2	1 451	2
73	5	263	5	467	2	701	2	947	2	1 193	3	1 453	2
79	3	269	2	479	13	709	2	953	3	1 201	11	1 459	5
83	2	271	6	487	3	719	11	967	5	1 213	2	1 471	6
89	3	277	5	491	2	727	5	971	6	1 217	3	1 481	3
97	5	281	3	499	7	733	6	977	3	1 223	5	1 483	2
101	2	283	3	503	5	739	3	983	5	1 229	2	1 487	5
103	5	293	2	509	2	743	5	991	6	1 231	3	1 489	14
107	2	307	5	521	3	751	3	997	7	1 237	2	1 493	2
109	6	311	17	523	2	757	2	1 009	11	1 249	7	1 499	2
113	3	313	10	541	2	761	6	1 013	3	1 259	2	1 511	11
127	3	317	2	547	2	769	11	1 019	2	1 277	2	1 523	2
131	2	331	3	557	2	773	2	1 021	10	1 279	3	1 531	2
137	3	337	10	563	2	787	2	1 031	14	1 283	2	1 543	5
139	2	347	2	569	3	797	2	1 033	5	1 289	6	1 549	2
149	2	349	2	571	3	809	3	1 039	3	1 291	2	1 553	3

续表

p	g	p	g	p	g	p	g	p	g	p	g	p	g
1 559	19	1 901	2	2 267	2	2 621	2	2 957	2	3 343	5	3 697	5
1 567	3	1 907	2	2 269	2	2 633	3	2 963	2	3 347	2	3 701	2
1 571	2	1 913	3	2 273	3	2 647	3	2 969	3	3 359	11	3 709	2
1 579	3	1 931	2	2 281	7	2 657	3	2 971	10	3 361	22	3 719	7
1 583	5	1 933	5	2 287	19	2 659	2	2 999	17	3 371	2	3 727	3
1 597	11	1 949	2	2 293	2	2 663	5	3 001	14	3 373	5	3 733	2
1 601	3	1 951	3	2 297	5	2 671	7	3 011	2	3 389	3	3 739	7
1 607	5	1 973	2	2 309	2	2 677	2	3 019	2	3 391	3	3 761	3
1 609	7	1 979	2	2 311	3	2 683	2	3 023	5	3 407	5	3 767	5
1 613	3	1 987	2	2 333	2	2 687	5	3 037	2	3 413	2	3 769	7
1 619	2	1 993	5	2 339	2	2 689	19	3 041	3	3 433	5	3 779	2
1 621	2	1 997	2	2 341	7	2 693	2	3 049	11	3 449	3	3 793	5
1 627	3	1 999	3	2 347	3	2 699	2	3 061	6	3 457	7	3 797	2
1 637	2	2 003	5	2 351	13	2 707	2	3 067	2	3 461	2	3 803	2
1 657	11	2 011	3	2 357	2	2 711	7	3 079	6	3 463	3	3 821	3
1 663	3	2 017	5	2 371	2	2 713	5	3 083	2	3 467	2	3 823	3
1 667	2	2 027	2	2 377	5	2 719	3	3 089	3	3 469	2	3 833	3
1 669	2	2 029	2	2 381	3	2 729	3	3 109	6	3 491	2	3 847	5
1 693	2	2 039	7	2 383	5	2 731	3	3 119	7	3 499	2	3 851	2
1 697	3	2 053	2	2 389	2	2 741	2	3 121	7	3 511	7	3 853	2
1 699	3	2 063	5	2 393	3	2 749	6	3 137	3	3 517	2	3 863	5
1 709	3	2 069	2	2 399	11	2 753	3	3 163	3	3 527	5	3 877	2
1 721	3	2 081	3	2 411	6	2 767	3	3 167	5	3 529	17	3 881	13
1 723	3	2 083	2	2 417	3	2 777	3	3 169	7	3 533	2	3 889	11
1 733	2	2 087	5	2 423	5	2 789	2	3 181	7	3 539	2	3 907	2
1 741	2	2 089	7	2 437	2	2 791	6	3 187	2	3 541	7	3 911	13
1 747	2	2 099	2	2 441	6	2 797	2	3 191	11	3 547	2	3 917	2
1 753	7	2 111	7	2 447	5	2 801	3	3 203	2	3 557	2	3 919	3
1 759	6	2 113	5	2 459	2	2 803	2	3 209	3	3 559	3	3 923	2
1 777	5	2 129	3	2 467	2	2 819	2	3 217	5	3 571	2	3 929	3
1 783	10	2 131	2	2 473	5	2 833	5	3 221	10	3 581	2	3 931	2
1 787	2	2 137	10	2 477	2	2 837	2	3 229	6	3 583	3	3 943	3
1 789	6	2 141	2	2 503	3	2 843	2	3 251	6	3 593	3	3 947	2
1 801	11	2 143	3	2 521	17	2 851	2	3 253	2	3 607	5	3 967	6
1 811	6	2 153	3	2 531	2	2 857	11	3 257	3	3 613	2	3 989	2
1 823	5	2 161	23	2 539	2	2 861	2	3 259	3	3 617	3		
1 831	3	2 179	7	2 543	5	2 879	7	3 271	3	3 623	5		
1 847	5	2 203	5	2 549	2	2 887	5	3 299	2	3 631	21		
1 861	2	2 207	5	2 551	6	2 897	3	3 301	6	3 637	2		
1 867	2	2 213	2	2 557	2	2 903	5	3 307	2	3 643	2		
1 871	14	2 221	2	2 579	2	2 909	2	3 313	10	3 659	2		
1 873	10	2 237	2	2 591	7	2 917	5	3 319	6	3 671	13		
1 877	2	2 239	3	2 593	7	2 927	5	3 323	2	3 673	5		
1 879	6	2 243	2	2 609	3	2 939	2	3 329	3	3 677	2		
1 889	3	2 251	7	2 617	5	2 953	13	3 331	3	3 691	2		